易学实用
女下装纸样设计

杨 树 编著

中国纺织出版社

内 容 提 要

本书是作者根据多年工业纸样设计的实际操作经验和多年的企业管理经验整理而成。作者凭着丰富的实践经验，结合人体结构比例关系解读人体与下装之间的关系，通过大量实例介绍了女下装纸样设计与绘制。其中包括女下装纸样设计基础、女裙与女裤纸样设计与制图步骤、女裙与女裤纸样设计实例以及推板工艺等。

本书通俗易懂，图文并茂，实例丰富，可作为服装技术人员的学习和参考用书，也可供服装院校学生及服装设计爱好者使用。

图书在版编目（CIP）数据

易学实用女下装纸样设计/杨树编著. —北京：中国纺织出版社，2009.4

ISBN 978-7-5064-5430-8

Ⅰ.易… Ⅱ.杨… Ⅲ.①裙子—设计②女服—裤子—设计 Ⅳ.TS941.717

中国版本图书馆 CIP 数据核字（2008）第 205889 号

责任编辑：张晓芳　　责任校对：楼旭红
责任设计：何　建　　责任印制：陈　涛

中国纺织出版社出版发行

地址：北京东直门南大街6号　邮政编码：100027

邮购电话：010—64168110　传真：010—64168231

http：//www.c-textilep.com

E-mail：faxing@c-textilep.com

三河华丰印刷厂印刷　各地新华书店经销

2009年4月第1版第1次印刷

开本：787×1092　1/16　印张：11.5

字数：154千字　定价：26.00元

前言

本书实用性强，技术含量高，填补了服装企业生产工艺指示书工艺设计效果图绘制的空白，使工艺设计效果图指导生产与管理，有助于解决生产程序中与国内外客户沟通交流中，用语言难以解决的难题。工艺设计效果图的应用，使企业管理规范化、标准化。本书图文并茂，在设计理论与技术上有突破与创新，并创新了“方格式电脑推法”的推板方法，提高了工业生产效率，提高了推板精确度。

本书介绍了纸样设计与绘制，结合人体结构比例关系解读人体与裤子和裙子之间的关系。对女裤和女裙各部位结构与人体各部位结构，用结构设计制图和透视图的方式进行剖析，使读者一目了然。

书中采用直观透视效果图的方法，对 A、B、Y 三种裤型与人体各部位所构成的关系进行了剖析，增强了直观感性的理解。本书创新了服装技术资料中符号的延伸和拓展；创新了工艺设计效果图在实际中的应用；图中既展示了着装基本效果，又注明了各部位比例与规格。用图像的方式解读了人体与裤子和裙子之间关联部位名称术语。作者结合三十几年实践经验和探索，结合实际生产技术，以简练实用方式讲解各种裤型和裙型纸样的设计原理。

我国是一个服装生产大国，在服装工业高速发展的今天，需要生产技术工艺文件的规范与技术含量的全面提升，更需要有一种实用功能强、普及率高、细致精确、易于实施、便于沟通、利于指导生产的工艺指示文件服务于企业。本书在工艺指示书制作中避免大量繁杂文字，更加注重技术标准和规范。

本书是服装职业院校教学教材，是服装企业技术管理人员和设计人员的指导性书籍，是广大服装爱好者学习纸样设计的专业书籍。

杨　树

2008 年 10 月

目录

第一章　女下装纸样设计基础

第一节　女下装纸样设计概论

服装纸样设计是服装生产工艺流程中的关键环节。纸样设计是依据人体特征，通过平面结构纸样设计制图来体现其立体造型。结构设计中的纸样是净样，还需放出在生产制作过程中所需的缝份，折份和制作量，制成的样品还要按照工艺要求进行全面技术标准检测与修正，经确认后，制成生产所用的标准毛板样。产品是否受消费者欢迎，能否为企业创造丰厚利润，纸样设计在服装工业生产过程中起着决定性的作用。

一、服装纸样设计

服装纸样设计是根据服装设计的理念，依据目标客户群着装的目的、时间、场合、面料、地域、用途、人体比例结构，工厂的生产设备、制作方法、生产工艺技术标准等诸多条件，构思服装立体造型的结构设计。根据服装立体设计构思进行平面纸样设计与绘制，通过纸样设计以正确展现立体结构造型的构思效果。纸样设计采用产品的成品规格，即我们通常称为净份（不含生产制作的缝份量和生产制作量）的样板。在净份纸样板的基础上，依据在生产制作中的技术标准加放所需的制作缝份、折份、面料缩率、膨松量（棉装）等，即为最初的毛纸样（纸型），也称为最初毛样板。用最初毛样板制成的首件成品，称为首件样品。根据对首件样品进行全面测试的结果，对所存在的不良情况和其他质量问题，进行净样板修正，然后加放生产制作中所需的缝份等，制成二次毛样板，第二次再制成成品，并对样品再经检测确定无误后，将此种板样定为合格的生产用板。如果第二次制成的样品仍有不良情况，必须再次或多次对样板进行修正，直至达到设计要求和工艺技术质量标准为止。

在外贸出口订单生产中，更需严格按上述程序操作，所不同的是每次至少需要制作三件以上合格样品。一件是为了给客户提供产品确认样，一件是作为产品样品鉴定，另外一件是作为投产中的标准样品。外贸订单纸样制作，必须根据客户提供的书面原始文件中的技术质量标准进行纸样设计，经客户确认合格后，并以书面文件回复后才能正式投入批量生产，否则不允许盲目投入生产。

纸样设计是服装工业化生产中至关重要的环节，因此，纸样设计不允许有丝毫纰漏和失误。

二、常用工具

在服装纸样设计过程中，正确选择工具、正确使用工具是做好服装制图的关键因素之一。服装纸样设计和服装工艺效果图在绘制过程中经常使用到各种工具及人台（图1-1、图1-2）。

丁字尺：丁字尺是制作1∶1比例结构纸样设计时用于绘制较长的直线、垂线的专用工具。

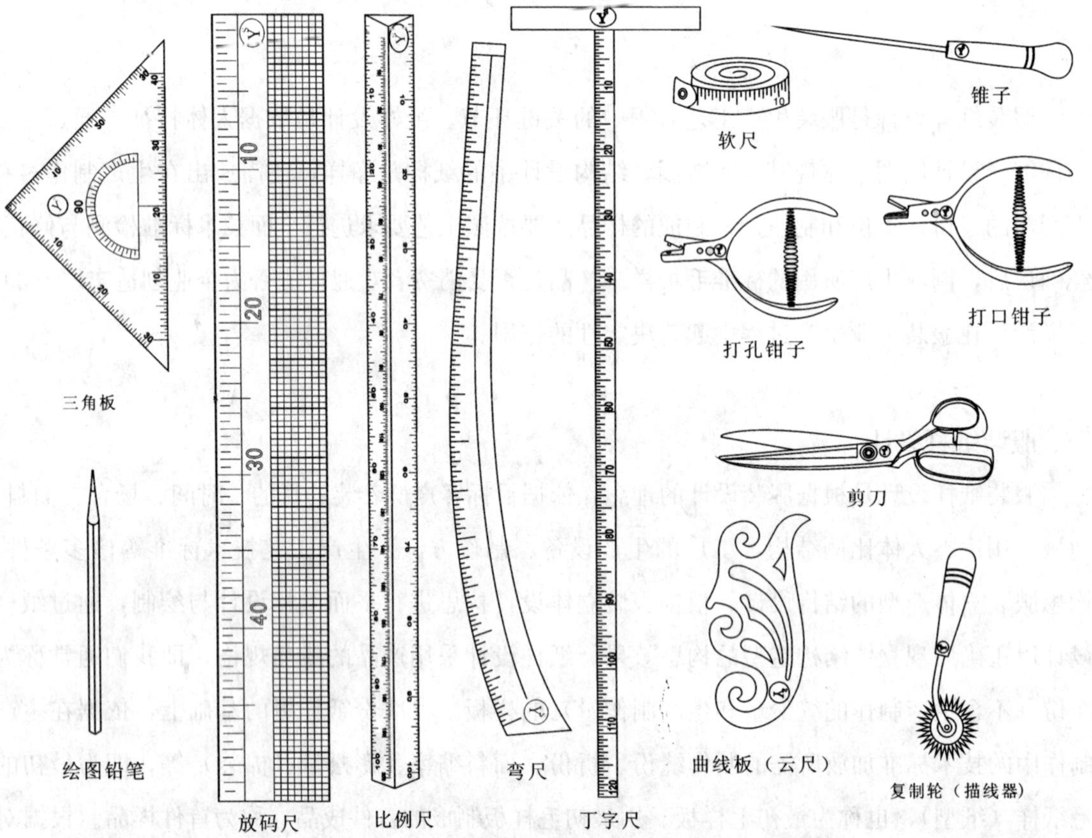

图1-1　服装纸样制图工具

三角板：也称为三角尺，结构设计中用于绘制较短的垂线、平行线和检测线与线之间角度的专用工具。

比例尺：用于绘制小于1∶1比例的缩小图的专用工具。

放码尺：手工推板放缩纸样和绘制样板的专用工具，也是手工制板放码时最实用的工具。该尺有两种刻度标识，一种是法定计量单位，以厘米（cm）计。另一种是以英寸为长度计量单位。由于同一把尺子有两种刻度的标识，从而增加了尺子的实用功能，便于厘米（cm）与英制计量单位［英寸（in）］间的换算使用。

曲线板：也称为曲线尺、云尺。曲线板是用于绘制曲线、弧线、圆角等的专用工具。

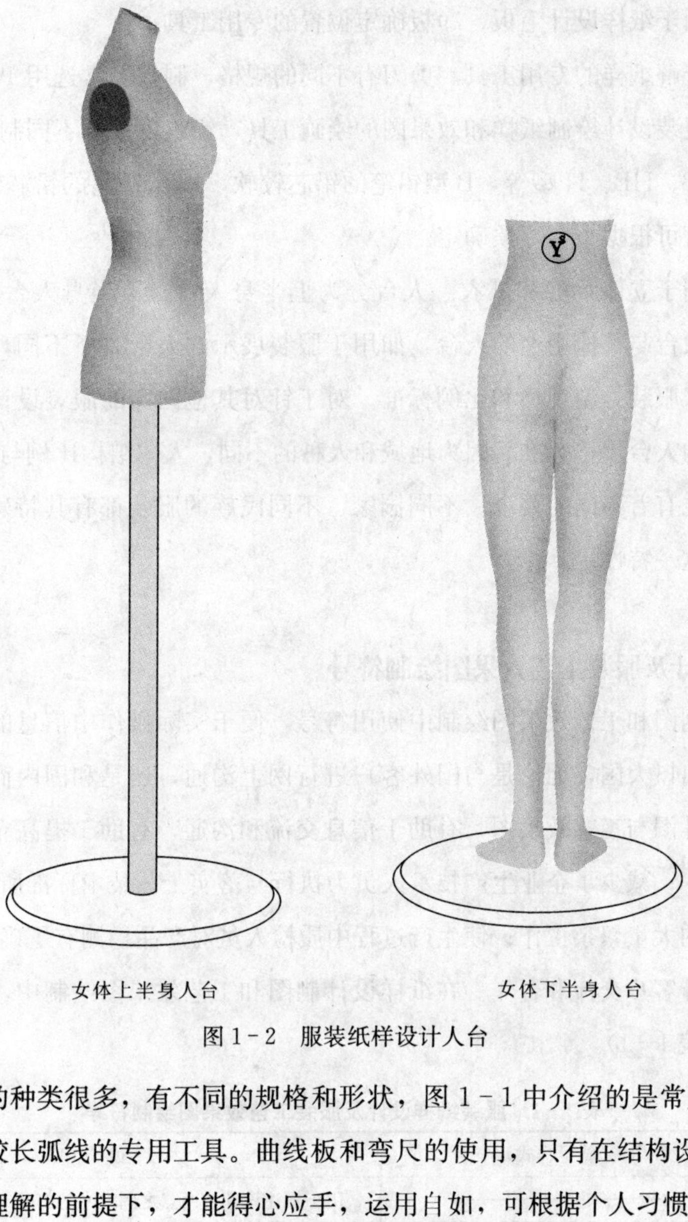

图 1-2　服装纸样设计人台

弯尺：弯尺的种类很多，有不同的规格和形状，图 1-1 中介绍的是常用的传统式弯尺，弯尺是用于绘制较长弧线的专用工具。曲线板和弯尺的使用，只有在结构设计中对人体与结构图形有了正确理解的前提下，才能得心应手，运用自如，可根据个人习惯来选择。

软尺：一般长度为 150 厘米，选取软尺时要注意制作软尺的材料，以不易拉伸变形的材料和刻度不易脱落为宜。软尺是用于测量人体各部位规格、成品规格、纸样曲线、弧线长度的专用尺。

复制轮：也称为描线器，用于纸样的复制。在纸样设计时，为了把上层纸样的衣片复制到下层纸上，可沿纸样的衣片轮廓线，用力滚动，复制轮齿尖扎透下层待复制的纸样上留下所需线迹，沿线迹画出纸样即可。

锥子：用其在样板上制作孔形标记的扎眼工具。

打孔钳子：用于纸样设计制作毛板、净板确定位置打孔的工具。

打口钳子：用于纸样设计毛板、净板确定位置的专用工具。

剪刀：用于分解纸样的专用工具。剪刀有不同的规格，制板经常选用 14# 和 12# 剪刀。

铅笔：用于服装设计绘制纸样和效果图的绘画工具，铅笔可根据不同制图需要效果选取。绘画铅笔有 B、2B、HB、H 型等，B 型铅笔的铅芯较软，H 型铅笔的铅芯较硬，HB 型是中硬度铅笔。选用时可根据个人习惯确定。

人台：主要用于立体裁剪和试衣。人台分为上半身人台、下半身人台、整体人台二种。服装设计所用的人台与其他用途的人台，如用丁服装展示的人台有所不同，服装设计专用的人台必须符合国家服装号型规格和比例标准。对于针对其他国家的服装设计与制作，则要选取其所针对国家的人台规格标准。因为地域和人种的不同，人体结构比例与规格也有所不同，对服装比例结构也有着不同的要求。不同国家、不同民族的服装都有其特殊性，所以，要求样板设计师把握这一特性。

三、服装纸样设计及服装工艺效果图绘制符号

在纸样设计制图和工艺效果图绘制中使用符号，便于实际操作中信息的沟通与交流。我国是服装生产和出口大国，无论是与国外客户进行网上沟通，还是和国内商家交流，一份一目了然的纸样设计图与工艺效果图，有助于信息交流和沟通，有助于提高企业管理人员、技术人员的工作效率；减少了企业生产技术人员为执行与落实工艺技术标准所需要传达的规格、质量标准等所做的大量繁杂工作；使生产过程中质检人员对产品检测有了确切的依据和标准，更加方便了与国外客户交流和合作。在纸样设计制图和工艺效果图绘制中，专业符号规范与应用十分重要（表 1-1）。

表 1-1　服装纸样设计及服装工艺效果图绘制符号

符号名称	符号样式	说　明
尺寸标注线		用于标注该部位两点之间尺寸的符号
相等号	△　○	表示符号所标注的线条尺寸相等
辅助线	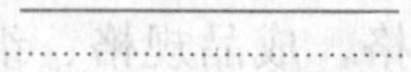	表示制图的基础线，其中虚线为下层纸样的基础线
经向号		又称纱向号或布纹线，排板时要求该符号与布边平行
毛向号		又称顺向号，箭头所指的方向表示裁片是顺毛或图案正立方向
完成线		又称轮廓线。用粗实线表示其中虚线为下层纸样的轮廓线或缉明线
折叠线		表示裁片的形状沿该直线对称，折叠，此处不需剪断
褶裥	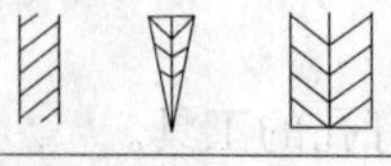	表示褶裥的位置及尺寸，裥有明裥、暗裥之分

续表

符号名称	符号样式	说明
省		表示省的位置及尺寸，省的形状有一头尖形、两头尖形等
裥的倒向	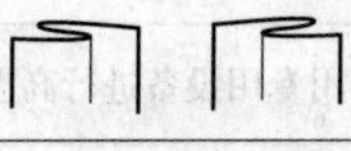	表示裥的倒向与折叠方式
等分线	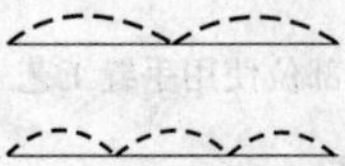	表示此处被分成若干等份，有时与相等号配合使用
直角号	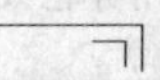	表示该部位的角度为直角
收缩号	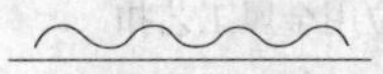	表示该部位在缝制时需要收褶缩缝
拔开号	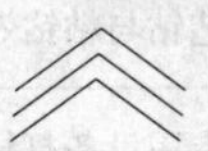	表示该部位在熨烫时需利用布料特有的可塑力学性能拔开
归拢号		表示该部位在熨烫时需利用布料特有的可塑力学性能归拢整理
相搭重叠号		表示该位置两幅纸样相搭重叠，完成的样板必须分开
对接号	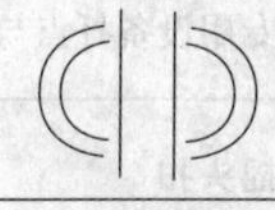	表示两裁片在该位置对接，强调不许错位制作
松紧带号	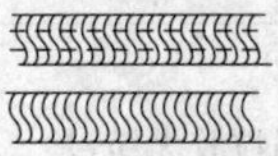	表示该部位需用松紧带缝制
规格号		在样板制图和工艺效果图中使用，表示此两线开口所指部位规格标注
线迹号		表示缝制时需缉明线的部位及效果
隐形拉链		表示制作时需使用隐形拉链的部位及效果
不可水洗号	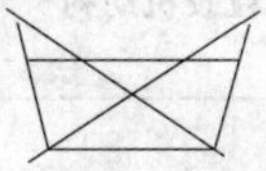	表示该产品不可水洗
水洗号	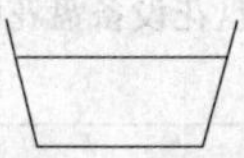	表示该产品可用水洗
缲边号	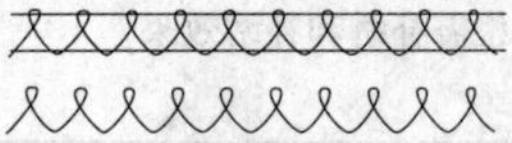	表示该部位使用专用设备缲边
机钉号	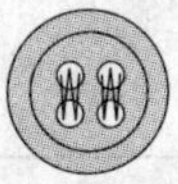	表示该部位使用专用设备钉扣

续表

符号名称	符号样式	说明
立扣号	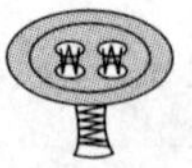	表示该部位使用钉立扣工艺
高温定型	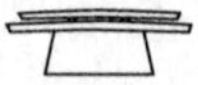	表示该产品使用专用设备进行高温定型
手缝符号	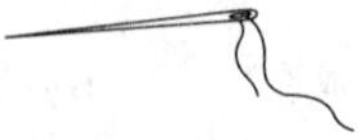	表示该产品某部位使用手缝工艺
异色线符号		表示所标部位用异色线制作的效果（比一般顺色线迹符号粗）
金属工艺扣		表示所标部位用金属工艺扣
工艺钻符号		表示该部位粘工艺钻与粘钻效果
打结符号		表示该部位需用专用设备打结及打结效果
扣眼符号	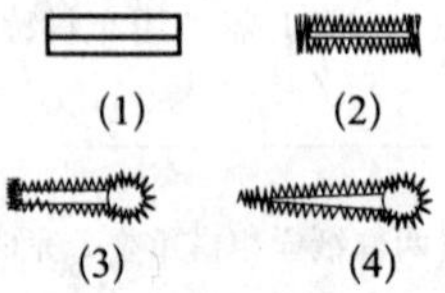	表示扣眼的位置、形状和效果：(1) 嵌牙眼；(2) 机锁平头眼；(3) 机锁圆头凤尾眼；(4) 机锁凤尾式圆头眼
机扦点		表示该部位需用专用设备扦点与扦点效果
摇头扣符号		表示该部位需用摇头扣
粒胶无纺衬	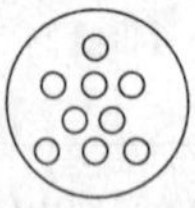	表示该部位需用粒胶无纺衬
平胶无纺衬		表示该部位需用平胶无纺衬
平胶机纺衬	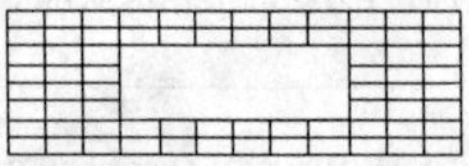	表示该部位需用平胶机纺衬
粒胶机纺衬	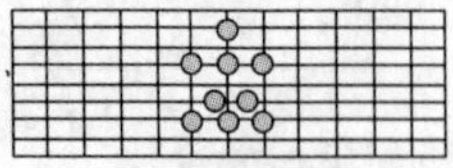	表示该部位需用粒胶机纺衬
盘花绣符号		表示该部位需用盘花设备盘花绣和盘花绣效果
补绣符号		表示该部位需补绣和补绣效果
剪切号		表示该部位需剪切

续表

符号名称	符号样式	说　明
风眼符号		表示该部位需用风眼
铆钉符号		表示该部位需用铆钉
圆头四合扣	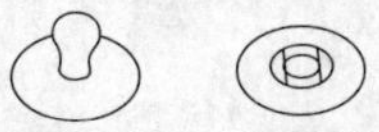	表示该部位需用圆头四合扣
平头四合扣	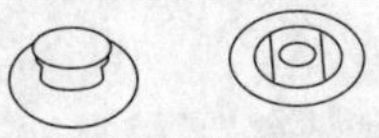	表示该部位需用平头四合扣

四、女下装纸样设计专业用语

每个专业都有自己的专业用语，为了便于沟通与交流，正确使用服装行业专业用语十分重要。尤其我国是一个服装生产大国，又是服装出口大国，服装专业用语的规范统一十分必要。国内外服装专业用语较混乱，对于拓展国内和国外业务是一个障碍，现在根据我国服装行业一些专业用语，结合作者多年从事国内、国际服装行业工作的实践经验，及对国内外服装行业研究与理解，将女下装各部位专业用语作如下介绍（图 1－3～图 1－9）。

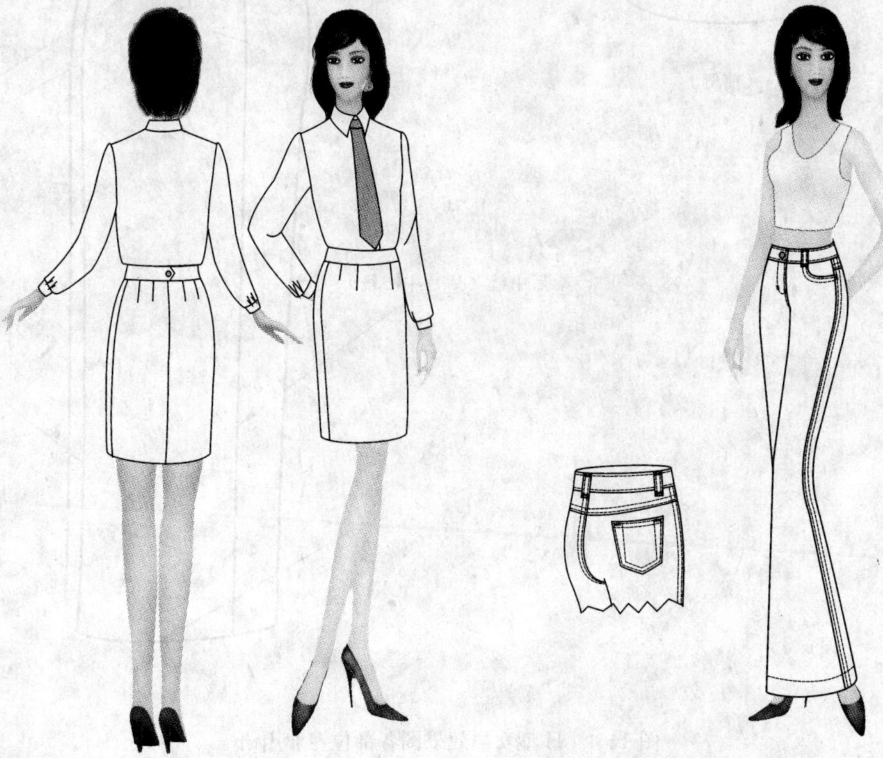

H型女裙效果图

A型女裤效果图

图 1－3　女下装效果图

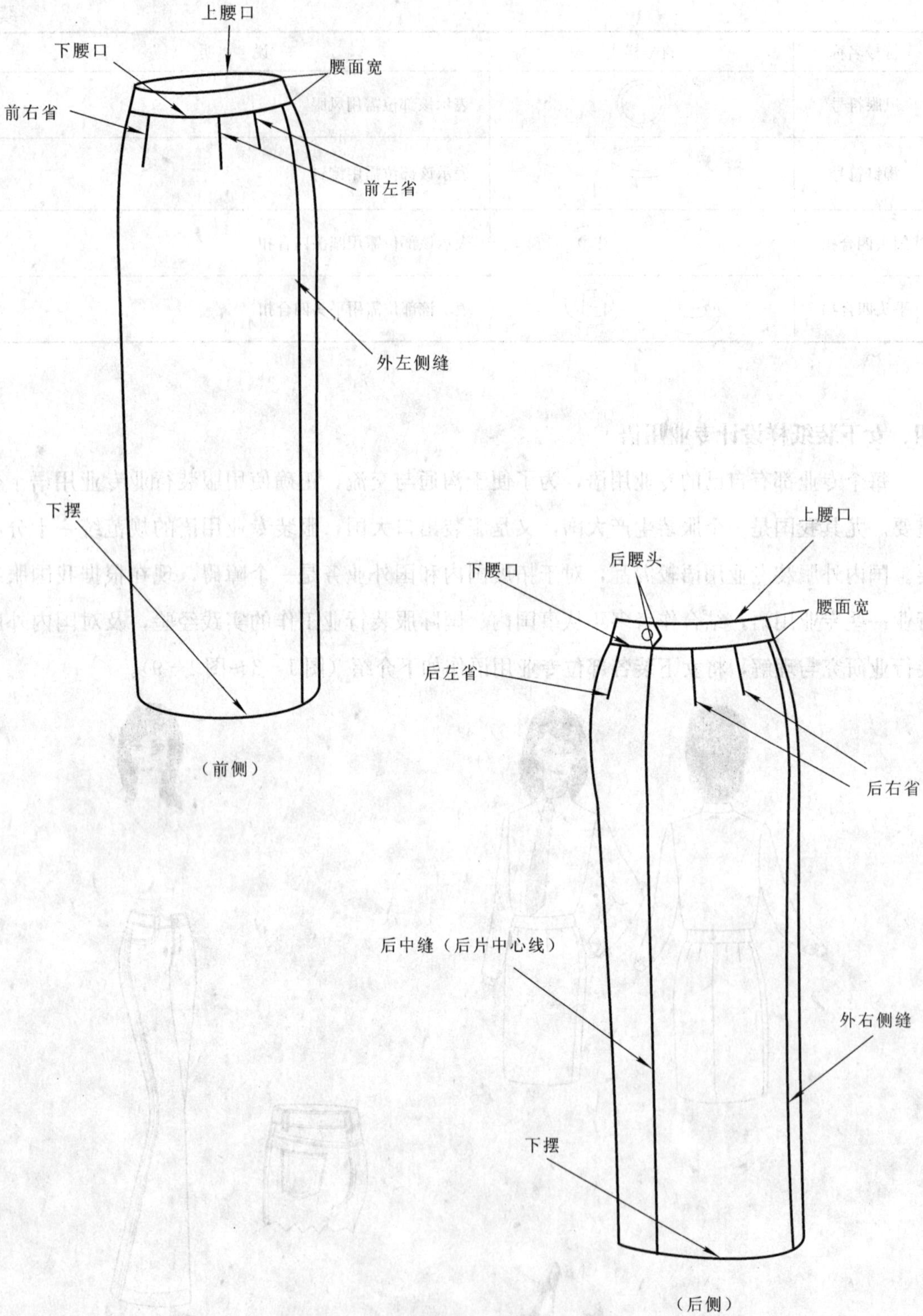

图 1-4　H 型女裙效果图各部位专业用语

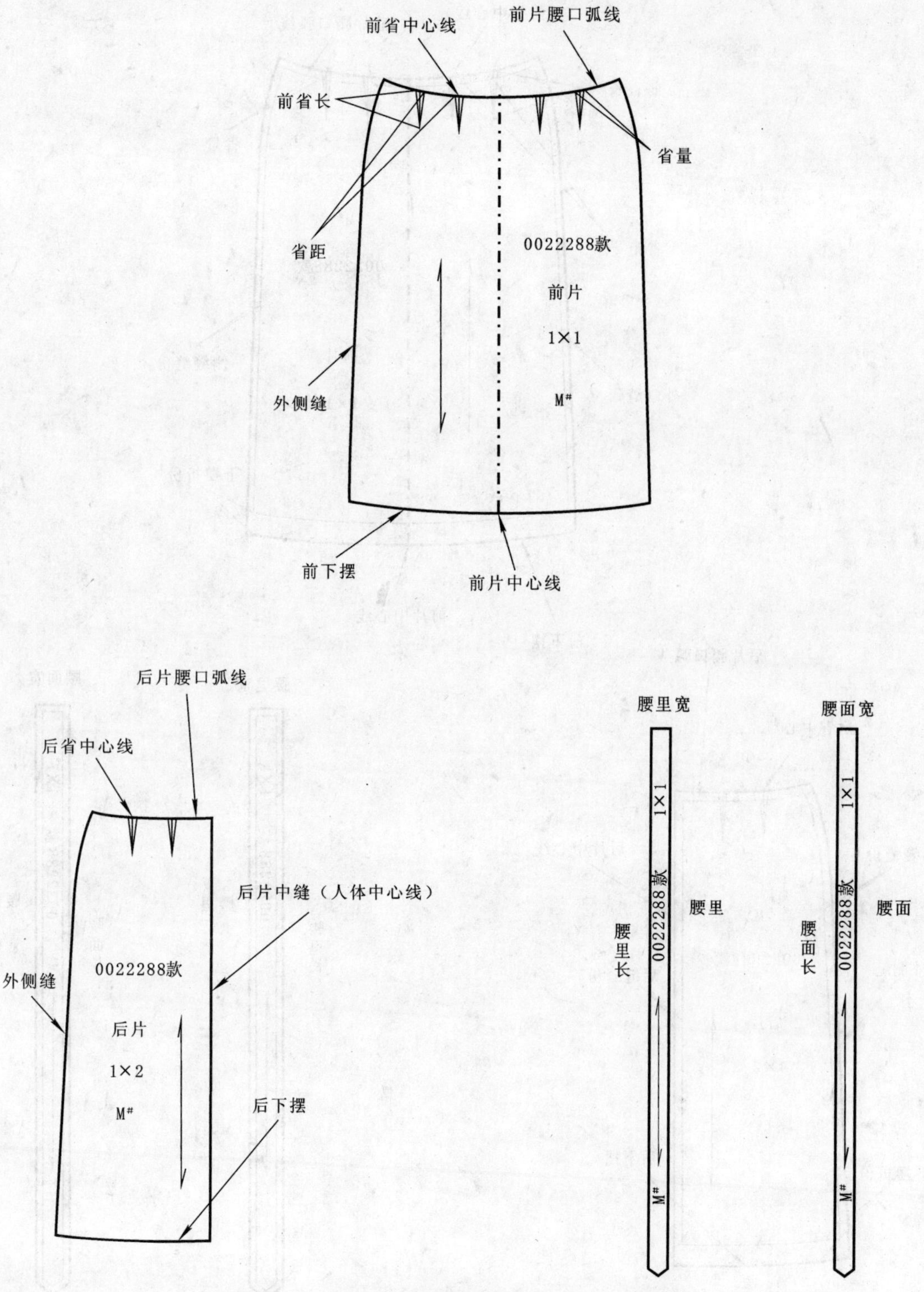

图 1-5　H 型女裙纸样（净板）各部位专业用语

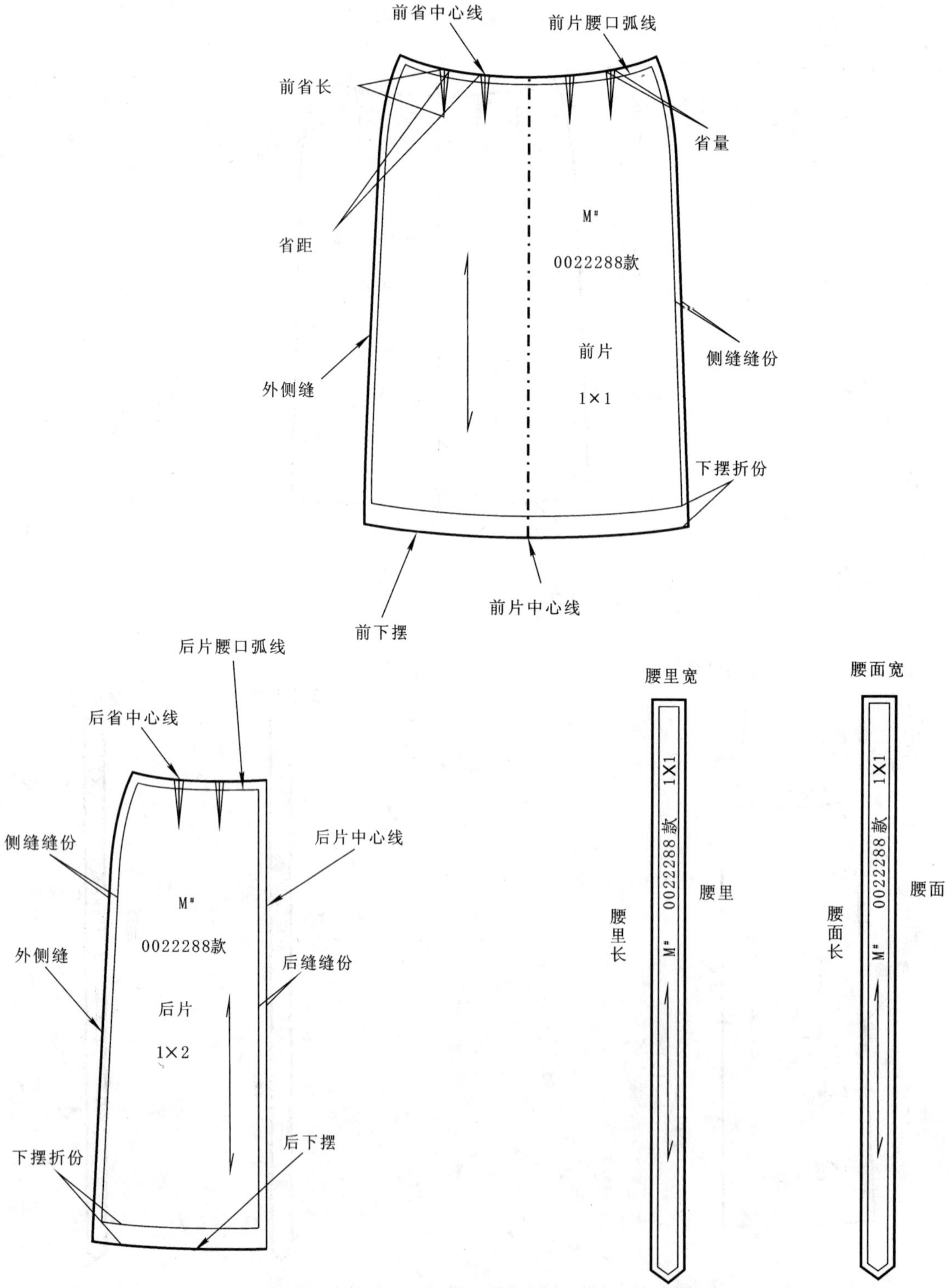

图1-6　H型女裙纸样（毛板）各部位专业用语

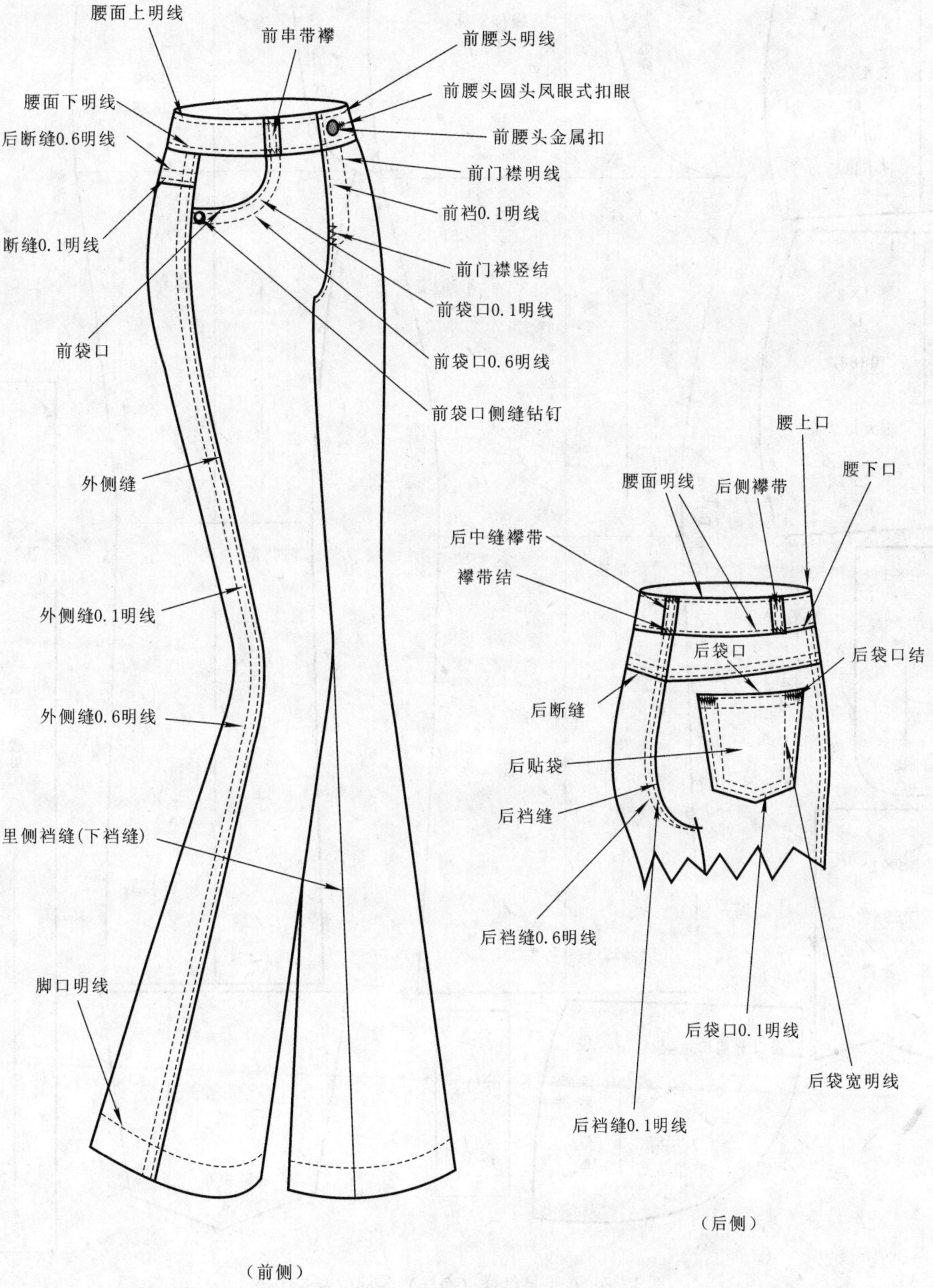

图1-7　A型裤效果图各部位专业用语

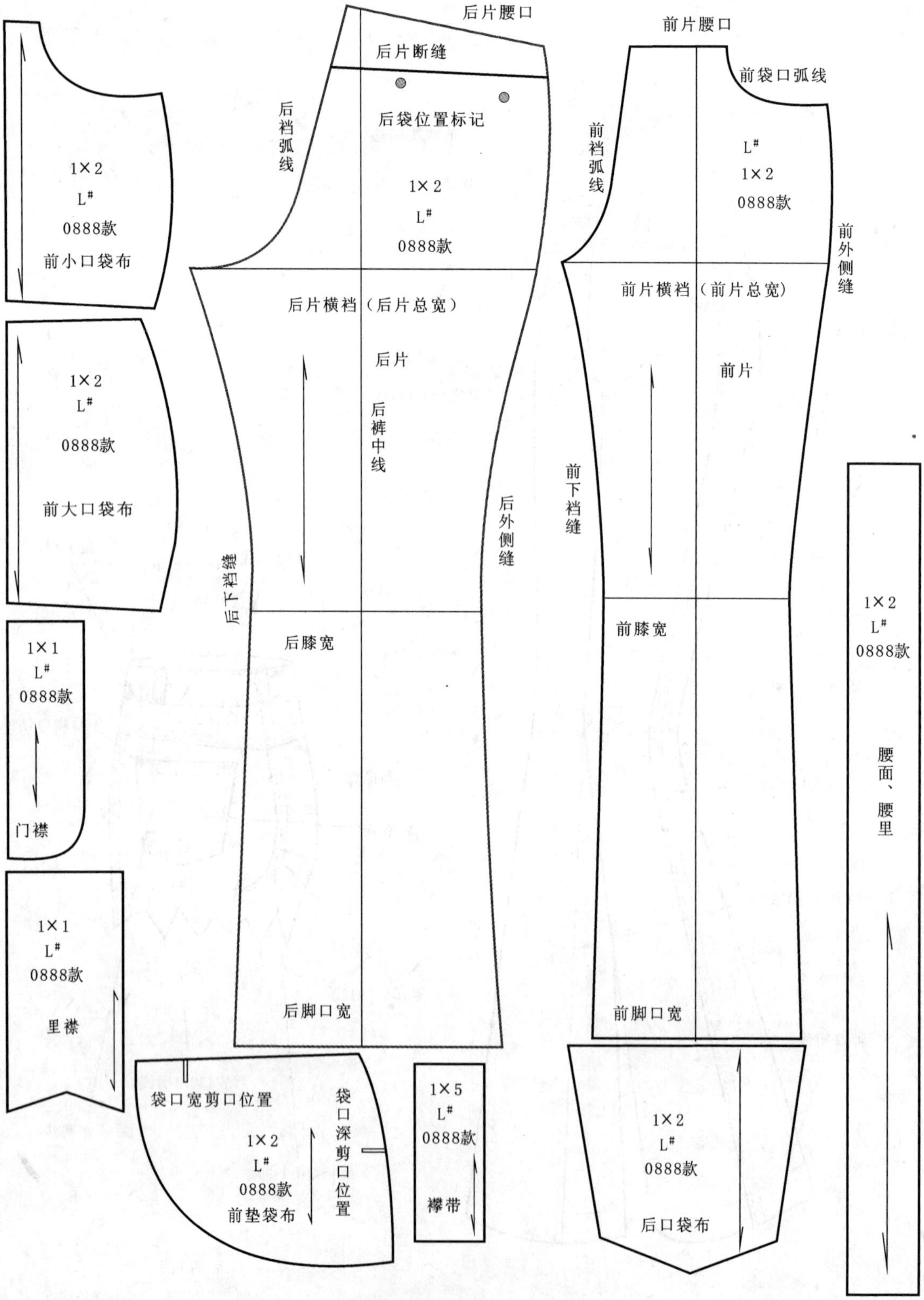

图1-8　A型裤纸样（净样）各部位专业用语

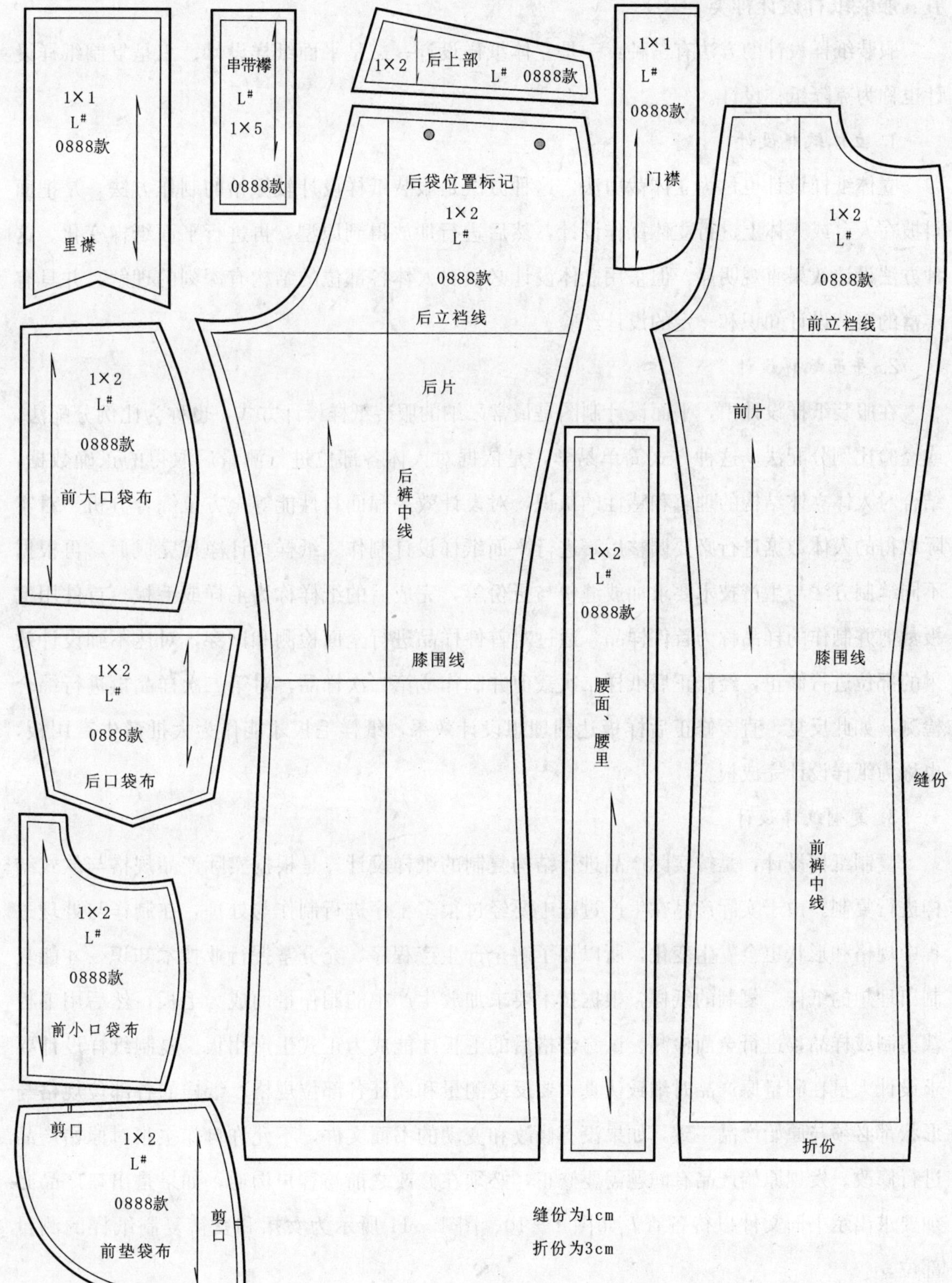

图1-9　A型裤纸样（毛样）各部位专业用语

五、服装纸样设计种类

服装纸样设计的方法有三种：一是立体纸样设计；二是平面纸样设计；三是复制纸样设计也称为克隆纸样设计。

1. 立体纸样设计

立体纸样设计也称为立体裁剪法，这种方法是服装纸样设计较原始的制作方法，是把面料披在人台或人体上进行立体操作设计，然后进行加放得到原型，再进行平面纸样变化。这种方法设计效果直观明显，但采用立体设计必须对人体各部位的结构有深刻的理解，并具有丰富的服装设计知识和一定的设计经验。

2. 平面纸样设计

在服装纸样设计中，平面设计制图是最常采纳的服装纸样设计方式，也称为比例分配法，或经验比例分配法。这种方式简单易学，是依据对人体各部位进行测量后取得的正确数据，结合对人体立体结构的理解和感性的认识，对设计效果和面料性能等全方位综合分析，对实际取得的人体数据进行必要调整后，进行平面纸样设计制作。纸样设计净板完成后，再根据不同缝制方法与生产技术要求加放缝份与折份等，完成后的纸样称为毛样或毛板。首件用毛板裁剪并制作的样品称为首件样品，通过对首件样品进行全面检测和试穿，对达不到设计效果的部位进行修正，经修正后纸样二次裁剪并制作成第二次样品，对第二次样品再进行综合检测，如此反复，直至修正后样板达到理想设计效果，纸样毛板才能作为大批量生产用板，也称为纸样设计完成板。

3. 复制纸样设计

复制纸样设计，是按实际产品进行结构复制的纸样设计，是根据实际产品规格与款式结构进行复制。由于实际产品在生产过程中要经过很多工序进行制作与处理，在制作与处理过程中规格和形状也会发生变化，所以要了解全部生产程序，充分掌握行业技术知识，才能复制出理想的纸样。复制的纸样，根据技术要求加放生产中的制作量而成为毛板，然后用毛板裁剪制成样品，进行全面检测、试穿合格后的毛板才能成为正式生产用板。复制纸样设计要求设计人员在测量原产品时细致认真，要反复测量和验证各部位规格，纸样的各部位规格与形状都必须与原始产品一致，如果没有修改和变动的书面文件，不允许自作主张对原始产品进行修改。发现原始产品有问题需要修正，必须在修改之前与客户沟通，如果是出口产品必须要求出示书面文件以待备查。如图 1－10、图 1－11 所示为女裙和女裤复制纸样的测量部位。

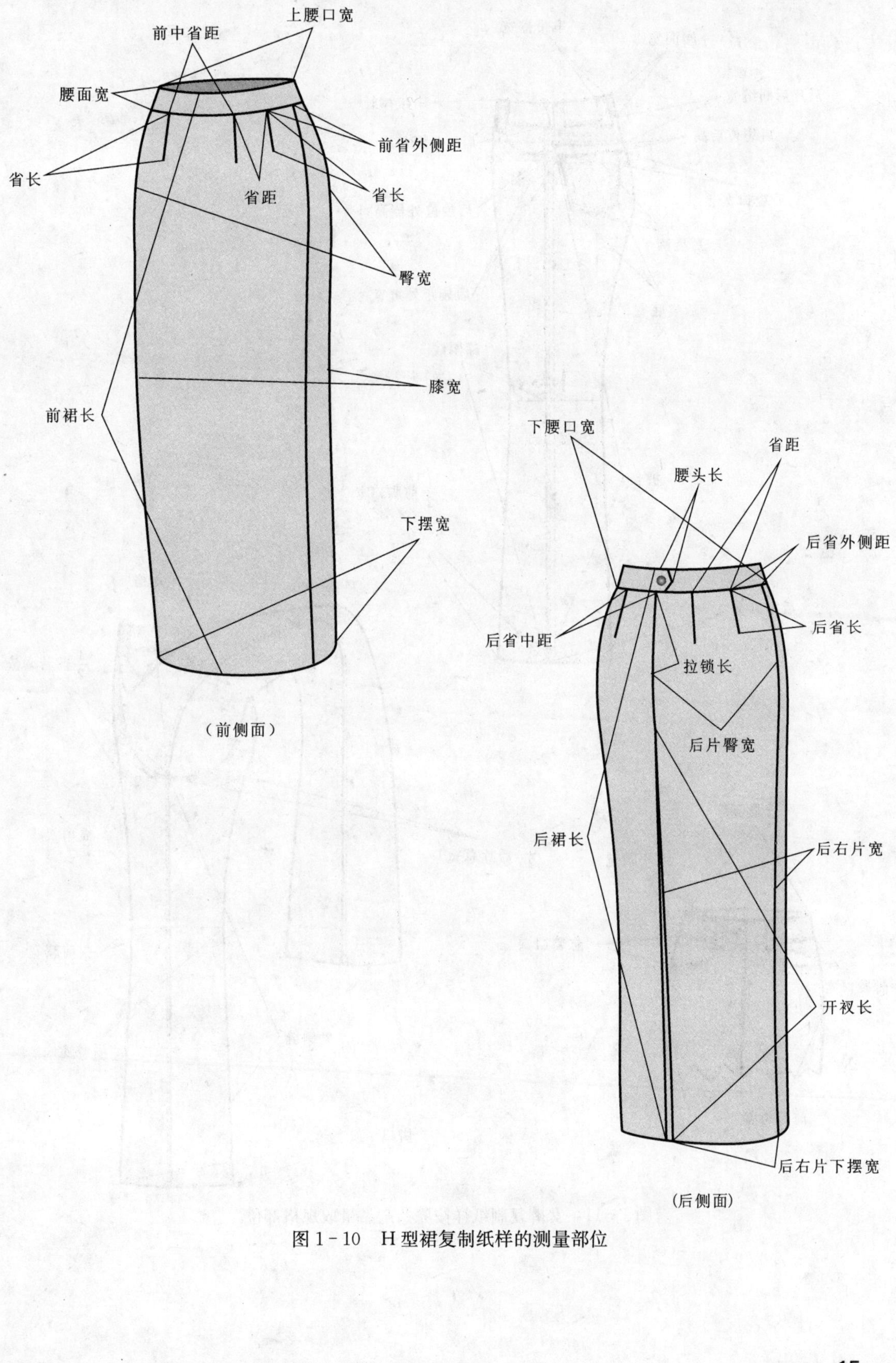

图 1-10 H 型裙复制纸样的测量部位

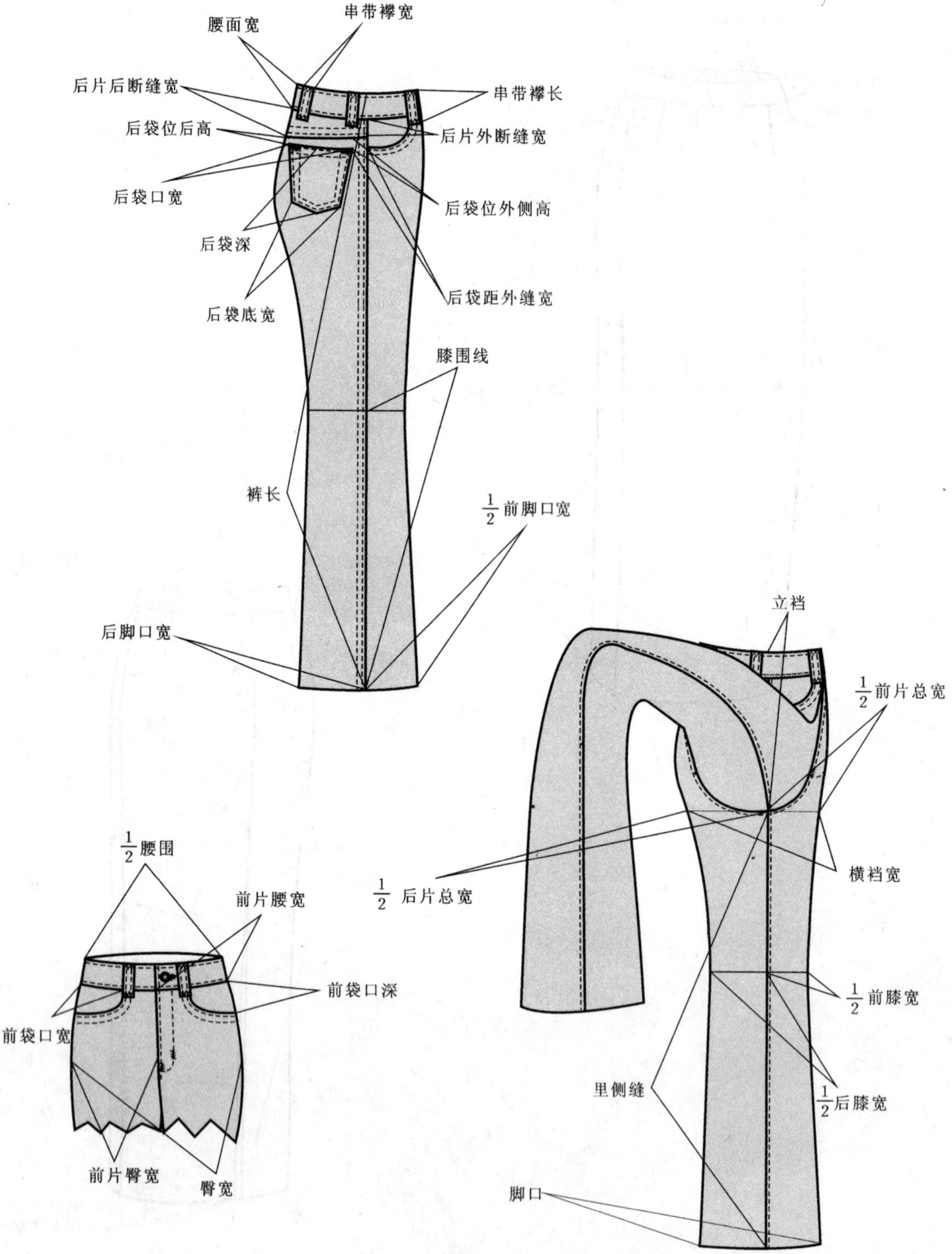

图1-11　女裤复制纸样按原始产品量取规格部位

第二节　人体比例与人体测量

取得正确的人体数据对于服装纸样设计至关重要。作为服装纸样技术人员必须掌握正确的人体测量方法，才能取得准确的人体各部位数据。人体各部位数据是纸样设计的依据。对人体各部位测量的同时，要对人体立体结构与平面结构有深刻理解，掌握人体结构常识与人体解剖学。对于个体测量要观察其特殊性，对体型的各部位数据不足之处进行优化组合，对某些实际测量数据进行调整，使其达到理想的规格比例结构。对人体各部位测量的同时，也是纸样设计立体构思和平面设计整合的过程，是立体造型效果全面思考的延伸。依据科学、理性的人体比例数据设计来达到人群体形覆盖率高，理想化、标准化纸样设计目的。经过这样纸样设计完成的样板，才能达到理想的群体覆盖率，增加所设计产品的销量，为企业创造丰厚利润，体现出制板师的含金量。纸样设计效果在工业化批量生产中至关重要，纸样设计直接关系企业经济效益和生产业绩的提升。个体单量单裁也不是用实际测量的人体数据进行纸样设计，而是对所测量的数据进行科学理性调整和优化组合，使人体比例结构扬长避短，达到优化人体曲线特征和弥补人体自然缺陷与不足的最佳设计效果的目的。

一、人体测量的部位和专业用语

专业用语是为了便于学习和信息沟通，所以正确使用专业用语非常必要。图 1－12 介绍的是服装人体测量的部位和专业用语。

二、人体测量

要取得准确的人体测量数据，被测量者姿态要自然、正常，穿贴体较薄服装。测量者使用专业软尺，测量时松紧适度，软尺要拉直，随着人体曲线的形状测量。围量时，以软尺能够转动为宜；直量也称为纵向测量时，以软尺拉直为宜。测量者进行人体测量时，要站在被测量者的侧面。一是测量者站在被测量者侧面，被测量者前后都可以观测到；二是出于人性化考虑，如站在被测量者正面测量会使被测量者感到不舒适。测量的顺序是先围度方向后宽度方向再长度方向，先上部后下部。根据纸样设计需要的数据，测量所涉及的部位。取得数据后，再根据款式设计效果，加放生产制作中所需要的放松量。人体各部位数据是服装纸样设计的依据。下面介绍人体测量的步骤和方法。

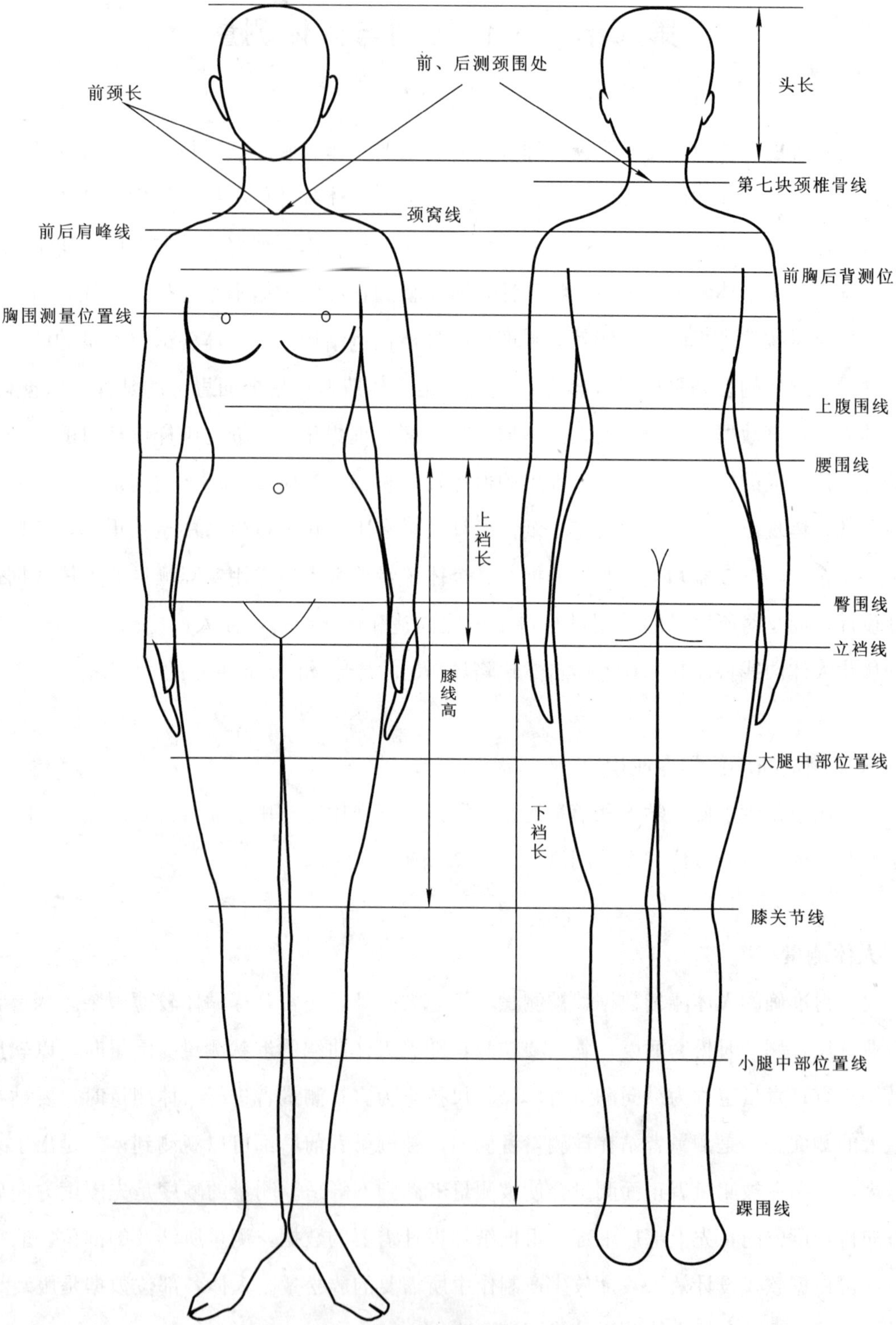

图 1-12　服装人体测量的部位和专业用语

（一）围度测量

1. 头围

测量头围时从头前部眉上 3cm 处和脑后骨凸出的部位围量一周。头围是设计帽子和服装领口与开口规格的依据。

2. 颈围

测量颈围是从颈后部第七块颈椎骨，即后颈椎骨最凸点开始至前颈窝下 2 厘米处围量一周。颈围是服装纸样设计前、后领口宽与深的依据。在纸样设计中经常采用胸围规格来推算前、后领口宽与深。无论是用胸围还是颈围推算领口，都是源于人体比例分配的方法进行服装纸样的设计。

3. 胸围

测量胸围是通过胸高点（BP）水平围量一周，这个位置是人体胸部最丰满处，是胸部围度最大的位置。胸围测量是人体关键部位的测量，胸围测量的正确与否，关系到纸样设计的成败。以胸围作依据，用比例结构设计的方法，推算出其他各部位尺寸，符合人体自然规律，也是比例美学结构在服装设计中的体现。依据胸围推算出其他各部位规格的方法，称为胸度比例分配裁剪法。所以，取得正确胸围数据，无论是在工业生产中，还是对于个体单量单裁的设计都非常重要。在纸样设计中，胸围的设定是在取得人体胸部基本尺寸后，依据所取得胸部基本尺寸根据不同设计效果加放松量后的成品尺寸。

4. 腰围

腰围的测量是在腰节处围度最小的位置，用软尺水平围量一周，以软尺能转动为宜。腰围是服装纸样设计中，设置省量的重要依据；是裤子、裙装设计腰口，确定省量大小的关键数据；是裤子、裙装腰部省量与侧缝形状设计的依据。腰围正确与否，对于纸样设计过程中进行省量确定至关重要。设计中可以用腰围推算出其他部位的相关规格。

5. 臀围

测量臀围是在人体臀部最丰满处水平围量一周。许多下装纸样设计绘图，都以臀围为依据。用臀围的比例分配方式求得其他部位规格的方法，称为臀度比例结构分配法。臀围也是上衣设计中确定下摆规格的依据，是长大衣、半大衣、裙装、裤子臀部设计和确定省量的依据。

6. 横裆

横裆是在人体裆的底部即大腿根部水平贴体围量一周所得的尺寸，是大腿根部的围度。此围度的$\frac{1}{2}$是横裆宽度，用测量所取得实际尺寸与臀围比例参照确定。在单量单裁时，这个规格很重要，因为它体现了腿部的个体特征。在工业化生产中，通常都采用臀度比例结构分配法。通常正常体型用臀围进行推算即可。单量单裁时则需结合臀围对实际测量的规格加以调整，使其达到理想的比例。

7. 膝围

膝围的测量，是在膝关节的位置上水平贴体围量一周。$\frac{1}{2}$膝围是膝宽，在纸样设计中常采用膝宽制图，因为这种方式制图较方便，容易计算、便于理解。膝围是裤子、裙装纸样设计进行膝部造型变化的重要依据，是裤装、裙装造型变化关键部位。膝围的设定，对下肢活动量直接产生重要影响，它关系到下肢活动量与舒适程度。膝围与裤子脚口和裙装下摆规格的设置，构成了裤子、裙子的主要设计造型结构。

8. 踝围

踝围测量是在人体踝关节部位贴体围量一周。踝围是确定脚口规格的依据。脚口规格设定是裤子纸样设计造型变化的主要部位。裙子纸样设计一般不用踝围这一数据。但由于裙子长度不同，裙长所涉及下肢所需要围量的部位也随着裙子长度而改变。下摆设计是根据所确定裙长涉及的部位而确定测量下摆的部位围度规格。一般 A 型长裤的长度至踝关节向下 5cm 处，H 型长裤的长度至踝关节向下 3cm 处，Y 型长裤的长度至踝关节处。不同的裙长可以裤长为参考，根据不同设计效果进行设置与确定。较窄的下摆或较宽的下摆要根据裙长和下肢活动量及不同款式设计效果的需要确定。

9. 臂根围

臂根围是在人体肩峰腋下臂根处贴体围量一周。臂根围是结构设计作为袖窿深、袖窿弧长、袖根肥度、袖山线弧长的依据。袖窿深与袖山高的设计，关系到手臂活动量和活动角度的大小及人体的舒适度，也关系到造型设计效果。

10. 腕围

腕围是在人体腕关节位置上贴腕围量一周。腕围是纸样设计时确定长袖服装袖口规格的依据。由于袖长在结构设计时变化较大，所以袖长发生变化时，应根据袖长所涉及的部位测量其围度，作为袖口规格确定的依据。

11. 掌围

掌围是在手掌宽度最大的部位围量一周。掌围是设计袋口规格的依据，掌围确定了实用功能袋口的最小极限。

12. 脚围

脚围是在脚最宽的部位围量一周。脚围是脚口设定参考尺寸。

（二）宽度测量

1. 前胸宽

前胸宽测量的位置是在人体前腋窝臂根夹缝止点处。测量左、右胸两臂根夹缝止点之间的宽度即前胸宽。在工业生产中，通常采用胸围以比例方法推算前胸宽。这种比例推算方法既符合人体自然体型规律又达到了比例美设计效果。单量单裁时，前胸宽要根据个体特点进行合理优化。

2. 乳距

左右两胸高点（也称为乳高点、BP）之间的距离，即为乳距。测量胸高点两点之间距离在女装结构设计中尤为重要。女装胸部的设计是女装设计中的重点与亮点，尤其是突出展示女性体形美的服装。乳距是纸样设计省位确定的依据。

3. 背宽

背宽测量是在后背臂根夹缝止点处，左、右夹缝止点的两点之间距离。背宽是上装纸样设计必须掌握的尺寸。通常用胸围来推算背宽。

4. 总肩宽

总肩宽是从左右两肩端点之间距离进行测量。在纸样设计中常采用胸围来推算和设定总肩宽。

5. 小肩宽

小肩宽是从肩端点量至侧颈点，两点之间的长度。小肩宽是人体一侧肩部的实际长度。总肩宽还包括颈部宽。小肩宽的确定，也可以采用胸围用比例方法推算和设定。

（三）长度测量

1. 总体高

总体高是从人体头顶端（不包括头发厚度）至脚底部垂直测量所得的数据。纸样设计中用总体高作依据，确定人体其他部位长度。用这种方法设计完成的纸样人群覆盖率高，适用范围广。

2. 背长

背长测量是从第七颈椎点至腰节的长度，是从人体后颈部最凸点的位置垂直向下量至腰部最细的位置。背长是制作上装原型时所采用的长度依据。通常以胸围与背长为依据，制作上装原型。

3. 颈椎点高

颈椎点高是从颈部最凸点至脚底平面之间的垂直长度。颈椎点高是设计较长上装、连体服装等的长度确定依据。

4. 坐姿颈椎点高

坐姿颈椎点高是请被测量者坐在凳子上，测量从后颈部凸点至凳子平面之间垂直距离的长度。坐姿颈椎点高用来确定上装的长度，也是确定从后颈部凸点至人体裆底之间的长度。

5. 腰节高

腰节高是从腰节垂直量至脚底的长度，是下装长度确定的依据。

6. 臀围线高

臀围线高是从腰节至胯关节之间的垂直长度，是测量从腰节最细的部位至胯关节臀围线之间的距离。臀围线处是人体臀部最丰满的部位。裤子、裙子纸样设计时以臀围为依据，用比例方法推算出臀围线的位置。

7. 立裆长

立裆长也称为立裆，是从腰节位置量至人体裆底部的垂直长度。在实际测量时可以请被测量者坐在凳子上，从腰节处垂直测量至凳子平面之间的长度。立裆长通常采用臀围进行推算，用$\frac{1}{4}$臀围求出基本数据后，再根据不同纸样设计效果对所求的数据进行增减，确定立裆规格。一般裤子、裙子用立裆规格确定臀围线的位置。

8. 全臂长

全臂长是从肩关节即肩峰处量至腕关节之间的长度。测量这一部位长度要注意随着臂部、肘关节的形状进行测定。全臂长是确定上装纸样设计中袖子长度的依据，也是确定不同袖长比例和口袋位置的依据。

9. 头长

头长是从头顶端至颌下之间的长度，不包括头发厚度。头长是设计帽子高度确定的依据。

10. 前颈长

前颈长是从下颌端处量至前颈窝处之间的距离。前颈长是前领子高度、关门领高度和连体帽高度设计的依据。

11. 后颈长

后颈长是从后颈骨凸点垂直量至头骨与颈椎骨连接处的数据。后颈长是确定后领高的依据，也是设计连体帽高度的依据。

12. 下裆长

下裆长是人体裆底部至脚面的垂直距离。

图 1－13 是人体各部位测量和位置线的界定。图中介绍了人体各部位术语与人体测量的方法，使初学者有了感性理解。

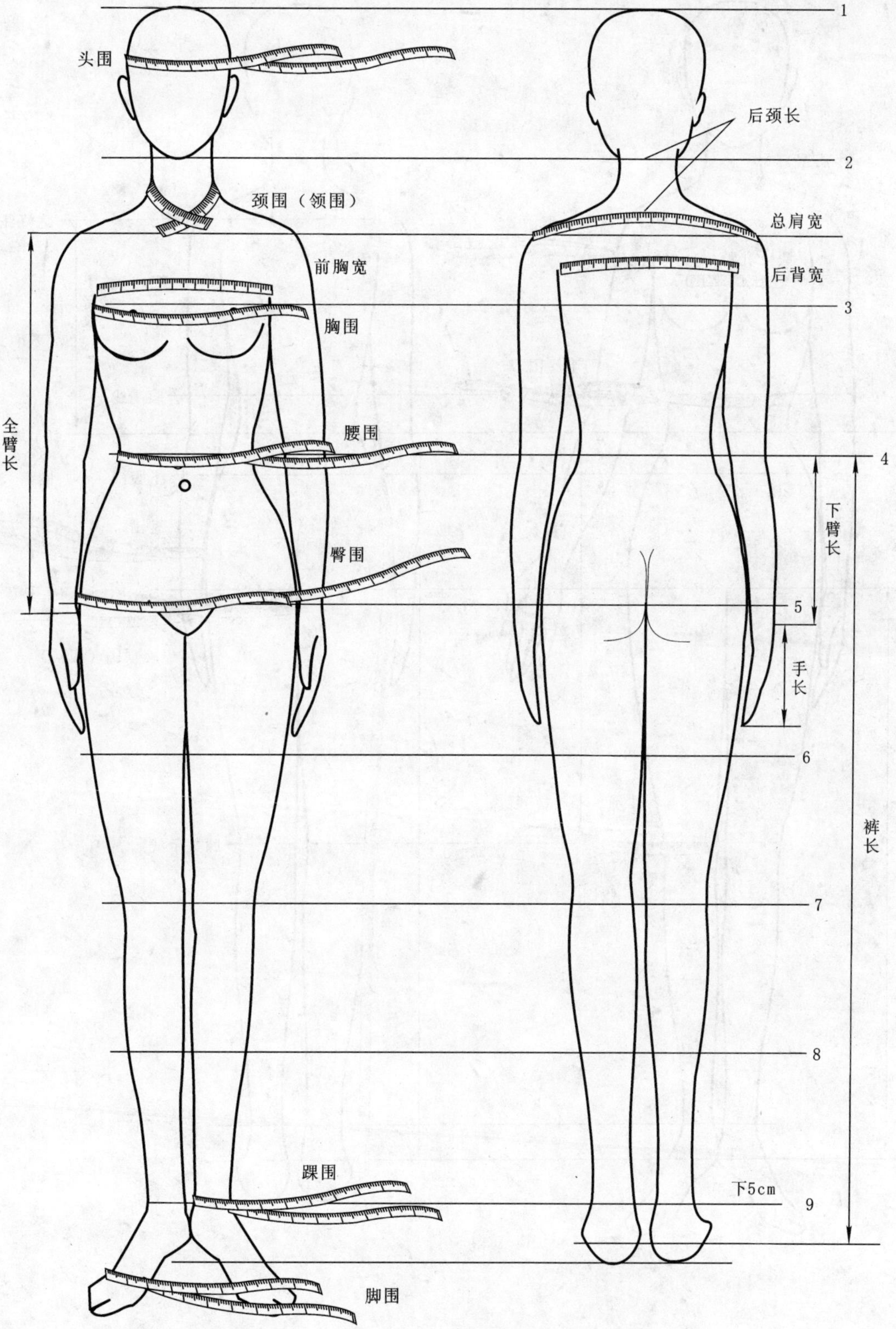
头围
颈围（领围）
前胸宽
胸围
全臂长
腰围
臀围
踝围
脚围
后颈长
总肩宽
后背宽
下臂长
手长
裤长
下5cm
1
2
3
4
5
6
7
8
9

图 1－13

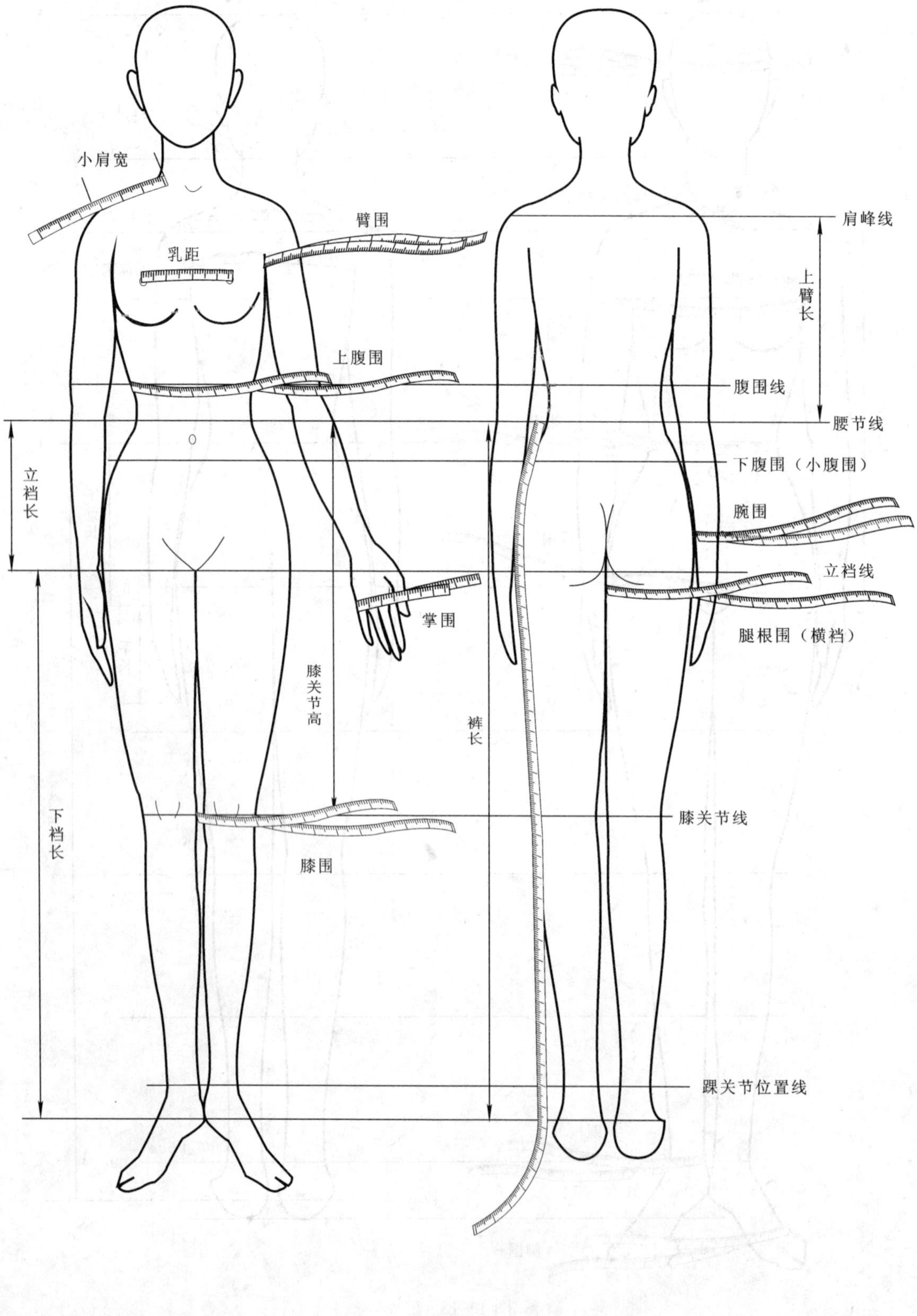
小肩宽
乳距
臂围
上腹围
腹围线
肩峰线
上臂长
腰节线
立裆长
下腹围（小腹围）
腕围
立裆线
掌围
腿根围（横裆）
膝关节高
裤长
下裆长
膝关节线
膝围
踝关节位置线

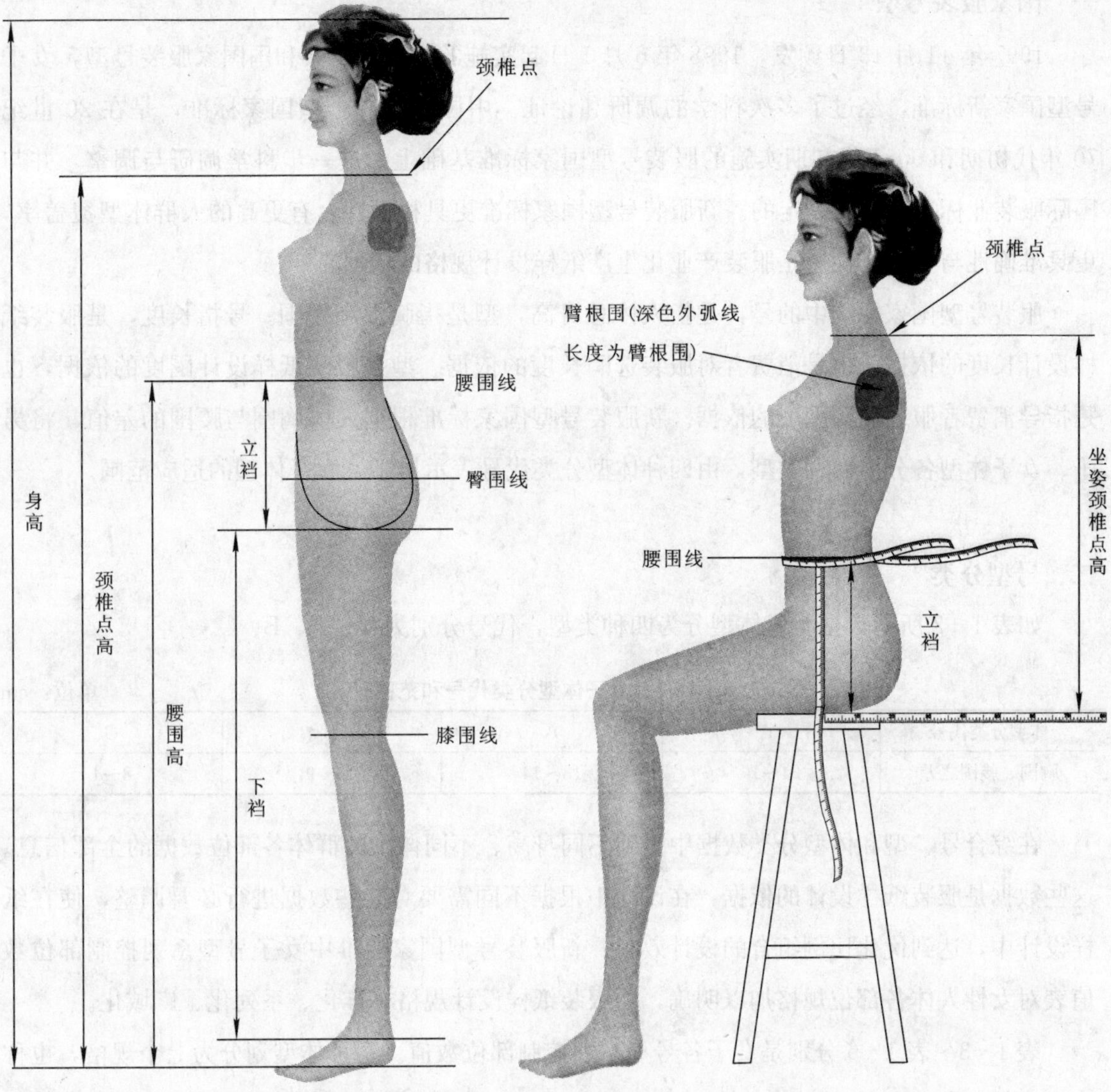

图 1-13　人体各部位测量示意图

第三节　服装纸样设计常用号型规格

工业生产中服装规格设计至关重要。它不但体现出服装设计造型效果，也指导消费者选购适合体型的服装，在产品生产过程中又是进行全面质量检测和管理控制的依据。工业生产中，纸样设计所采用的服装规格必须具有较为广泛的群体覆盖率。纸样设计适合群体范围越广，产品销量就越大，纸样设计含金量越高。所以在工业化生产中，服装号型规格设计是关系到服装企业兴盛与发展，利润率高低的重要环节。

一、国家服装号型

1997 年 11 月 13 日颁发，1998 年 6 月 1 日起实施的中华人民共和国国家服装号型，女子号型国家新标准，经过了多次科学的调研和论证。中国新服装号型国家标准，是在 20 世纪 70 年代初期和 90 年代初期实施的服装号型国家标准基础上，进一步科学调研与调整，并与国际服装业标准接轨而制定的。新服装号型国家标准更具科学性，有更高的人群体型覆盖率，更具准确性与可操作性，是服装产业化生产纸样设计规格的依据。

服装号型国家标准中的号，是指人体总身高，型是指胸围和腰围。号指长度，是服装纸样设计长度的依据，也是消费者对服装选购长度的依据。型是服装纸样设计围度的依据，也是指导消费者服装选购围度的依据。新服装号型国家标准根据人体胸围与腰围的差值，将男子、女子体型各分为四种类型，由四种体型分类代号表示男子、女子体型的适应范围。

二、号型分类

如表 1－2 所示，把女子体型分为四种类型，代号分别为 Y、A、B、C。

表 1－2　女子体型分类代号和范围　　单位：cm

体型分类代号	Y	A	B	C
胸围、腰围之差	24～19	18～14	13～9	8～4

在综合号、型和体型分类数据中得到不同身高、不同体型的群体各部位数据的全部信息。这些数据是服装纸样设计的依据，在设计中根据不同需要对某些数据进行必要调整，使在纸样设计中，达到优化比例组合的设计效果。新服装号型国家标准中女子号型系列控制部位数值表对女性人体各部位规格加以明确，使服装纸样设计规格标准化、系列化、广域化。

表 1－3～表 1－6 分别是女子各号型系列控制部位数值。每种体型划分为七个规格，也称为七个号，即 145、150、155、160、165、170、175。胸围和腰围档差分别为 4、2，由围度档差组成型的系列。女子号型“5・4”系列控制部位数值表中的“5・4”表示人体总身高档差为 5cm，共七个档，以 5cm 为档差也称为号差；“4”表示胸围、腰围档差为 4cm，也称为型差。“5・2”系列中“5”表示身高档差为 5cm，“2”表示腰围档差为 2cm。

表 1－3　女子$\frac{5\cdot 4}{5\cdot 2}$Y 号型系列控制部位数值　　单位：cm

Y 体型							
部位	数值						
身高	145	150	155	160	165	170	175
颈椎点高	124.0	128.0	132.0	136.0	140.0	144.0	148.0

续表

Y 体型														
部位	数　值													
坐姿颈椎点高	56.5		58.5		60.5		62.5		64.5		66.5		68.5	
全臂长	46.0		47.5		49.0		50.5		52.0		53.5		55.0	
腰围高	89.0		92.0		95.0		98.0		101.0		104.0		107.0	
胸围	72		76		80		84		88		92		96	
颈围	31.0		31.8		32.6		33.4		34.2		35.0		35.8	
总肩宽	37.0		38.0		39.0		40.0		41.0		42.0		43.0	
腰围	50	52	54	56	58	60	62	64	66	68	70	72	74	76
臀围	77.4	79.2	81.0	82.8	84.6	86.4	88.2	90.0	91.8	93.6	95.4	97.2	99.0	100.8
背长	35		36		37		38		39		40		41	

表 1-4　女子$\frac{5\cdot4}{5\cdot2}$A 号型系列控制部位数值　　单位：cm

A 体型																					
部位	数　值																				
身高	145			150			155			160			165			170			175		
颈椎点高	124.0			128.0			132.0			136.0			140.0			144.0			148.0		
坐姿颈椎点高	56.5			58.5			60.5			62.5			64.5			66.5			68.5		
全臂长	46.0			47.5			49.0			50.5			52.0			53.5			55.0		
腰围高	89.0			92.0			95.0			98.0			101.0			104.0			107.0		
胸围	72			76			80			84			88			92			96		
颈围	31.2			32.0			32.8			33.6			34.4			35.2			36.0		
总肩宽	36.4			37.4			38.4			39.4			40.4			41.4			42.4		
腰围	54	56	58	58	60	62	62	64	66	66	68	70	70	72	74	74	76	78	78	80	84
臀围	77.4	79.2	81.0	81.0	82.8	84.6	86.4	86.4	88.2	88.2	90.0	91.8	91.8	93.6	95.4	95.4	97.2	99.0	99.0	100.8	102.6
背长	35			36			37			38			39			40			41		

表 1-5　女子$\frac{5\cdot4}{5\cdot2}$B 号型系列控制部位数值　　单位：cm

B 体型							
部位	数　值						
身高	145	150	155	160	165	170	175
颈椎点高	124.5	128.5	132.5	136.5	140.5	144.5	148.5
坐姿颈椎点高	57.0	59.0	61.0	63.0	65.0	67.0	69.0
全臂长	46.0	47.5	49.0	50.5	52.0	53.5	55.0
腰围高	89.0	92.0	95.0	98.0	101.0	104.0	107.0

续表

B 体型																				
部位	数值																			
胸围	68		72		76		80		84		88		92		96		100		104	
颈围	30.6		31.4		32.2		33.0		33.8		34.6		35.4		36.2		37.0		37.8	
总肩宽	34.8		35.8		36.8		37.8		38.8		39.8		40.8		41.8		42.8		43.8	
腰围	56	58	60	62	64	66	68	70	72	74	76	78	80	82	84	86	88	90	92	94
臀围	78.4	80.0	81.6	83.2	84.8	86.4	88.0	89.6	91.2	92.8	94.4	96.0	97.6	99.2	100.8	102.4	104.0	105.6	107.2	108.8
背长	35.5			36.5			37.5			38.5			39.5			40.5			41.5	

表 1-6　女子$\frac{5\cdot4}{5\cdot2}$C 号型系列控制部位数值　　单位：cm

C 体型																				
部位	数值																			
身高	145			150			155			160			165			170			175	
颈椎点高	124.5			128.5			132.5			136.5			140.5			144.5			148.5	
坐姿颈椎点高	56.5			58.5			60.5			62.5			64.5			66.5			68.5	
全臂长	46.0			47.5			49.0			50.5			52.0			53.5			55.0	
腰围高	89.0			92.0			95.0			98.0			101.0			104.0			107.0	
胸围	68		72		76		80		84		88		92		96		100		104	
颈围	30.6		31.4		32.2		33.0		33.8		34.6		35.4		36.2		37.0		37.8	
总肩宽	34.8		35.8		36.8		37.8		38.8		39.8		40.8		41.8		42.8		43.8	
腰围	60	62	64	66	68	70	72	74	76	78	80	82	84	86	88	90	92	94	96	98
臀围	78.4	80.0	81.6	83.2	84.8	86.4	88.0	89.6	91.2	92.8	94.4	96.0	97.6	99.2	100.8	102.4	104.0	105.6	107.2	108.8
背长	35.5			36.5			37.5			38.5			39.5			40.5			41.5	

新服装号型国家标准，不但在工业生产纸样设计中作为制作纸样规格的依据，而且在个体服装纸样设计制作中同样具有指导意义。因为个体纸样设计制作，必须对人体各部位进行测量，对于所测量的数据加以调整与优化，而新服装国家号型标准，是对个体纸样规格调整的参考依据。

三、服装纸样设计规格单位

纸样设计制作中，以中华人民共和国颁布的长度标准计量单位厘米（cm）为单位。进出口订单中，也有一些客户以英寸（in）为计量单位。厘米是国际服装行业推行的统一长度计量单位。为了部分外贸出口生产订单中计量单位的使用方便，适应多层面的需求，需要在英寸、市寸与厘米间进行换算，换算公式为：1 英寸＝2.54 厘米，1 市寸＝3.33 厘米。本书中计量单位为厘米（cm）。

第二章　女裙纸样设计与制图

第一节　女裙纸样设计

裙装纸样制图是根据设计者构思的立体造型，用平面结构设计实施纸样绘制的过程。这就需要制板者用正确的绘制方法，按照步骤完成纸样的绘制。为了便于学习和掌握，本书纸样绘制中把主要的参考线和步骤编了序号。为使所编序号不与纸样绘制中其他标注数据混淆，将所编序号标注在圆圈内。纸样绘制只要按步骤、规律操作，很容易掌握，因为各种裙型纸样制图过程都是一样的规律。纸样绘制时，要注意线与线之间应该垂直一定要垂直，应该平行必须平行，规格要准确无误，线形结构完美正确，就能达到理想的设计效果。

纸样制图中所用的规格是成品规格，即我们所说的产品净尺寸，不包括生产缝份和制作量。纸样绘制时如果包括缝份和制作量，会使纸样绘制误差增大，达不到产品技术标准。所以必须先绘制净纸样，在净纸样基础上加放缝份和制作量。

纸样制图步骤是：先前片，再后片；先横，后纵，再形；不变中求变，变中求不变；规格相同型不同。

纸样设计标准，一是成品规格不能改变；二是结构形状效果也必须达到设计标准；三是要最大限度地节约原材料；四是易于投入工业生产。

一、前片纸样设计与制图（图 2-1）

首先作基础线，此线作为与布料经向纱线平行的线，也称为纵向线，长度超过裙长。此线也作人体前中心线，也是绘制其他线的依据。

第①条线：底边线。在基础线最下方作一条与基础线垂直相交的横向线。纸样绘制中，凡是用圆圈标注的数据与规格，都代表一条线或一个步骤。

第②条线：上平线。上平线与底边线之间的距离＝裙长－腰面宽（腰面净宽设为 3～4cm）。从底边线与基础线交点向上量取至上平线之间的长度，作一条与基础线垂直相交的横线。纸样设计中，可根据不同设计效果确定腰面宽。腰面宽设置不同，从裙长中减去的数据必须与腰面宽一致。

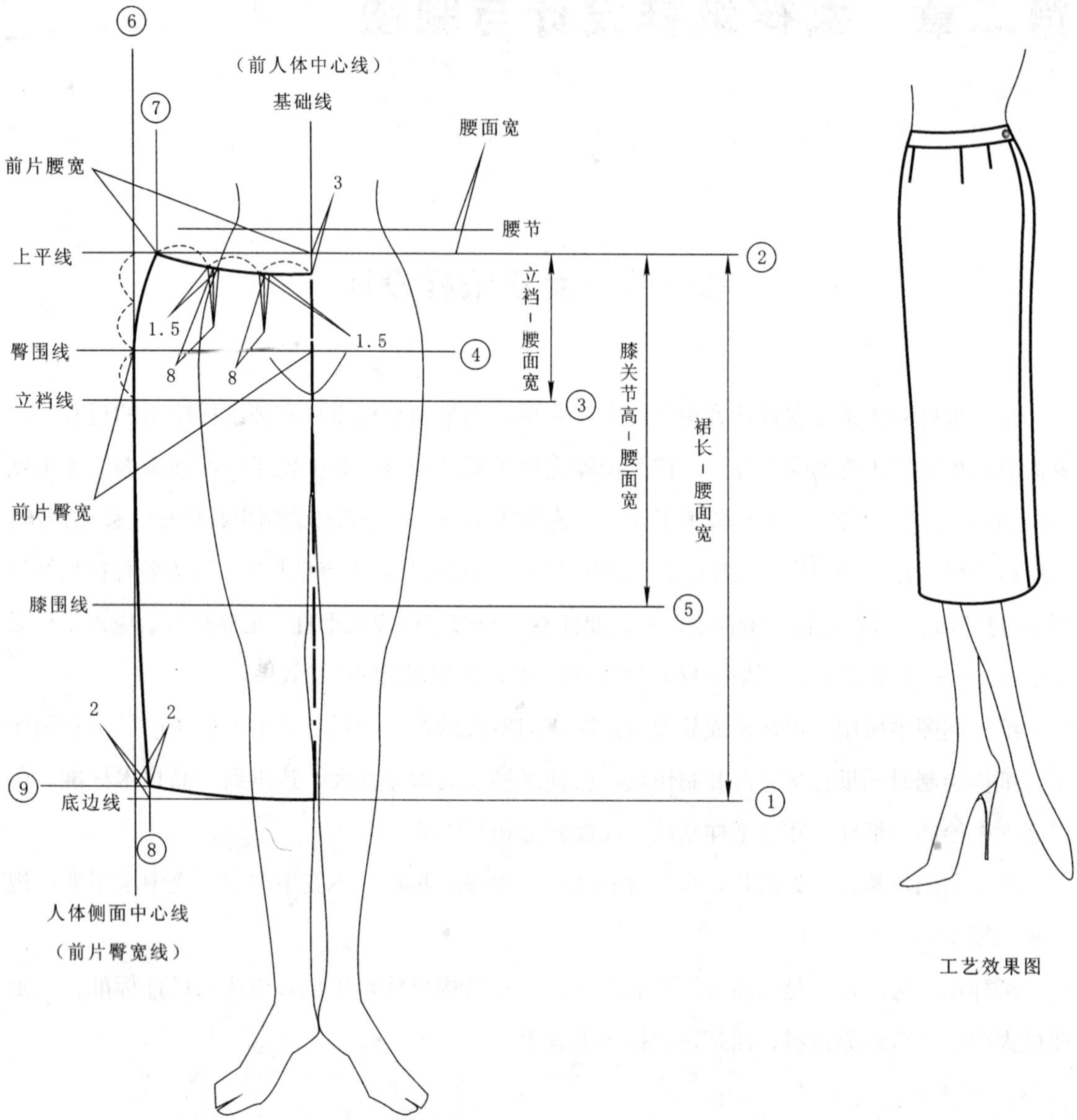

工艺效果图

结构设计图（前片）

图 2-1　纸样与人体关系（人体前侧纸样图）

第③条线：立裆线。立裆线与上平线之间的距离＝立裆－腰面宽。从上平线与基础线交点纵向向下量取所计算的数值定点，作一条与基础线垂直相交的横线。腰面净宽改变时，立裆被减的数据也随之改变。立裆长度可根据款式效果需求来确定，一般裙型及体型遮盖率较高的裙型，用$\frac{1}{4}$臀围确定立裆规格；体型遮盖率较低的裙型，立裆＝$\frac{1}{4}$臀围＋3cm；低腰裙立裆＝$\frac{1}{4}$臀围－3cm。$\frac{1}{4}$臀围计算方法既符合人体结构比例关系，又方便应用。

女裙纸样设计中，往往不用立裆规格，是不正确的。因为不同的裙装纸样设计，有着不同设计标准，立裆位置需要控制臀围以下结构造型，也需要控制这个部位的围度，所以立裆规格是下装纸样设计不可缺少的。

第④条线 ：臀围线。也称为臀围的位置线，是上平线至立裆线之间垂直距离在基础线三等分的$\frac{1}{3}$处。取与立裆线相邻的第一等分点，作与基础线垂直相交的横线，这条线称臀围线。此线确定臀围规格。臀围线在人体胯部位置上。随着立裆规格设计的变化，臀围线也随之按比例变动。

第⑤条线：膝围线。也称为膝关节位置线。从上平线与基础线交点垂直向下量取膝围高一腰面宽定点，作与基础线垂直相交的横线，为膝围线。由于裙长结构设计的不同，裙长在膝关节线以上时，不需要设此线。一般由腰围、臀围、膝围和下摆围设计来完成裙装造型结构。裙装纸样设计前片横线绘制已经完成。

第⑥条线：前片臀宽线。前片臀宽$=\frac{1}{4}$臀围-1cm，从基础线与臀围线交点向左（横向）量取，在臀围线上定点，作与基础线平行，与上平线、立裆线垂直相交的纵向线。前片臀宽减去的1cm加在后片臀宽中，前片臀宽小于后片臀宽，符合人体向前活动量大的自然规律，也基于侧缝设计口袋位置的需要。

由于结构设计可根据设计效果、面料幅宽、面料图案等条件灵活变换侧缝位置，所以在裙子结构设计中，前片臀宽和后片臀宽也可用相同规格。

第⑦条线：前片腰口宽。前片腰口宽$=\frac{1}{4}$腰围$+$省量。从上平线与基础线交点向左横向量取前片腰口宽，省位、省量、省长按图中绘图方法绘制。省位可根据不同结构设计效果来把握，同时根据人体起伏部位和结构比例进行设计。前省量一般设为3～4cm较合理，前片余下的省量在外侧缝处理，如果前片省量设计过大，就会出现有省的部位过度凸起，使裙装与人体不能有理想的结构关系。正因如此，纸样设计中把握好省量设计和省量分配十分重要。

前片腰口宽可根据不同的结构设计，在$\frac{1}{4}$腰围基础上进行加减。前后片腰口也可根据侧缝结构形状进行必要的变化。前片腰口规格的设计与调整，是前片腰口与后片腰口规格之间比例的变化。这里指的前片腰口和后片腰口是成品腰围规格。

第⑧条线：前下摆收势。前下摆收势从前臀宽线与底边线交点向内横向（小于臀宽的规格）量取2cm，作一条与底边线垂直相交的线。下摆向内横向量取的规格是根据纸样设计效果而定，可以根据不同的纸样设计要求确定是向内量取收势规格，还是向外（大于臀围规格）放大下摆规格。不同裙型下摆的结构设计并不是孤立存在的，它的设计涉及裙子的结构造型、膝部规格、开衩长度和肢体活动量。

第⑨条线：摆翘。从下摆收势线与基础线交点向上量取 2～3cm，为摆翘点。下摆翘势向上量取的规格是为了调节前片和后片长度。由于通常人体活动时身体向前挺，就构成了前后长度的差量。摆翘也是为了着装后，下摆结构弧线成圆势，且构成前片略长于后片结构设计效果。纸样设计时可以根据不同设计效果，来设计下摆向上量取的翘势。

前片腰口形状为弧线形腰口。从基础线与上平线交点向下（纵向）量取 2～3cm 定点，向下量取的规格为腰口下弯量。前片腰口向下倾斜是为了使腰部成弧线形状，这种结构设计使腰部与人体吻合。腰口下弯量设计得越大，腹部袒露面积越大。前片腰口形状也可以设计为直线形结构，但此时需要从生产工艺上对直线形腰口进行处理，腰口部位才不会出现多余量，达到人体舒适度要求。

省长是由人体结构所确定，尤其是遮盖率较大的设计，对于省尖所至位置是有要求的。因为省是由人体各部位落差构成，其作用一是调整腰围与臀围之间余量；二是利用省线对人体进行夸张，起到引导人视线，对人体进行局部渲染。省长通常不超过臀围线，有纵向断缝设计时，省长可以与臀围线相交。省量（宽度）设计比较大的时候，省长相对设计得比较长一些。省量小时，说明腰围与臀围之间的差量较小，或有一部分的省量，在外侧缝或其他部位设计余量。省量较大时，说明腰围与臀围之间的差量较大。如果省量较大，省长较小，在省尖的位置会出现过多的余量，这个部位不美观，造成纸样设计中的“疵点”。

完成线的连接。前片辅助线绘制结束后，下一步是前片完成线绘制。首先从基础线与上平线交点向下量取定点和前片腰宽与上平线交点连接，作一条弧线，弧线形状按图 2－1 方式绘制。然后用上平线与前片腰宽交点，和臀围线与前片臀宽线的交点连接，作一条弧线，注意其弧线形状，弧线要体现人体腰部与臀部凸凹曲线结构。再以前片臀宽线与臀围线交点和下摆与摆翘交点连接，作弧线形状，此线形状是由结构设计效果所决定，线的形状与人体侧面腿部外侧形状相似。前片基础线也称人体中心线，或称折叠线，因为结构设计前片左、右相连对称，不许剪断。

净纸样完成线。净纸样完成线是按照款式设计的成品规格绘制的净样板，不包括生产时所需的制作量。制作工业样板时，要在净纸样基础上加放制作所需要缝份和制作量。

二、后片纸样设计与制图（图 2－2）

前片净纸样绘制完成后，下一步进行后片纸样绘制。由于后片是在前片的基础上绘制，所以较易操作。首先按前片从基础线开始一直按顺序作到第⑤条线，再按图 2－2 中步骤绘制后片纸样。

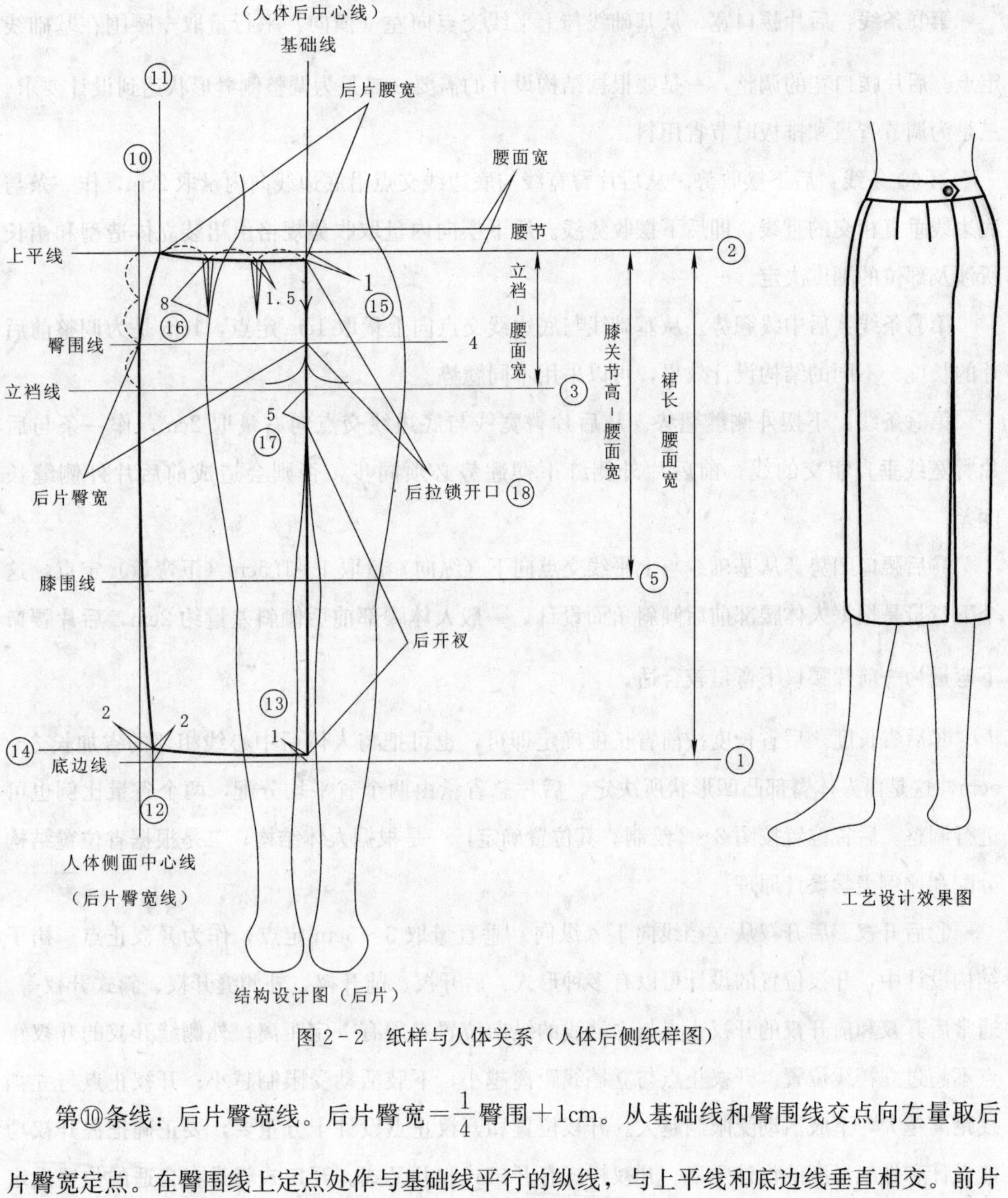

图2-2　纸样与人体关系（人体后侧纸样图）

第⑩条线：后片臀宽线。后片臀宽$=\frac{1}{4}$臀围$+1$cm。从基础线和臀围线交点向左量取后片臀宽定点。在臀围线上定点处作与基础线平行的纵线，与上平线和底边线垂直相交。前片臀宽$=\frac{1}{4}$臀围-1cm，1cm加在后片臀宽中。前臀宽小于后臀宽是由于人体向前活动量比向后活动量大，且裙装一般在外侧缝处设计口袋，或从外侧缝处向前在前片上设计口袋，外侧缝位置前移满足了上述需求。这是纸样设计图的变中不变，不变中求变的典型范例，臀围规格不变，而根据设计需要外侧缝位置前移。可根据造型结构及其他设计效果确定前后臀宽计算方式，调整侧缝位置和前片臀宽与后片臀宽的比例。

第⑪条线：后片腰口宽。从基础线与上平线交点向左（横向）平行量取$\frac{1}{4}$腰围在基础线定点。后片腰口宽的调整，一是要根据结构设计的需要；二是为调整侧缝形状达到设计要求；三是为调节省量和排板时节省用料。

第⑫条线：后下摆收势。从后片臀宽线与底边线交点沿底边线向内量取2cm，作一条与底边线垂直相交的直线，即后下摆收势线。后下摆向内量取收势规格由裙装立体造型和裙长所涉及部位的围度决定。

第⑬条线：后中线翘势。从基础线与底边线交点向上量取1cm定点，1cm是为调整前后片的长度。不同的结构设计效果，可以采用不同翘势。

第⑭条线：下摆外侧缝翘势。从后片臀宽线与底边线交点向右量取2cm，作一条与后片臀宽线垂直相交的线。前后片外侧缝下摆翘势必须同步，否则会造成前后片外侧缝长度差。

⑮后腰口凹势。从基础线与上平线交点向下（纵向）量取1～1.5cm（下弯量）定点，这个下弯量是根据人体腰部前后倾斜角而设计。一般人体腰部前后倾斜差量约2cm，后片腰口下弯量为$\frac{1}{2}$前片腰口下弯量较合适。

⑯后省长度。后省长度按前省长度确定即可，也可把与人体后中心线相邻的省加长3～5cm，这是由人体臀部凸凹形状所决定。后片总省量由两个省平均分配，两个省量比例也可进行调整。后省位置按图2-2绘制。其位置确定，一是根据人体结构；二是根据省位置结构分配和比例美学设计原理。

⑰后开衩。后开衩从立裆线向下（纵向）垂直量取3～5cm定点，作为开衩止点。裙子结构设计中，开衩位置的设计可以有多种形式：后开衩、前开衩、外侧缝开衩、斜式开衩等。通常后开衩和前开衩的开衩止点与立裆线的纵向位置必须有一定距离；外侧缝开衩的开衩止点不超过立裆线位置。开衩止点与立裆线距离越小，下肢活动受限制越小；开衩止点与立裆线距离越大，下肢活动受限制越大。开衩位置和开衩止点设计十分重要，要正确把握开衩功能设计和性感尺度的设计要素。开衩样式有开口式和开叉式。开口式就是在合适的位置设定开口，没有上下襟之分；开叉式是在开衩的部位有上下襟相搭，可装拉链和钉扣，可解开也可封闭。

⑱拉锁开口。拉锁开口是功能性设计，是为着装方便。拉锁开口长度止点一般至臀围线即可，由于裙装腰围小于臀围，所以拉锁开口设计太短时，腰围和拉锁开口所形成的围度小于臀围，就无法着装，同时裙装一般都是从下向上穿用，如果腰部不设拉锁，裙装也无法穿用。所以设计拉锁开口长度主要考虑其功能性，其次是装饰性。由此可见开口长度规格的设

计，是受人体结构比例所约束，特别是人体遮盖率比较高的裙装设计。拉锁开口位置可放在后中心线、外侧缝，也可把开口设计为同裤装一样的门襟。

后腰口弧线绘制。从后人体中心线与上平线交点向下量取 1cm 定点，和后片腰宽与上平线交点连接作一条弧线。弧线形状按图 2－2 所示绘制。

后片外侧缝线绘制。将后片腰宽与上平线的交点和臀围线与后片臀宽线的交点连接，再将后片臀宽线与臀围线交点和下摆收势与上翘的交点连接，外侧缝线的形状按图 2－2 绘制。

底边线绘制。将人体后中心线与底边线交点向上量取 1cm 的点和下摆收势与上翘的交点连接，底边弧线形状按图 2－2 形状绘制。

后缝线绘制，后缝线也称为人体后中心线，从腰口线与基础线交点和底边线与基础线交点向上量 1cm 点连接，作一条直线。后片纸样净样的绘制全部完成。

腰面结构图绘制。腰面长＝腰围＋腰头长（3cm），腰头长根据不同结构设计需要而确定。腰头功能是上腰头与下腰头相搭，使下装腰围处闭合。上腰头、下腰头长度与形状有多种类型：有方形、宝剑头形、斜形、还有很多异形。腰面宽可根据设计需要确定，不同款式、不同面料，有不同的腰面宽。我们可以根据结构设计效果和工艺技术标准，对腰面宽度、长度、形状进行综合分析后，再进行设计。

前片、后片、腰面纸样图已经完成。由于纸样设计中所采用的是净规格，即为成品规格，所以必须在前外侧缝、后外侧缝、前后片腰口、后片中缝处加放缝份量，也称为制作量。通常缝份量为 1cm。在加放缝份量时，必须以完成的净纸样为基础向外加放，加放缝份量的完成线必须与净纸样完成线平行一致，否则在生产制作时纸样会改变形状，也会改变成品规格，酿成生产质量事故，给企业造成经济损失。缝份量设计为 1cm 时为正常缝份，缝份量设计大于 1cm 或小于 1cm 时都称为特定缝份。

折份的加放。产品在生产制造过程中需要在底边下摆处向里折，一般裙子折份量为2～4cm 比较合适。折份量的设计要根据工艺技术标准，也要根据结构设计下摆、底边形状。如果底边弧线弯曲度较大，底边折份量必须设计得小一些，这时折份量为 1～2cm 比较合理。因为在生产制作过程中，底边弯曲度较大，折份量设计不合理会加大生产制造的难度，造成原材料的浪费，且生产效率低。底边折份也要根据缝制方法确定，不同的制作方法对折份量的要求也不同。所以在纸样设计时要掌握生产缝制技术，才能设计出理想的服装纸样。

第二节　女裙局部结构设计

一、省量的形成与设计

结构设计中调整人体各部位之间的落差一般采用省的设计。省的设计包括明省、暗省、褶裥等设计。款式结构设计中也常采用省的设计来达到各种设计效果，利用省对人体进行夸张与修饰。省在结构设计中，特别是在女装设计中有着重要而不可替代的作用，是女装结构设计的要点。

(一) 无明省设计

女下装腰臀省省量是由臀围与腰围之差所构成。前片腰口无明省处理是在前片中缝和外侧缝处利用收势进行设计。后片腰口无明省处理是一部分省量利用后中缝收势处理；一部分省量利用后片外侧缝处理（图 2 - 3）。

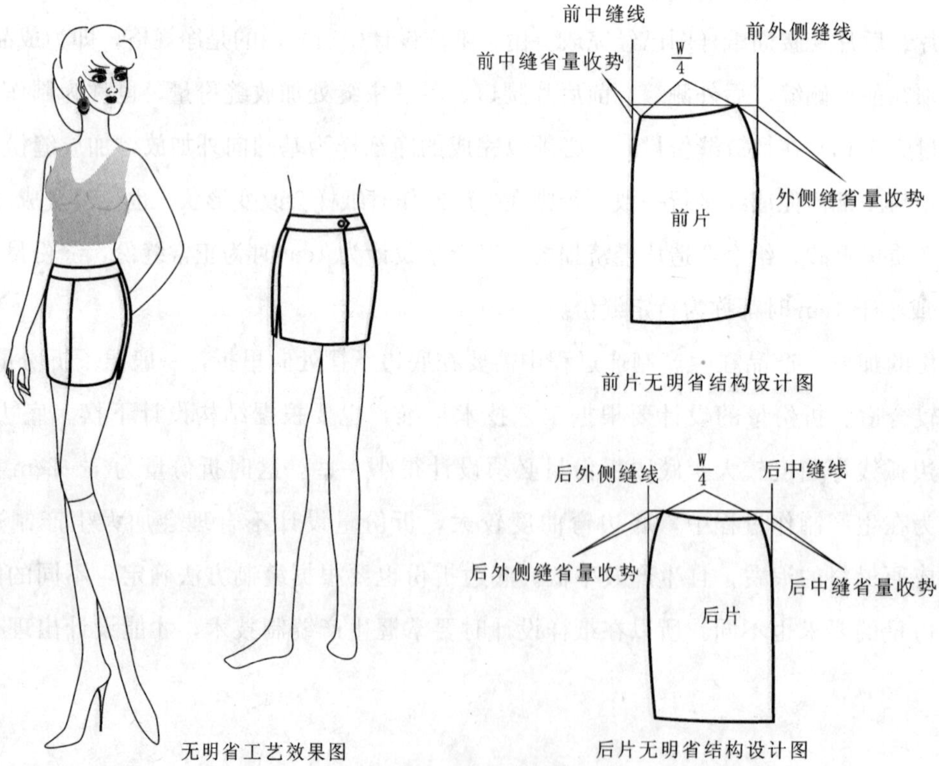

图 2 - 3　女裙无明省结构设计

（二）双褶裥设计

前片腰口双褶裥量一般为 4～5cm 较理想。腰臀差量剩余部分在前片腰部外侧缝处用收势处理。后片腰口双褶裥量一般为 4～6cm 较合适，腰臀差量剩余部分在后片外侧缝用收势处理（图 2-4）。

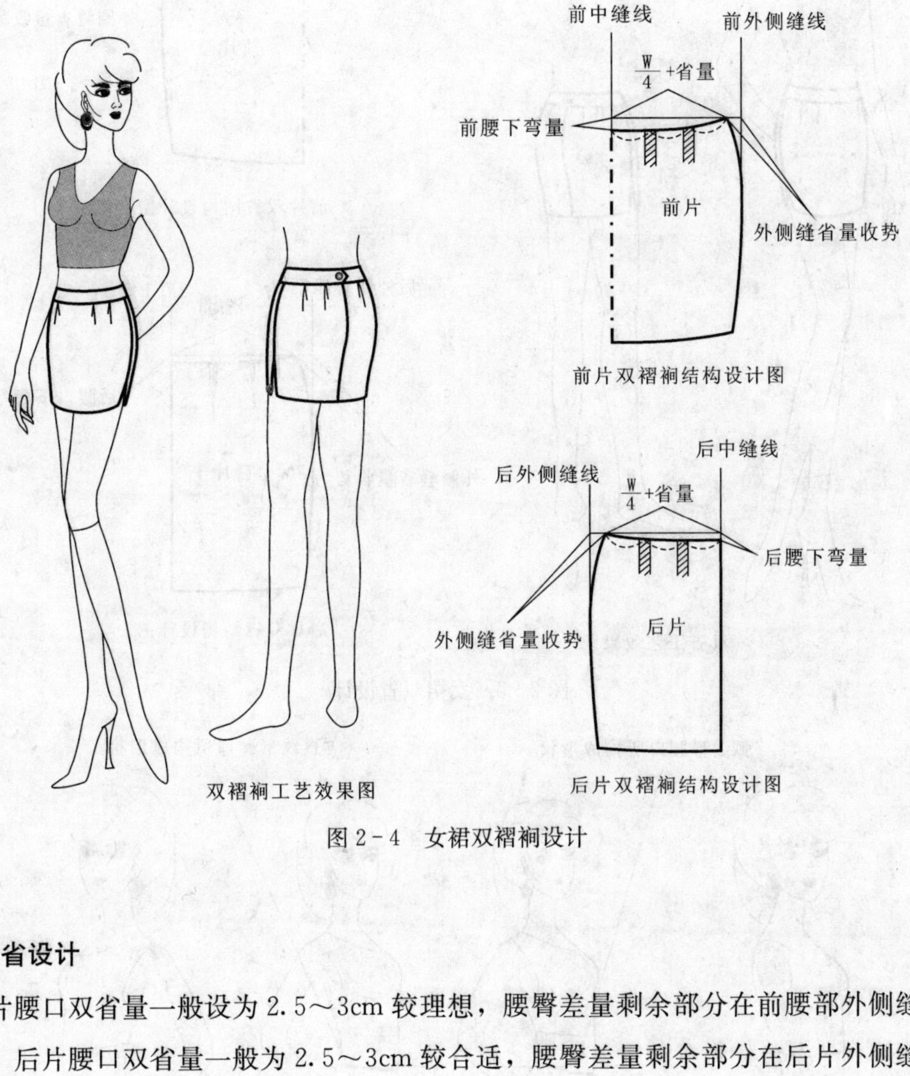

图 2-4　女裙双褶裥设计

（三）双省设计

前片腰口双省量一般设为 2.5～3cm 较理想，腰臀差量剩余部分在前腰部外侧缝处用收势处理。后片腰口双省量一般为 2.5～3cm 较合适，腰臀差量剩余部分在后片外侧缝处处理（图 2-5）。

二、腰口与腰面结构设计

（一）腰口结构设计

腰口设计主要有弧线形腰口设计和直线形腰口设计，从图 2-6 中可观察到，弧线形腰口所构成的服装腰部呈由后向前向下倾斜弧线，使服装腰部更符合人体腰部形状。这种效果是由弧线处理与省构成，生产过程中前片外侧缝与后片外侧缝缝合在一起，腰部前后省也需缝合死。

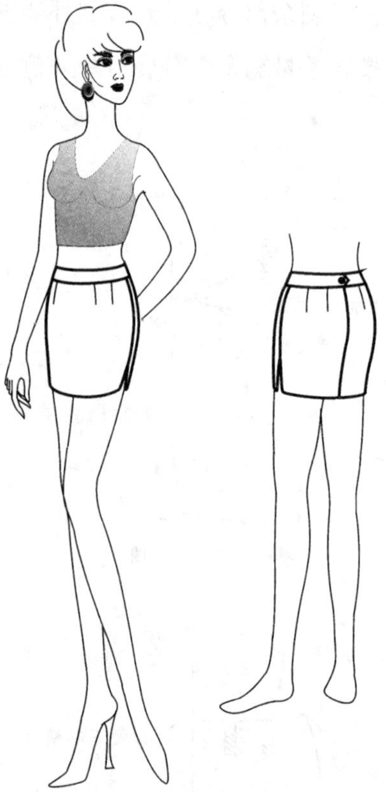

双省工艺效果图

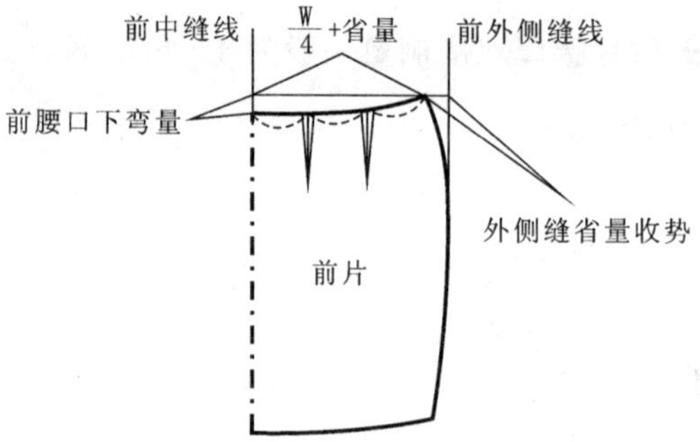

前片双省结构设计图

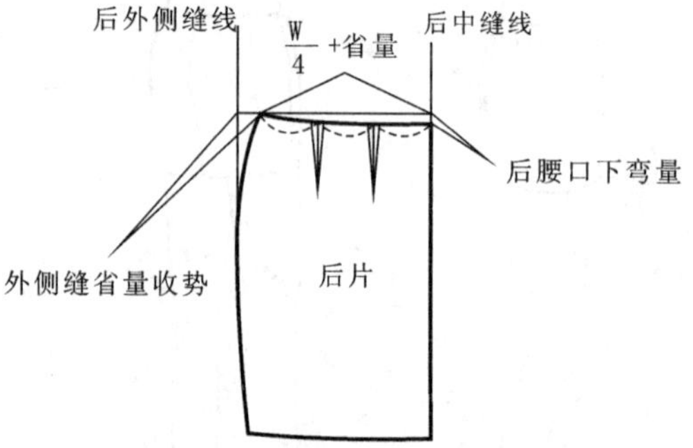

后片双省结构设计图

图 2-5 女裙双省设计

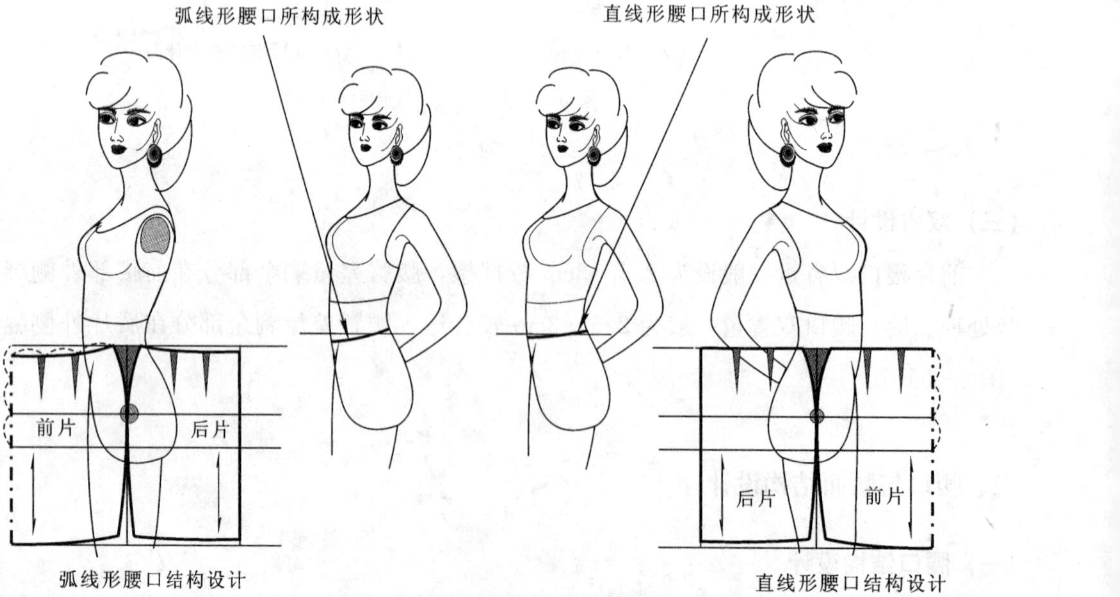

图 2-6 腰口结构设计与人体关系

(二) 腰面结构设计

直腰面宽可根据设计效果确定，一般裙子腰面宽设为3～3.5cm较合适。腰面上襟长度=前片腰口规格（不含所设省量）+后片腰口规格（不含所设省量）。腰面底襟长度=前片腰口规格（不含所设省量）+后片腰口规格（不含所设省量）+底襟宽。直腰面适合直线形腰口（图2-7、图2-8）。

图2-7　直腰面方形腰头结构设计

图2-8　直腰面宝剑形腰头结构设计

弧形腰面宽可根据设计效果确定，一般裙子腰面宽为3～4cm较合适。上襟腰面下腰口弧长=前片腰口规格（不含省量）+后片腰口规格（不含省量）。采用弧形腰口时应清楚上腰口小于所设腰围4cm（图2-9）。

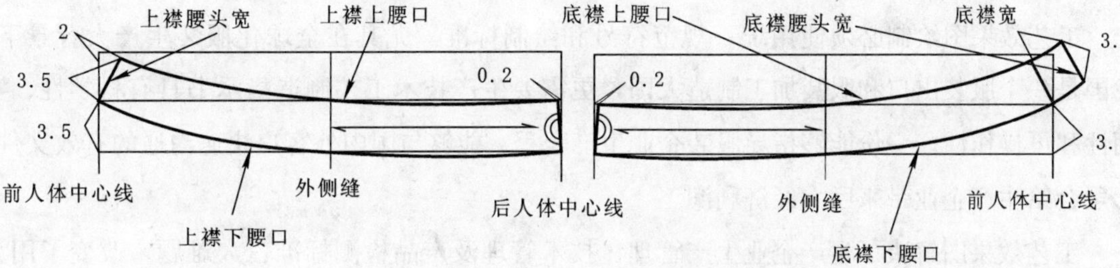

图2-9　弧形腰口应用弧形腰面结构设计

第三章　女裙工艺效果图与纸样制图实例

第一节　工艺效果图的应用与要求

工艺效果图与服装设计效果图有所不同，工艺效果图用来指导实际生产，是产品质量管理与检测标准指示性工艺文档，是生产企业与商家沟通交流的书面文档，是企业与客户合作过程中产品质量标准的依据。

工艺效果图可基本体现着装比例效果，同时体现出纸样设计组合、各部位规格、位置、线迹、装饰、生产制作标准等，且不受语言文字约束，通过图与数据体现产品信息。

工艺效果图是指导生产全程的技术文档，所以必须使一般员工都能掌握与应用，具有可操作性和易普及性，并能够快捷、准确传达产品规格技术质量标准，起到提高生产效率的作用。

一、工艺效果图应用

工艺效果图绘制必须使用统一规范符号和绘制标准。尤其在全球化服装生产大背景下，我国是一个服装出口和服装加工制造大国，更需要生产技术工艺制造指示书具有科学性、实用性和可操作性。一份能够指导服装企业生产全程、能够与国内外客户快速沟通的有效文件，无疑会给生产企业带来巨大经济利润。

工艺效果图解决了生产企业生产管理、技术管理及产品检测标准三大难题，改变了用大量繁杂文字说明与注解也难以阐明技术标准和技术要求的现状，减轻了企业生产程序中生产管理人员和技术管理人员的工作强度与压力，使产品快捷、准确、无误的在第一时间投入生产，使员工操作有标准，实施生产计划有依据，产品检测有根据，和客户沟通有证据。

服装企业和客户合作时，双方难以解决的问题通常是技术标准的交流，特别是国外客户，双方语言不通，专业术语不统一，简单的事情由于无法沟通相互争论，产生误解，痛失商机，不欢而散。工艺效果图巧妙地解决了这个难题与尴尬，双方可在网上沟通，互发传真件确认。

二、工艺效果图绘制基本要求

工艺效果图是指导生产和与客户交流技术文档，绘制中必须使用统一行业术语和专用符号，不能大量使用夸张技法和不易识别线条，需要忽略着装所形成的衣纹。工艺效果重在写实，次之写意，绘画的比例要基本合理。人体膝围线（膝关节）以上部分应保持基本的人体比例，膝围线以下部分可以在不影响比例效果前提下，根据个人爱好与习惯适当拉长。工艺效果图要尽可能在一张或少量的绘图中对技术标准和质量标准作完整展示。为说明问题，在小的局部可以用夸张技法，如线迹的绘制、局部饰件和辅助部件的绘制要放大，而实际上比较大的不太重要的部位，绘制时可缩小，给需放大部位让出绘制空间。

工艺效果图为体现其实用功能，要从一个视面展示出许多需要说明的问题，可以把着装效果视面稍加调整，使其可展现各部位规格与结构。为了展现产品所需用的数据，可以按着装效果稍加夸张进行绘制，所标注的规格都是平面状态下实际数据，技术标准和质量要求则用文字注解，或在工艺制作图中注示。

三、服装工艺效果图与设计效果图区别

服装工艺效果图与服装设计效果图用途不同。服装工艺效果图主要用于指导企业生产，是与商家交流的技术文档。服装设计效果图是服装设计人员使用速写、素描等一些绘画技法进行任意夸张，重在写意，不需要绘制细节，简单扼要展示设计意图，体现设计效果所绘制的效果图。

服装工艺效果图主要使用写实手法绘制的同时，尽可能地展示出服装美学效果意境，尽可能地按比例绘制出着装的基本效果。绘制时要求细节清楚，每个部位规格、位置、线迹、扣眼、绣花、图案、拉链、钻饰、铆钉、盘花、线距、针距等必须有明确标注。服装设计效果图则不需要画出这些细节。

第二节　女裙纸样设计制图实例

裙子纸样设计和工艺效果图中，有无腰省（暗省）和有腰省（明省、褶裥）设计，有弧形腰口和直线形腰口设计。由于两种结构设计的不同，所以选取的腰面也不同，弧形腰口选取弧形腰面，直线形腰口选取直线形腰面。直线形腰面有后片中心线有断缝和后片中心线没断缝两种。纸样设计中，H 型裙子是裙子基本结构造型，其他造型都是在此基础上演变生成。纸样设计中由于裙长与款式设计不同，纸样绘制过程中有需要膝围线的位置设计，也有不需要膝围线的位置设计。裙长超过膝关节的设计，必须设膝位线高的数据，因为裙子基本造型变化是由膝部与下摆规格所构成。

一、H型、A型、Y型三种裙型纸样制图实例（图3－1～图3－3）

01款结构设计图、工艺效果图——H型裙

成品规格表　　　　号型：170/73　　　　单位：cm

部位	裙长	臀围	腰围	立裆
规格	80	100	74	25

该款H型裙结构采用外侧开衩，下摆围度与臀围相同时为H型，下摆围度大于臀围时为A型，下摆围度小于臀围时为Y型。

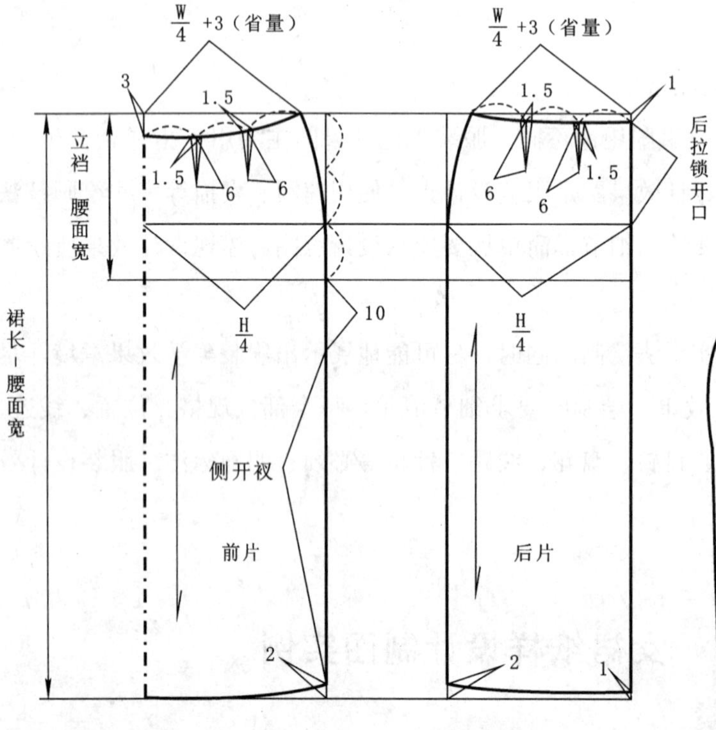

结构设计图

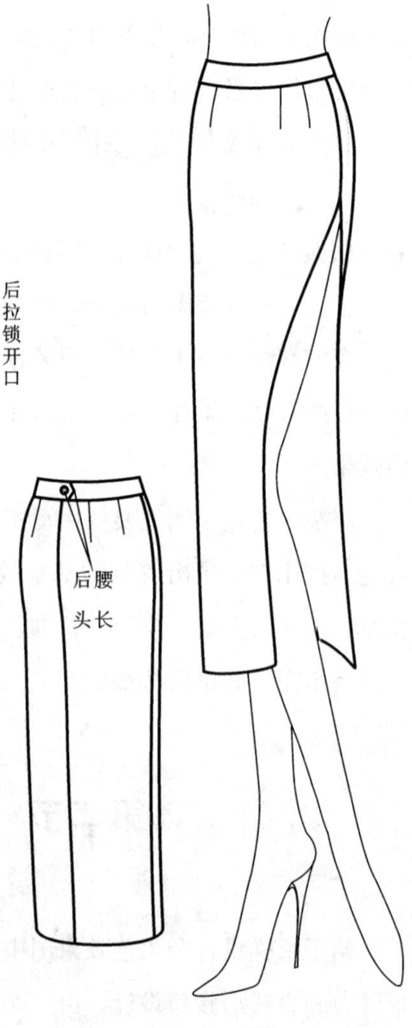

工艺效果图

图3－1　H型裙结构工艺设计（外侧开衩）

02 款结构设计图、工艺效果图——A 型裙

成品规格表　　　号型：170/73　　　　　　　　　　　　　　　单位：cm

部位	裙长	臀围	腰围	立裆
规格	80	100	74	25

该款结构设计中有上下相搭，并可以揭开或解开的设计结构，在相搭上下层之间，上面的一层称为上襟，下面的称为下襟。裙装结构设计中开衩功能是使下肢活动量舒适，开衩结构设计目的也是为了性感效果。开衩位置与立裆线越近人体活动越大，人体坦露的部位面积越大，反之效果相越小。开气的结构设计可以根据整体设计进行调整，但必须遵守人体活动规律。否则人体参与社会活动就会受到约束。

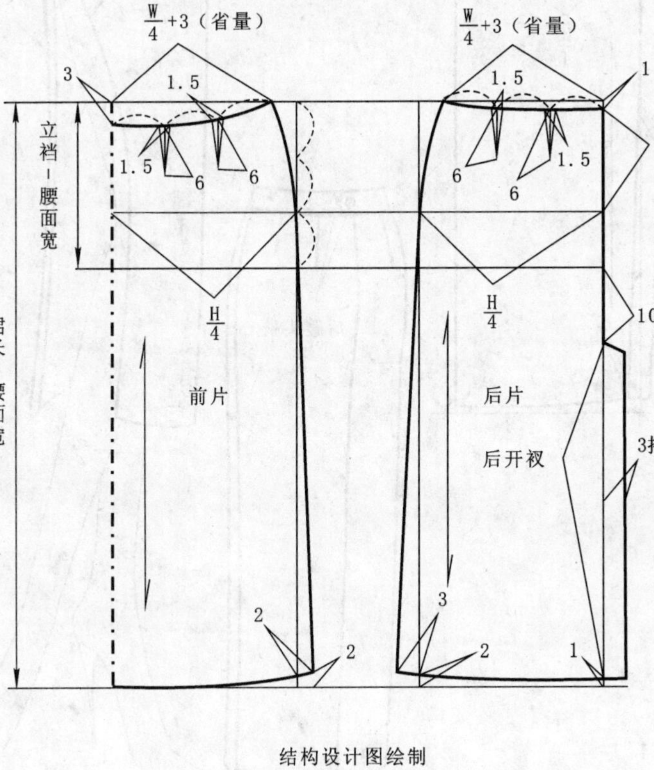

结构设计图绘制

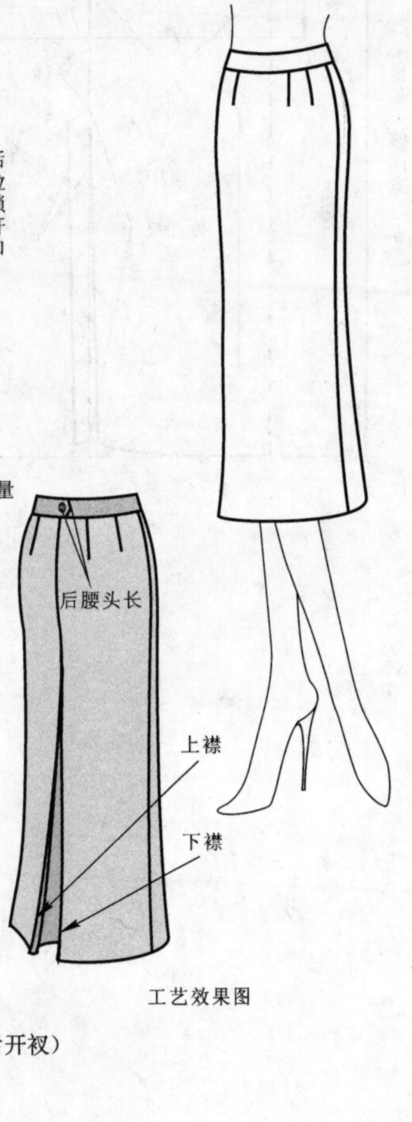

工艺效果图

图 3-2　A 型裙结构工艺设计（后开衩）

03 款结构设计图、工艺效果图——Y 型裙

成品规格表　　　　号型：170/73　　　　　　　　　　　　　　　　单位：cm

部位	裙长	臀围	腰围	立裆
规格	80	100	74	25

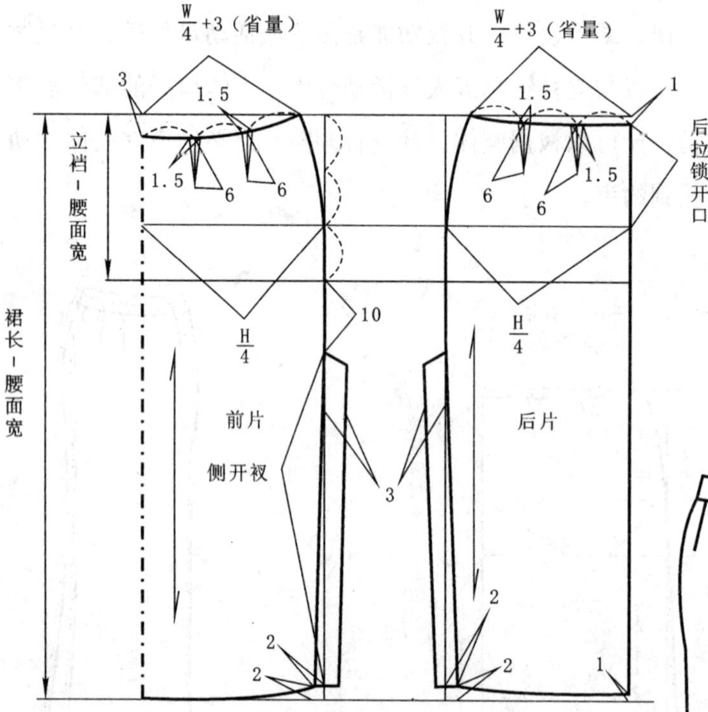

结构设计图

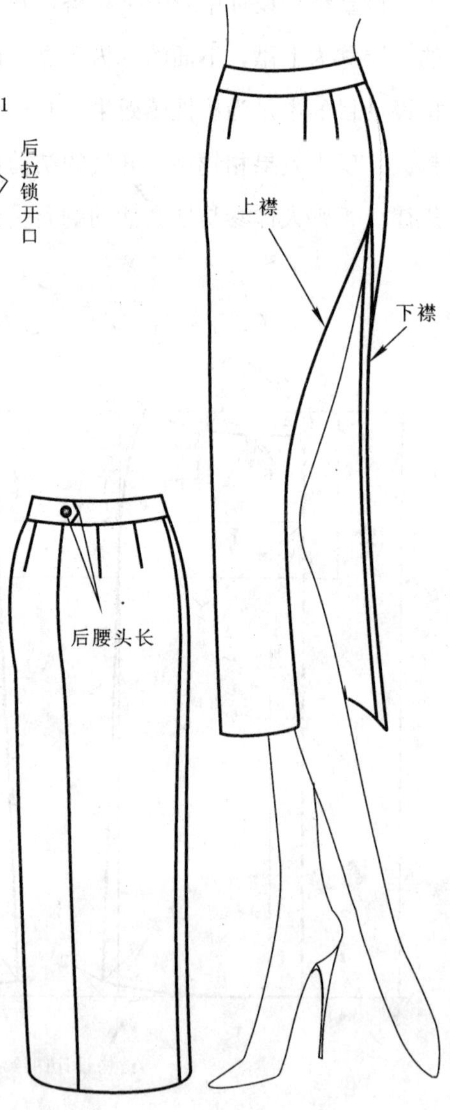

工艺效果图

图 3-3　Y 型裙结构工艺设计（外侧开衩）

二、短裙纸样制图实例（图 3－4～图 3－11）

04 款结构设计图、工艺效果图

成品规格表　　　号型：170/73　　　单位：cm

部位	裙长	臀围	腰围	立裆
规格	45	98	70	24.5

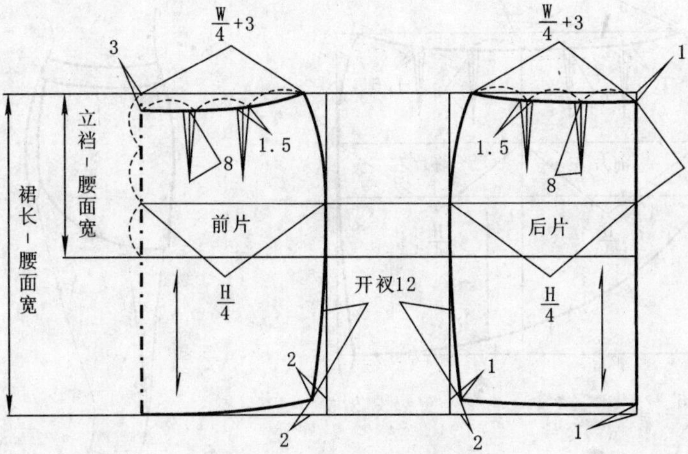

结构设计图

腰面结构图

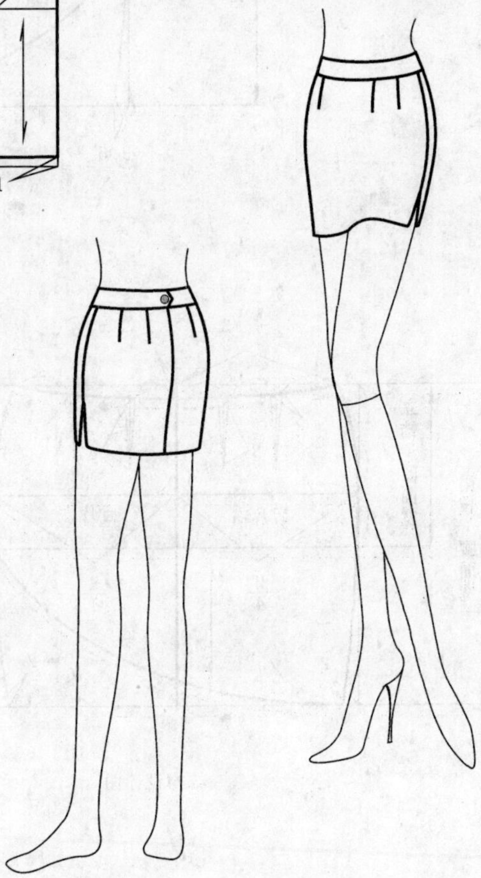

工艺效果图

图 3－4　短裙结构工艺设计

05 款结构设计图、工艺效果图

成品规格表　　　号型：170/73　　　单位：cm

部位	裙长	臀围	腰围	立裆
规格	45	98	70	24.5

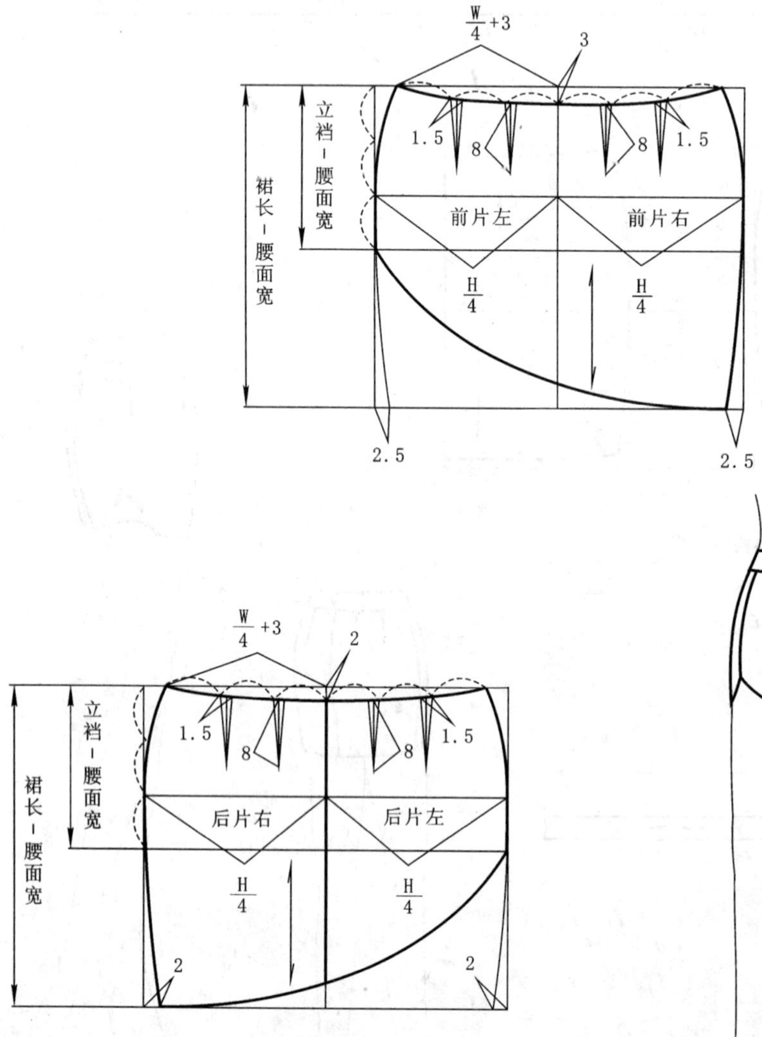

结构设计图

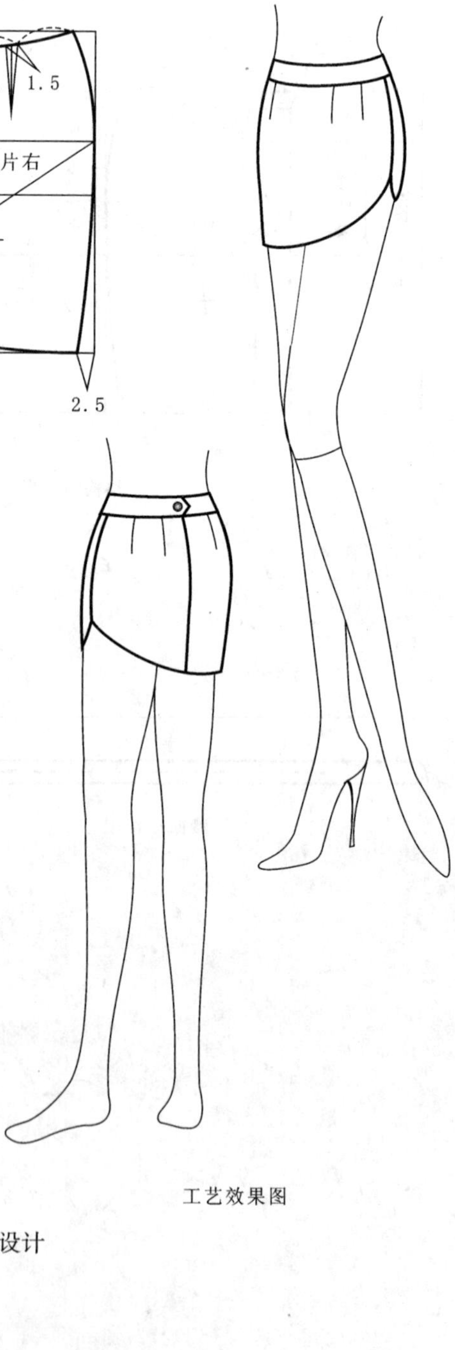

工艺效果图

图 3-5　短裙结构工艺设计

06 款结构设计图、工艺效果图

成品规格表　　　　号型：170/73　　　　　　　　　　　　　　　　　　　　　单位：cm

部位	裙长	臀围	腰围	立裆
规格	45	98	70	24.5

裙片下摆上弯弧线结构设计，既能调整下肢活动量，又有强烈的动感设计效果。装饰边用较薄半透明纱料，宽 15 cm，长是裙摆围度的两倍。

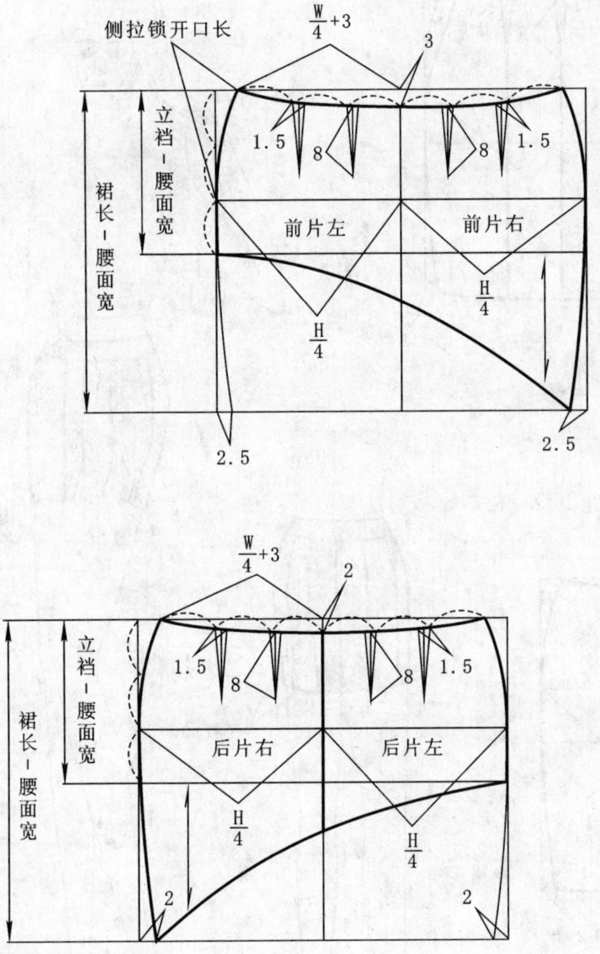

结构设计图

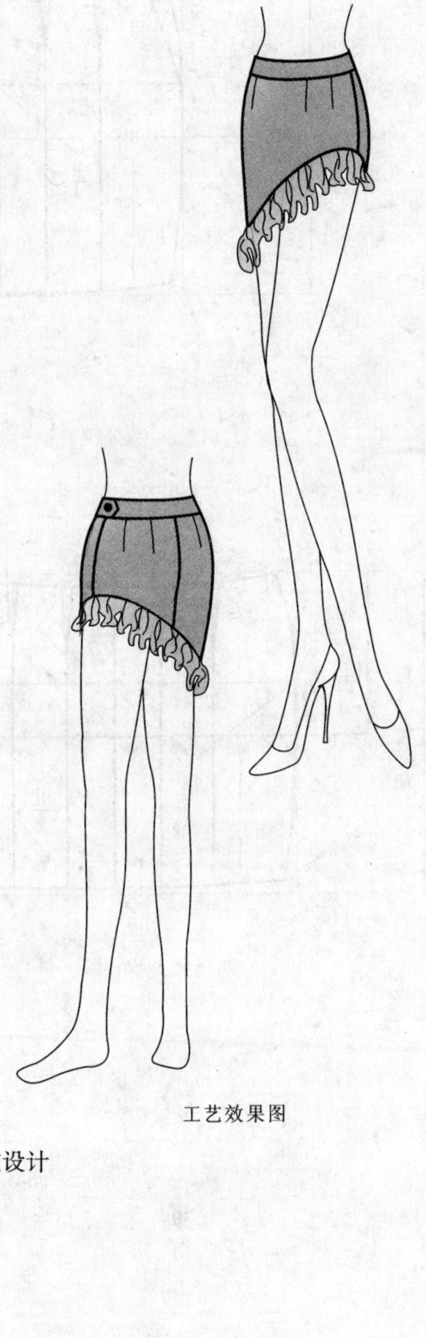

工艺效果图

图 3-6　短裙结构工艺设计

07款结构设计图、工艺效果图

成品规格表　　号型：170/73　　单位：cm

部位	裙长	臀围	腰围	立裆
规格	45	98	70	24.5

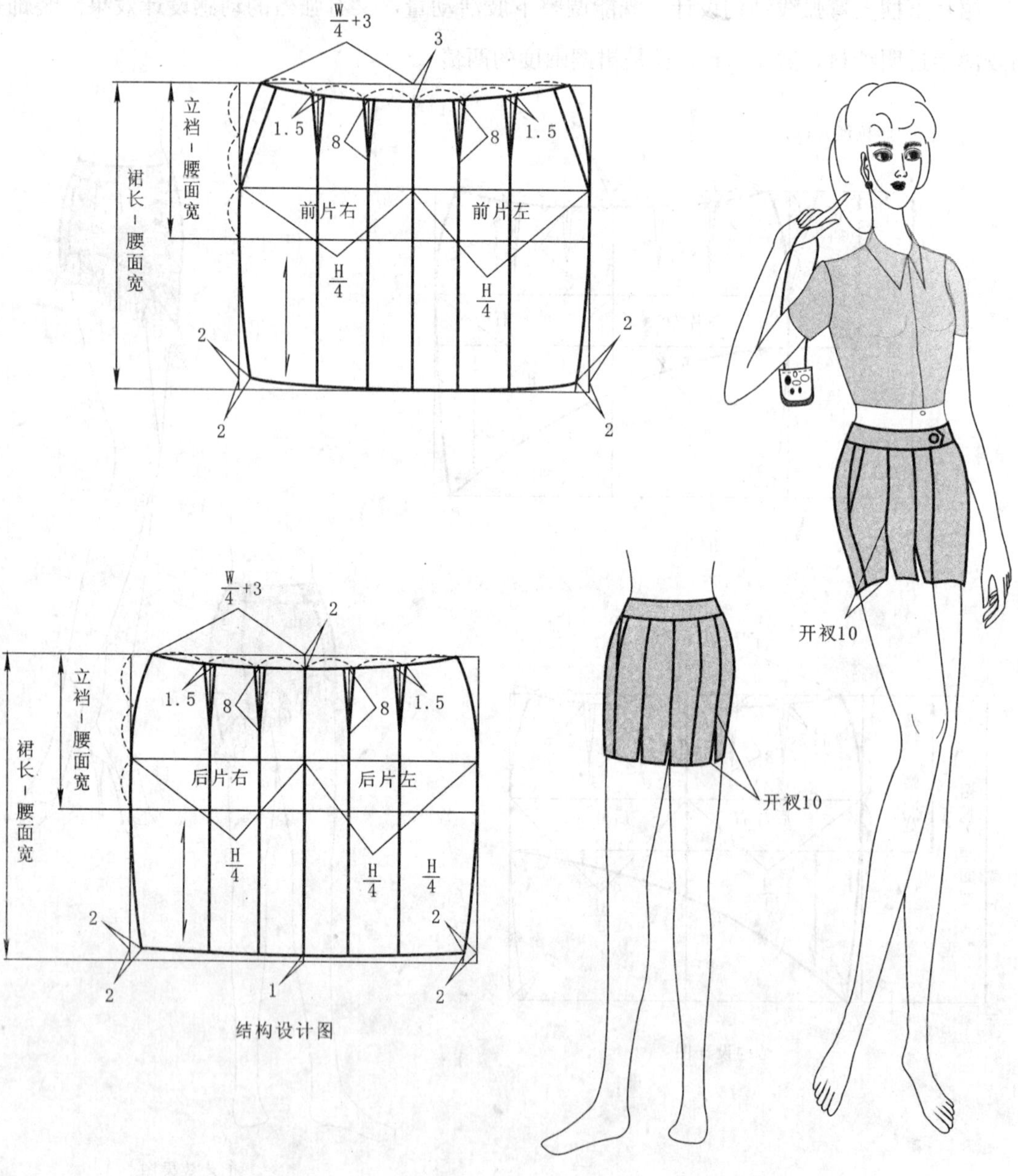

图3-7　短裙结构工艺设计

08 款结构设计图、工艺效果图

成品规格表　　　号型：170/73　　　单位：cm

部位	裙长	臀围	腰围	立裆
规格	45	98	70	24.5

裙子下摆围度大小由结构造型和人体下肢部位活动量所决定。裙片上褶的结构设计，既能满足下肢活动量要求，又有动感的设计效果。

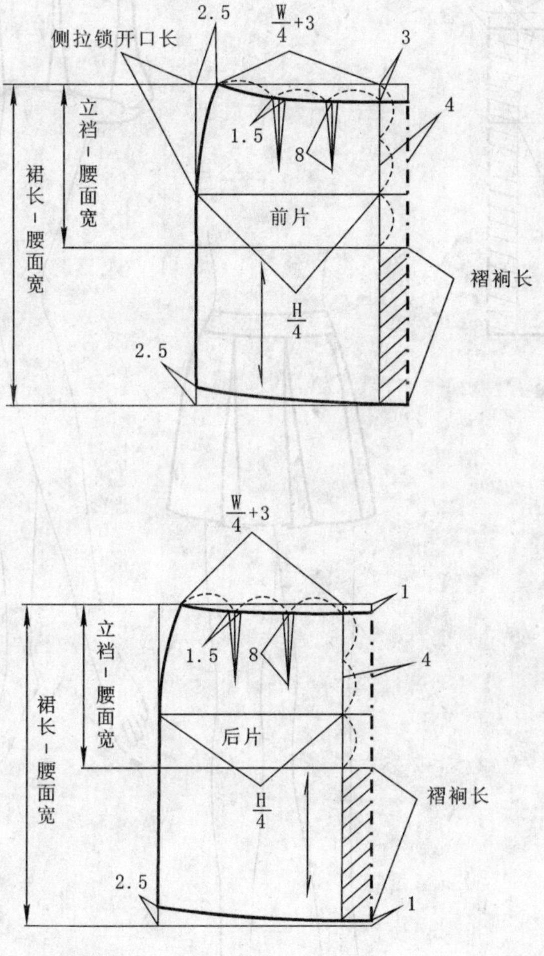

结构设计图

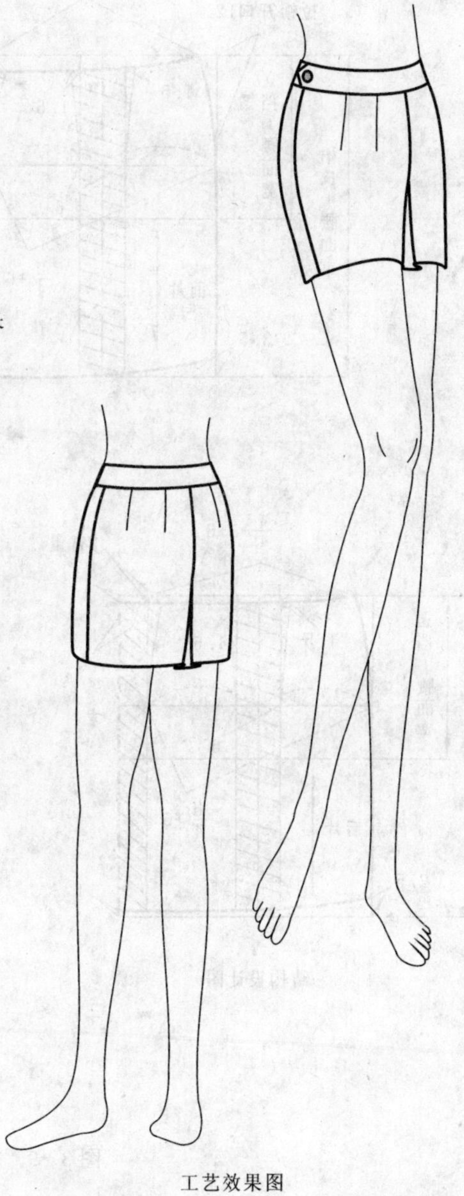

工艺效果图

图 3-8　短裙结构工艺设计

09 款结构设计图、工艺效果图

成品规格表　　　　号型：170/73　　　　单位：cm

部位	裙长	臀围	腰围	立裆
规格	45	98	70	24.5

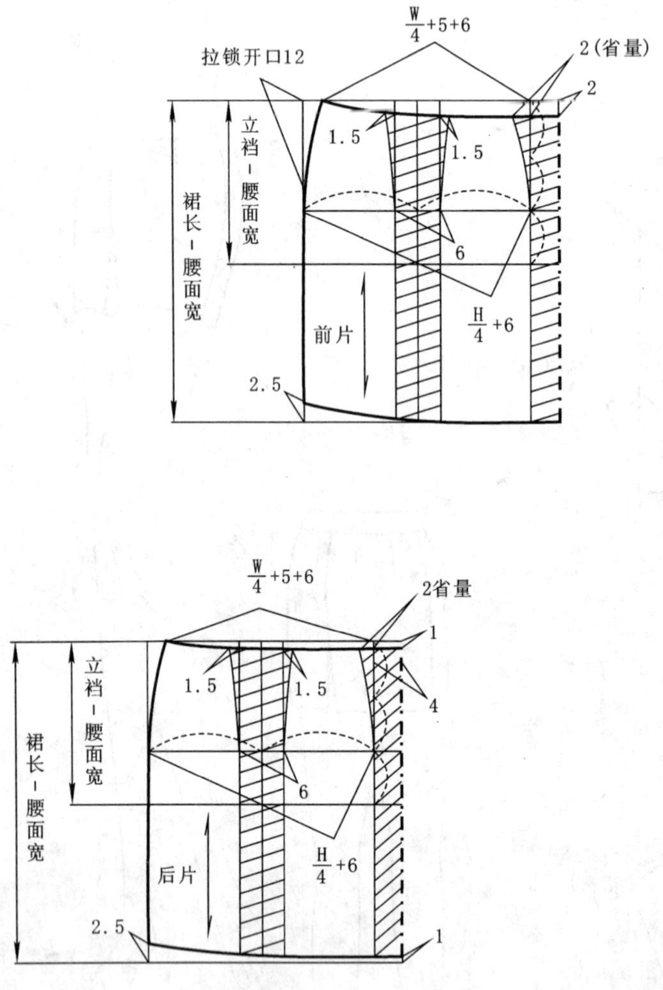

结构设计图

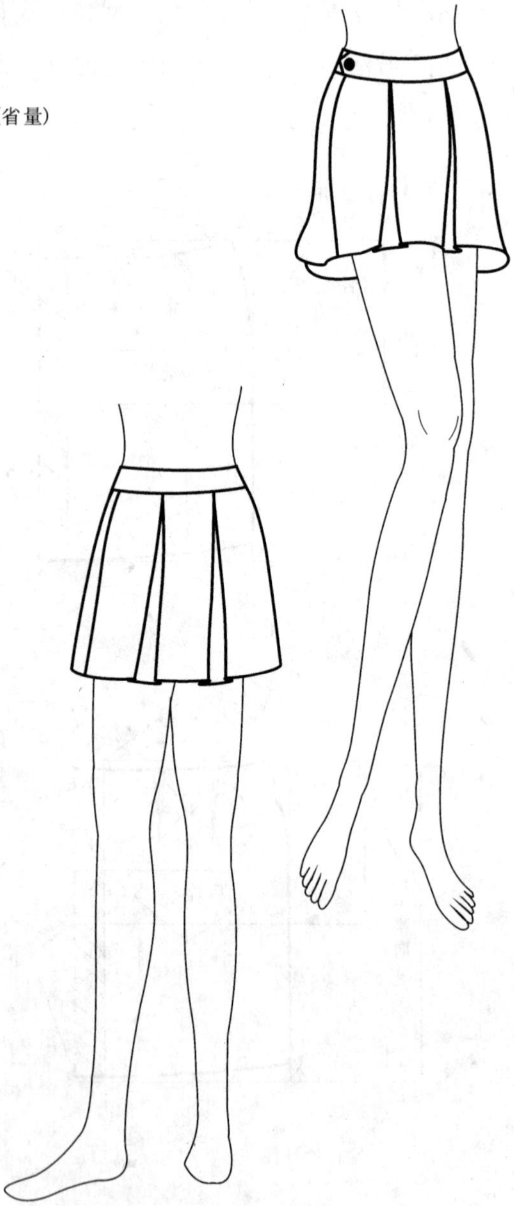

工艺效果图

图 3-9　短裙结构工艺设计

10 款结构设计图、工艺效果图

成品规格表　　　号型：170/73　　　　　　　　　　　　　　单位：cm

部位	裙长	臀围	腰围	立裆
规格	45	98	70	24.5

本款是利用裙片前、后、左、右缝进行省量的结构设计。将省量设计由明省转换为暗省，完美地调整了臀围与腰围之间的差量。具有动感、活泼、富于变化的设计效果。

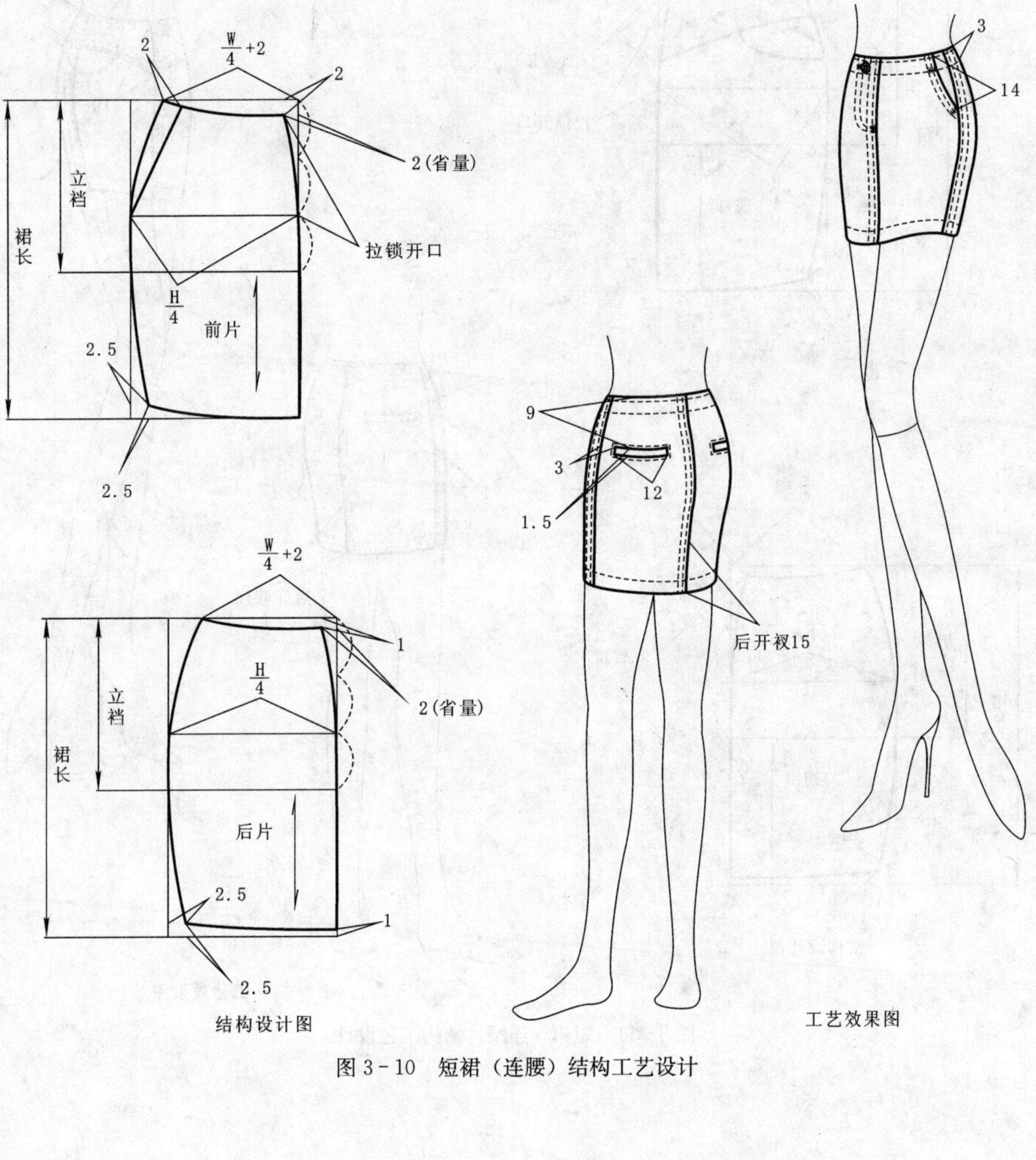

结构设计图　　　　　　　　　　　　工艺效果图

图 3-10　短裙（连腰）结构工艺设计

11 款结构设计图、工艺效果图

成品规格表　　号型：170/73　　单位：cm

部位	裙长	臀围	腰围	立裆
规格	45	98	70	24.5

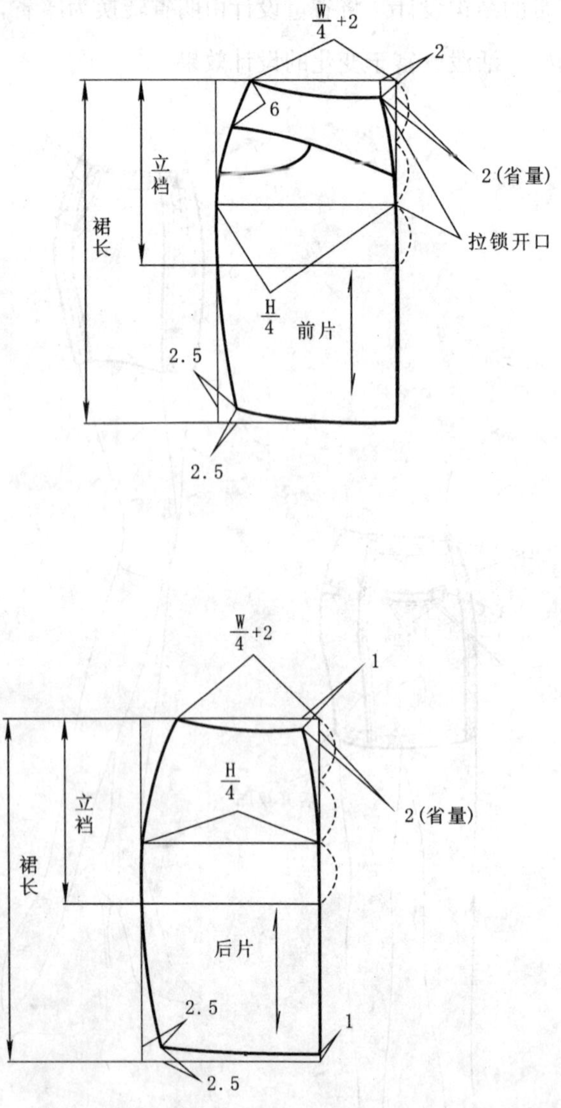

结构设计图

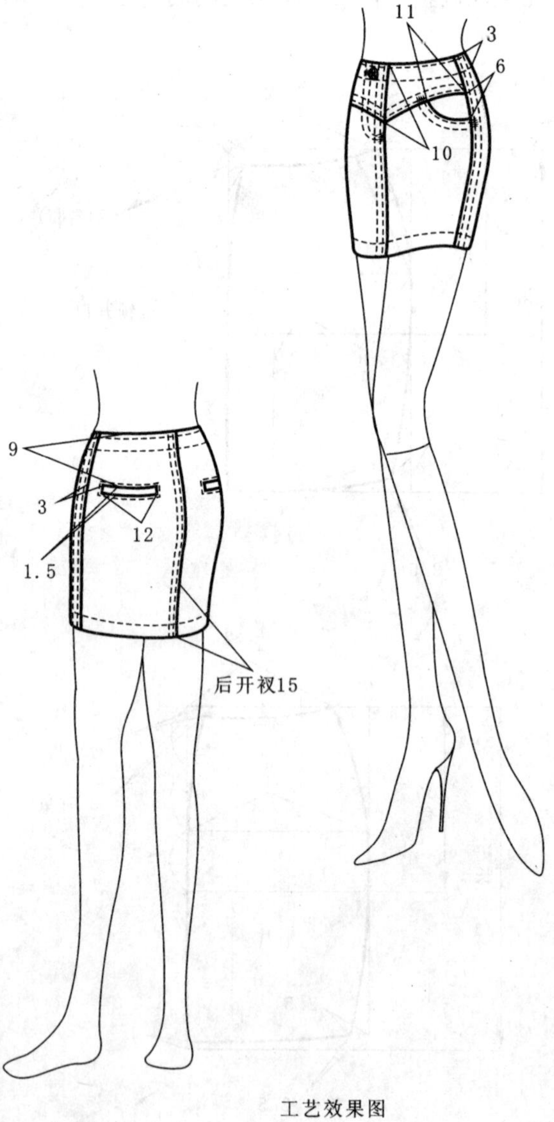

工艺效果图

图 3-11　短裙（连腰）结构工艺设计

三、中长裙纸样制图实例（图 3－12～图 3－14）

12 款结构设计图、工艺效果图

成品规格表　　号型：170/73　　单位：cm

部位	裙长	臀围	腰围	立裆
规格	55	98	70	24.5

腰头点缀绣花图案，以简朴结构体现臀部丰满效果。臀下部收缩，下摆宽度增加，H 型与 A 型结构设计转换。此裙型既体现女性性感与休闲效果，又调节加大了下肢活动量。

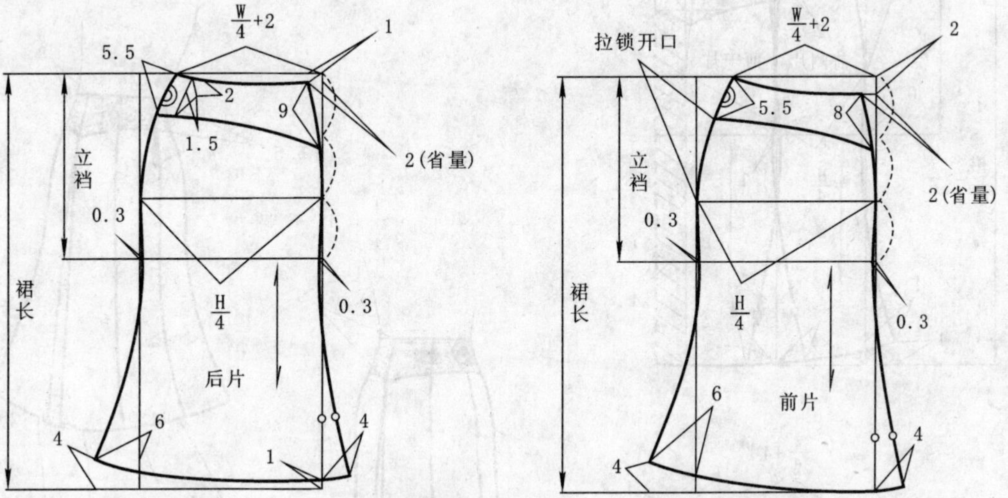

结构设计图

工艺效果图

图 3－12　中长裙（连腰）结构工艺设计

13 款结构设计图、工艺效果图

成品规格表　　　　号型：170/73　　　　单位：cm

部位	裙长	臀围	腰围	立裆
规格	55	98	70	24.5

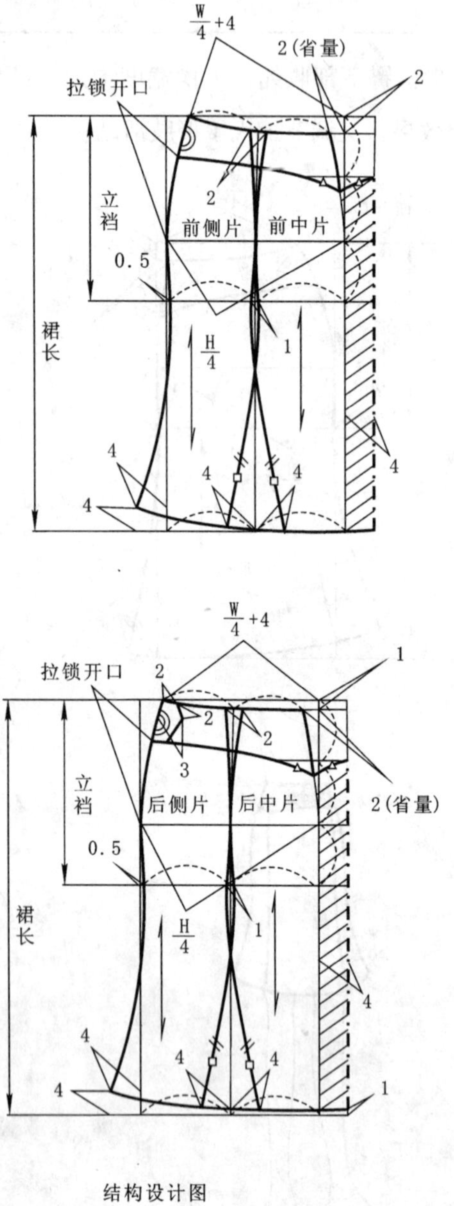

结构设计图

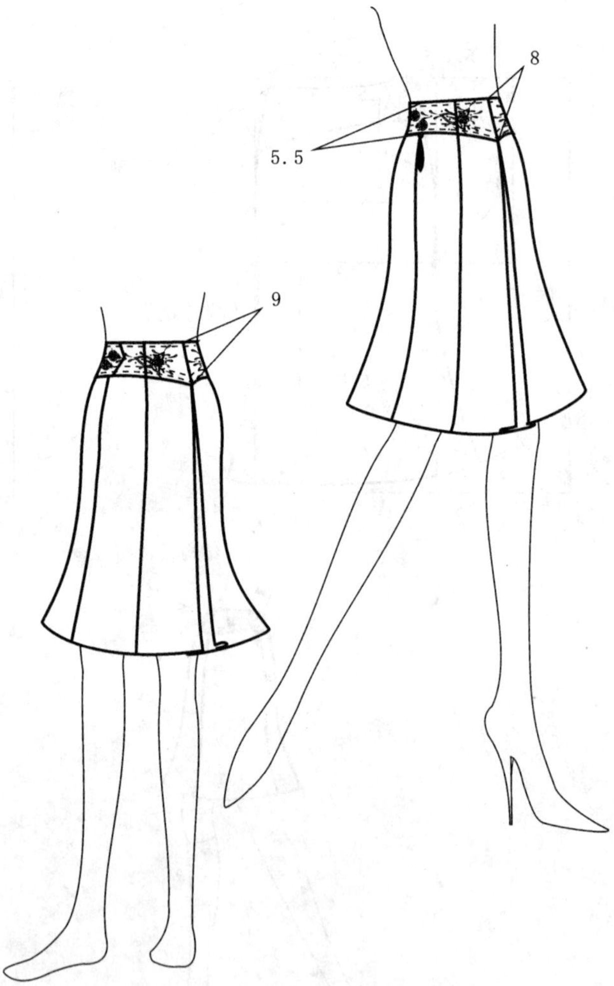

工艺效果图

图 3 - 13　中长 A 型裙（连腰）结构工艺设计

14 款结构设计图、工艺效果图

成品规格表　　　号型：170/73　　　　　　　　　　　　　　单位：cm

部位	裙长	臀围	腰围	立裆
规格	55	98	76	24.5

此裙型是斜裙结构设计，收缩腰部，加大下摆围度，夸张臀部，是一种 A 型裙结构设计方法，体现休闲效果。纵向断缝加强了 A 字型设计效果。

工艺效果图

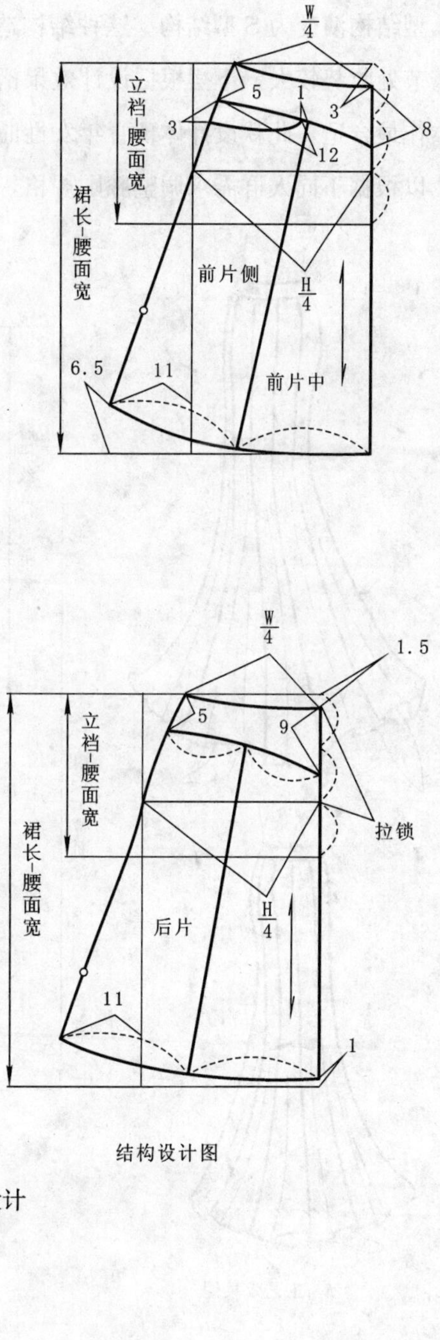

结构设计图

图 3-14　斜裙结构工艺设计

四、鱼尾裙纸样制图实例（图 3－15～图 3－18）

15 款结构设计图、工艺效果图

成品规格表　　　　号型：170/73　　　　单位：cm

部位	裙长	臀围	腰围	立裆
规格	55	98	76	24.5

鱼尾裙是在 H 型裙基础上，进行局部调整，收缩膝部围度，拓展下摆围度，进而由 H 型结构演变为 S 型结构。这种结构造型臀围和腰围成品规格通常与人体实际基本吻合，膝关节处收势较大，下摆根据设计效果褶裥大小加放。用丝绸面料和较薄、下垂性较好的面料制作最合适，此款设计体现青年女性曲线美，也能够展示出动感的效果。此款膝围比较小，可以根据不同人群需求调整膝围规格，或增设开衩来增加人体活动量。膝围设计得越小，人体

A　工艺效果图

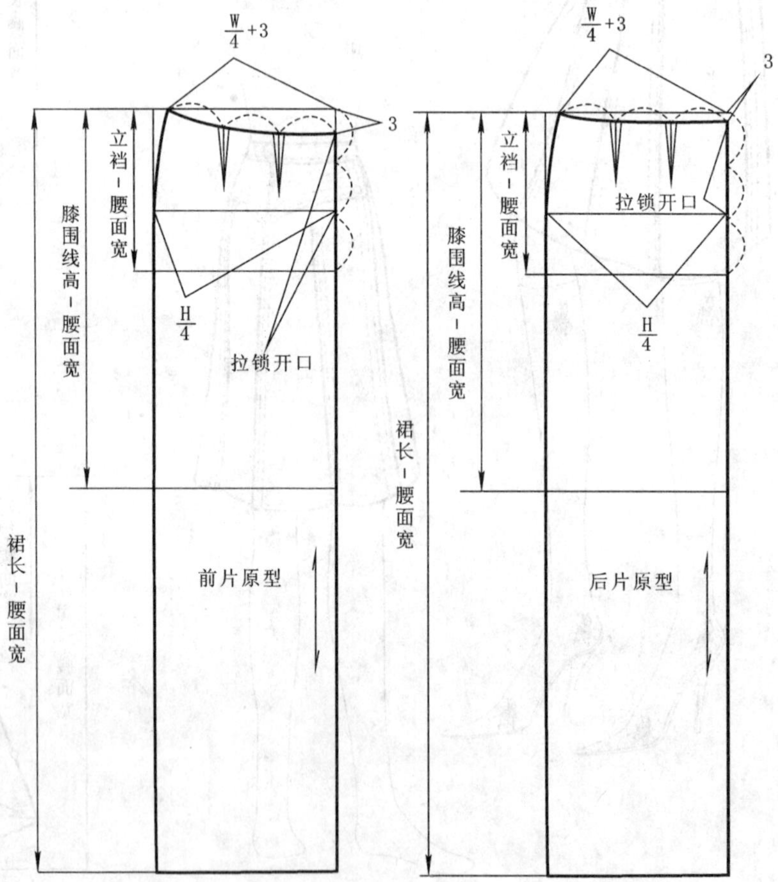

B　结构设计基础型绘制

图 3－15

下肢活动受限越大；反之，人体下肢受限越小。为了使结构造型更能突出人体曲线美，又不影响下肢活动量，可以增设开衩，用开衩来调整设计效果和肢体活动量。开衩与立裆线越近，下肢活动量受限越小；反之，下肢活动量受限越大。由于这种结构设计的特殊性，要求裙长尽可能设计得长些，才能突出S型的结构设计效果。因为此款膝关节处必须有一定收势，所以必须设有膝关节高的规格。膝关节高规格设计得适当向上一些，给人以下肢修长的感觉，此款是突出人体下肢修长的结构设计。

图3－15C是膝关节处收势和下摆加放示意图。从膝围线向下量取15cm开始下摆加放。裙片臀宽分成三等份，腰口两个省位置以三等分线纵向线为中心，省长至臀围线。膝关节处收势量根据结构设计效果而定，确定膝围规格要考虑到下肢活动量和造型设计，膝围设计比较小能突出S型设计效果，但下肢活动量受到相应限制，可以加设开衩调节人体下肢活动量。下摆加放量一要使人体下肢活动量不受到限制；二要达到结构设计效果。

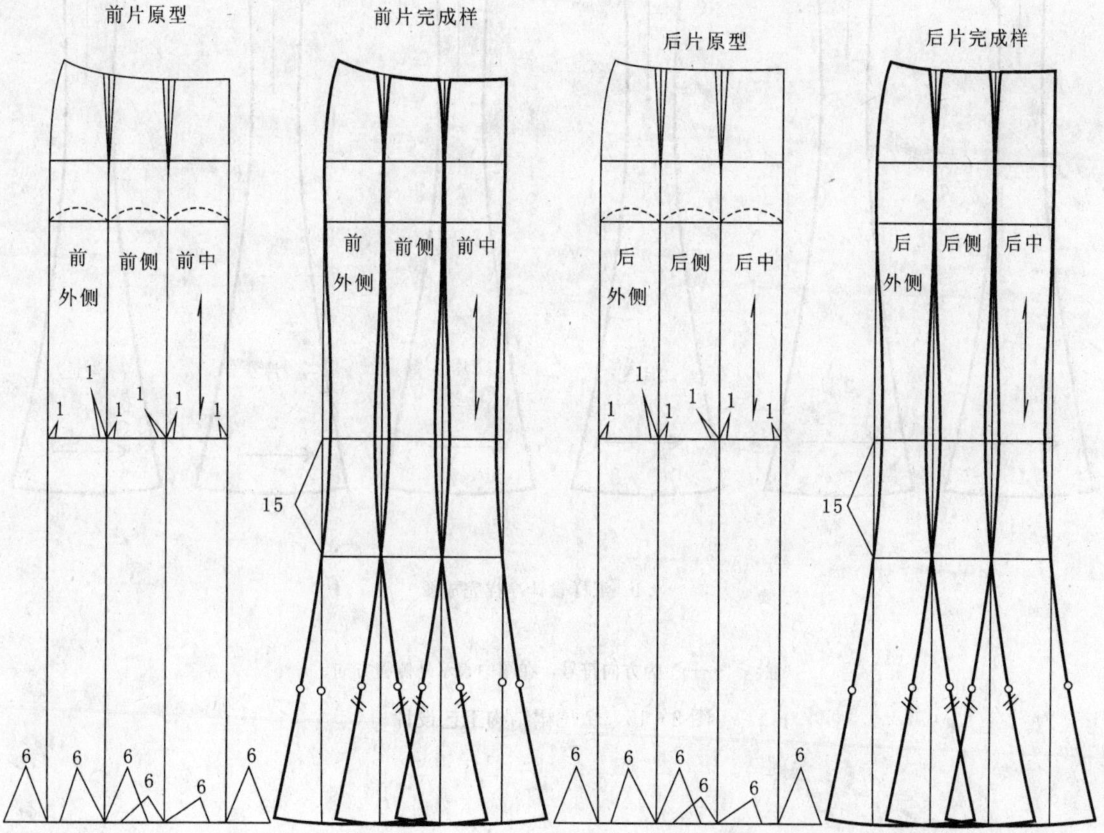

C　膝关节处收势和下摆加放图

图3－15

图 3－15D 是净样完成样板，根据制作工艺要求另加折份和缝份。要对每一片排序方向作标记，防止生产制作中左右方向有误。

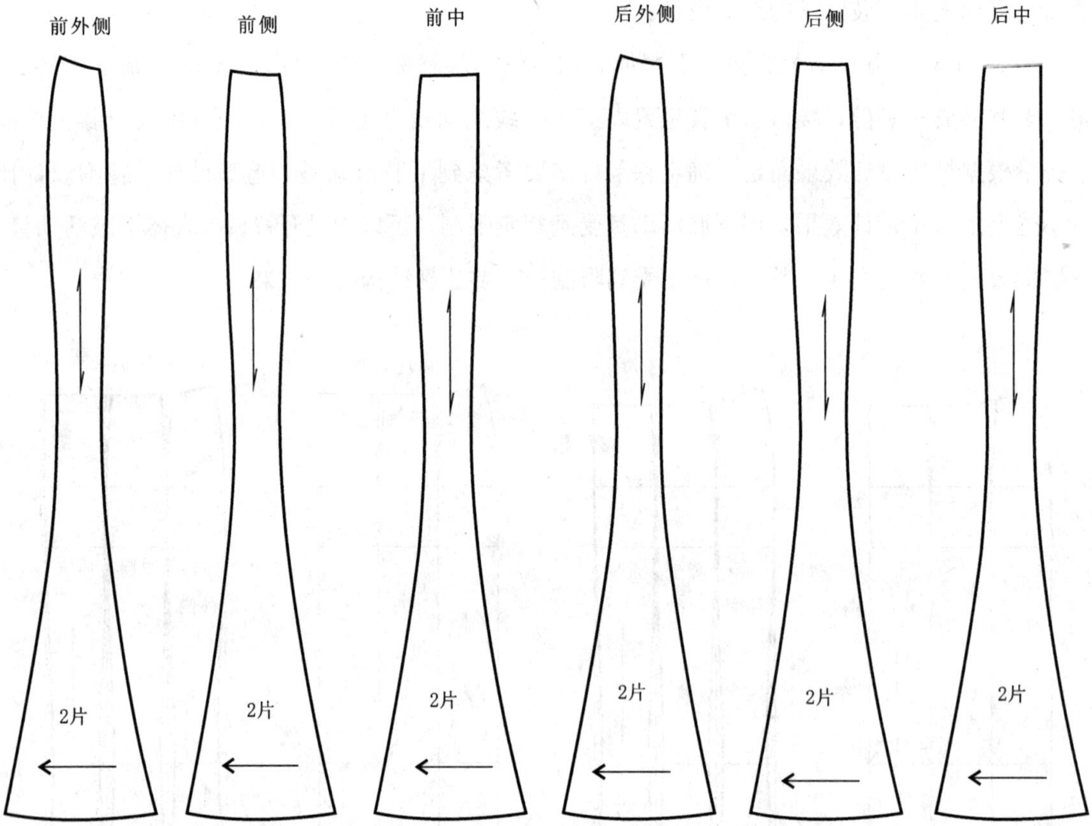

D 纸样设计净样完成图

注 "←—"为方向符号，在图中表示外侧缝方向。

图 3－15 鱼尾裙结构工艺设计

16 款结构设计图、工艺效果图

成品规格表　　　　号型：170/73　　　　　　　　　　　　　　　　　　　单位：cm

部位	裙长	臀围	腰围	立裆
规格	105	98	76	24.5

侧褶鱼尾裙是在 H 型裙基础上，进行局部调整，改变其结构造型，收缩膝部围度，用剪开方法增加侧缝下摆围度，由 H 型结构转变为 S 型结构。利用局部省量增加的方法，进行结构造型的变化和设计效果的夸张。侧褶鱼尾裙结构设计，使用侧缝局部断缝设计，用省量转换和面料下垂形成褶皱，加强了结构设计的效果。

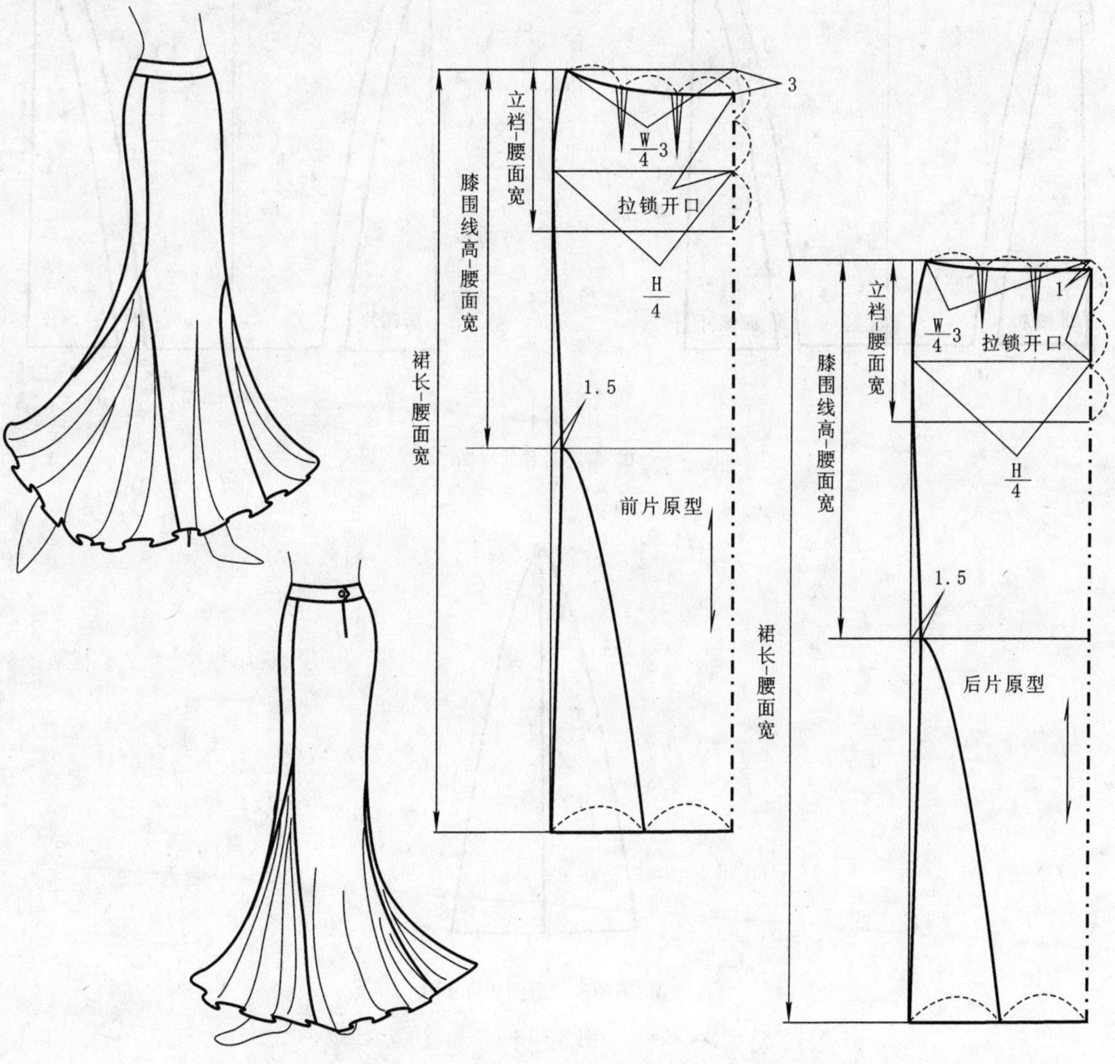

A　工艺效果图　　　　　　　　B　结构设计图

图 3 - 16

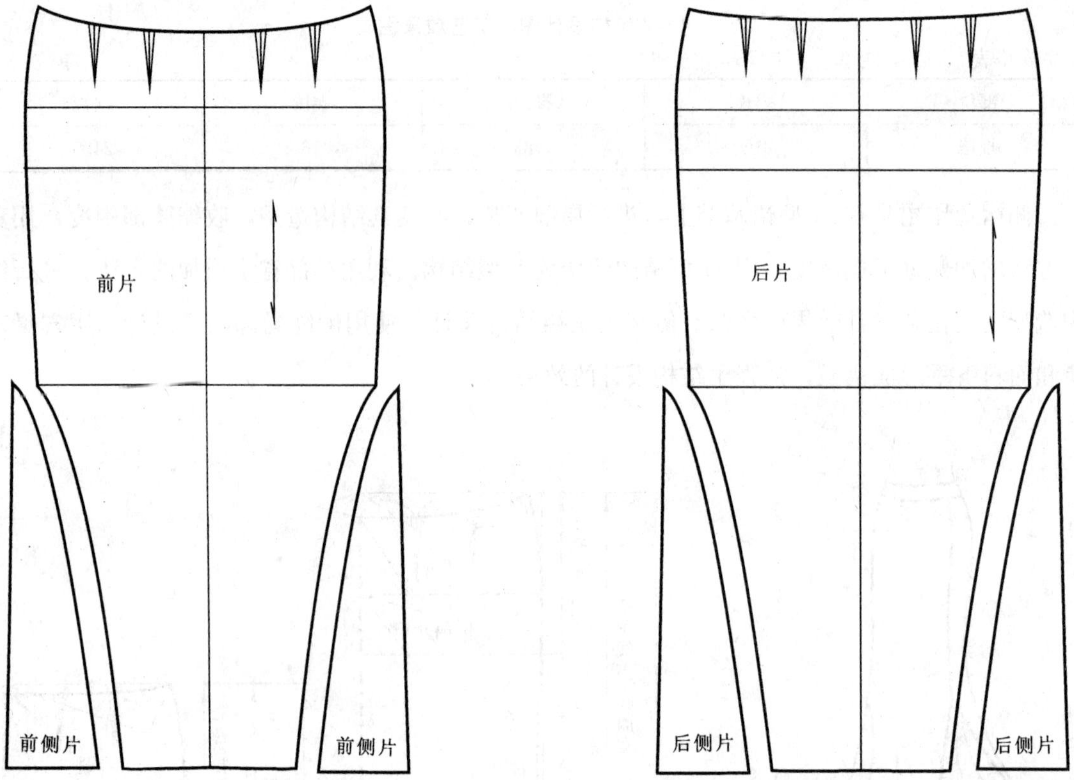

C 前、后片剪开图

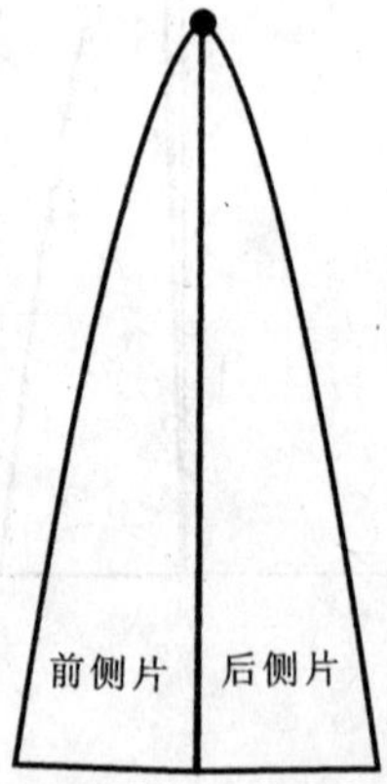

D 前侧片、后侧片拼接图

图 3－16

图 3－16C 是前、后片剪开图。前片中心线不剪开，左右片是相连的。后中心线断开，分为左右片。前、后片粗线是净板样完成线。前侧片和后侧片剪开后按图 3－16D 相对在一起，两片上部交点是前、后侧片分别向相反方向转动的圆心。

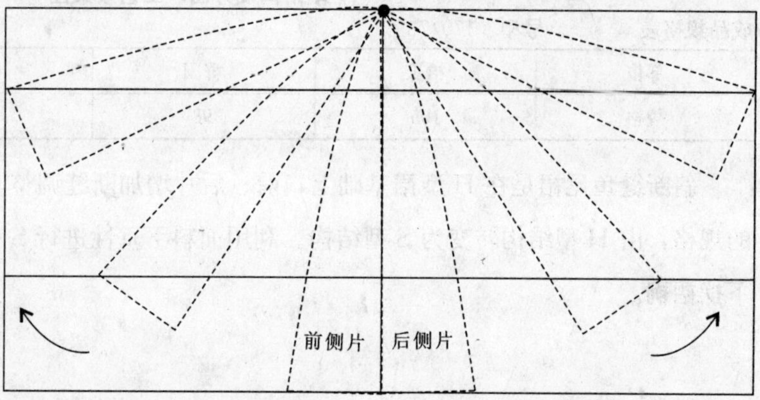

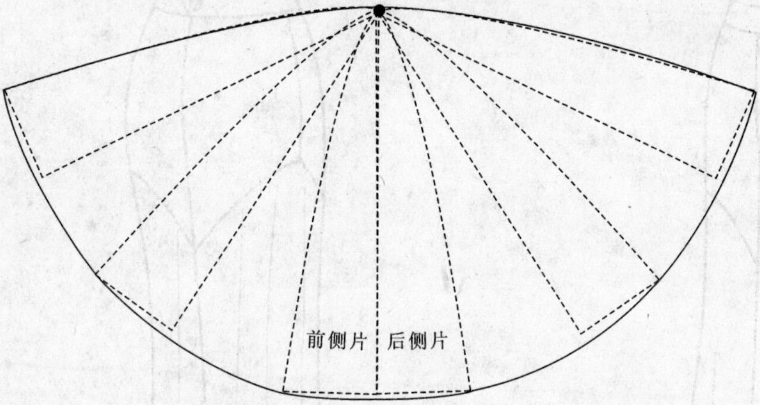

E　前侧片、后侧片展开图

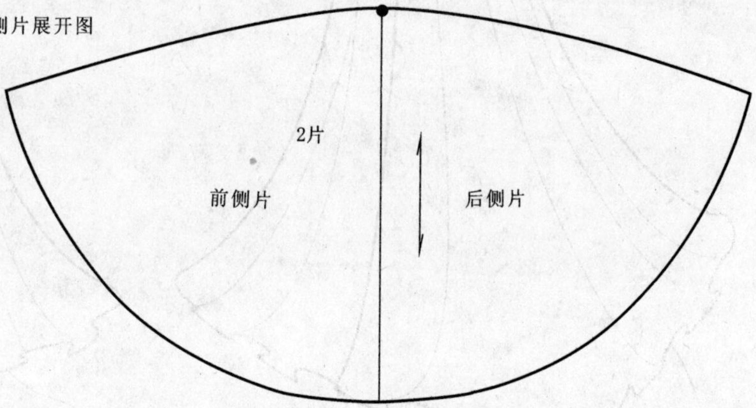

F　前侧片、后侧片展开后轮廓线连接图

图 3－16　侧褶鱼尾裙结构工艺设计

图 3－16E 是前、后侧片展开图，按图中箭头所示方向分别向两边展开。裙裥展开量根据设计需要确定。图 3－16F 是前侧片、后侧片展开后轮廓线连接图，前侧片、后侧片轮廓线左右形状一致。前后侧片相连为一体，不需剪开。

17 款结构设计图、工艺效果图

成品规格表　　　号型：170/73　　　　　　　　　　　　　　　　　单位：cm

部位	裙长	臀围	腰围	立裆
规格	105	98	76	24.5

斜断缝鱼尾裙是在 H 型裙基础上，前、后片增加断缝调整其结构造型，拓展侧下摆围度的规格，由 H 型结构转变为 S 型结构。利用面料下垂性进行 S 型设计，用纸样转动方法加大下摆褶裥。

A　工艺效果图

图 3-17

前、后片斜断缝线强调与夸张了臀部立体造型，体现了结构设计的个性效果与着装风格变化。

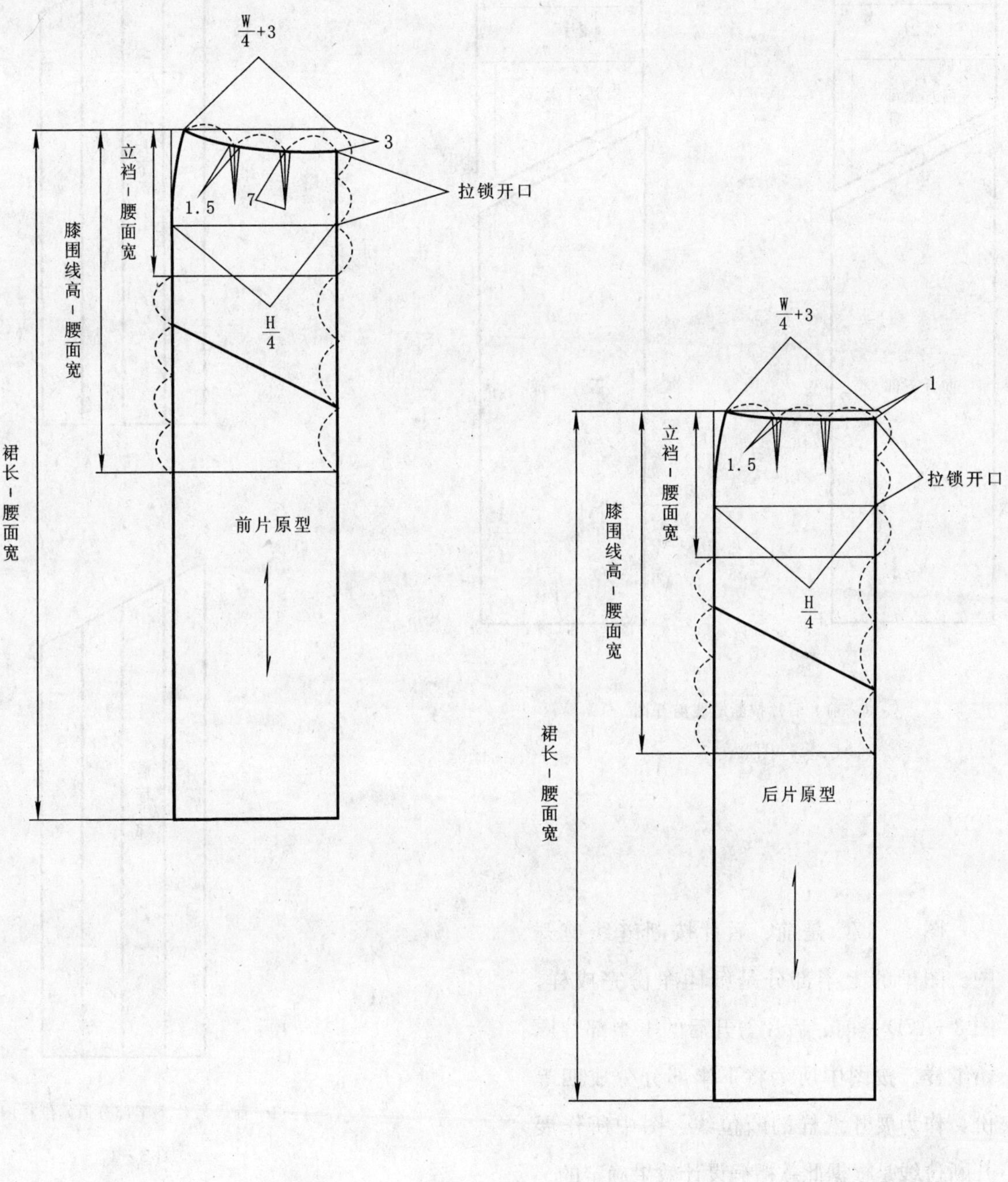

B　结构设计图

图3-17

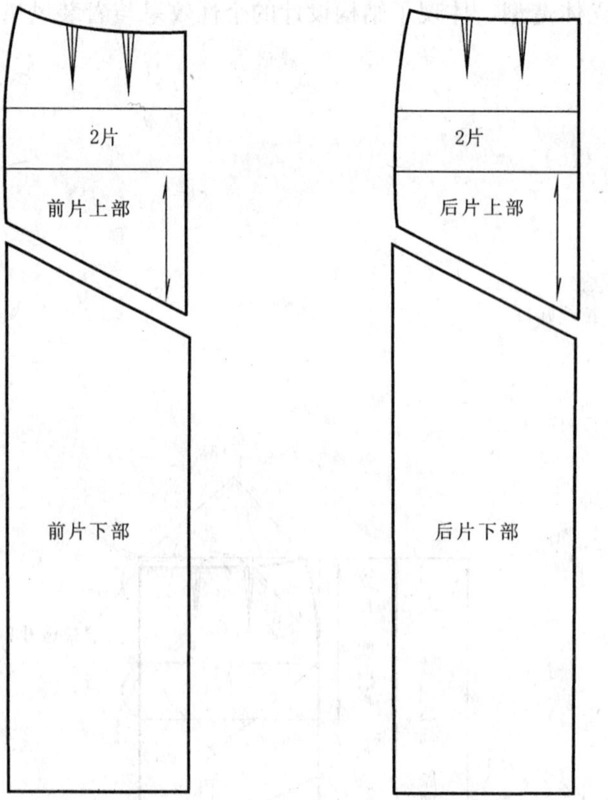

C 前、后片按断缝线剪开图

图 3－17

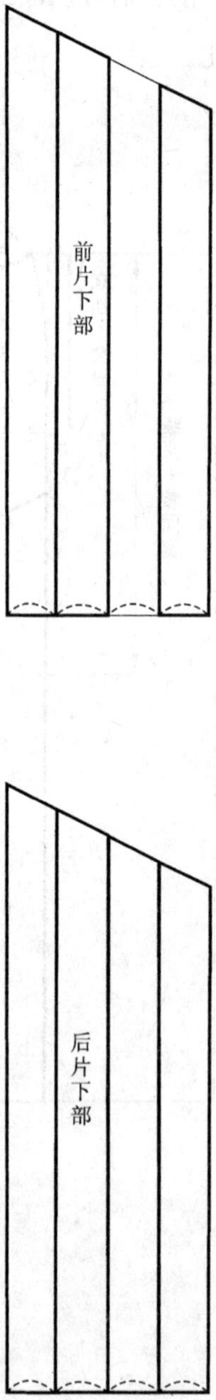

D 前、后片下半部分原始纸样图

图 3－17

图 3－17C 是前、后片按断缝线剪开图。图中的上半部分是纸样净份完成样。图 3－17D 是前、后片剪开后的下半部分原始纸样。按图中所示将下半部分分成四等份，作为展开纸样的断位线。图中所作展开断位线是根据此款褶裥设计效果确定的。

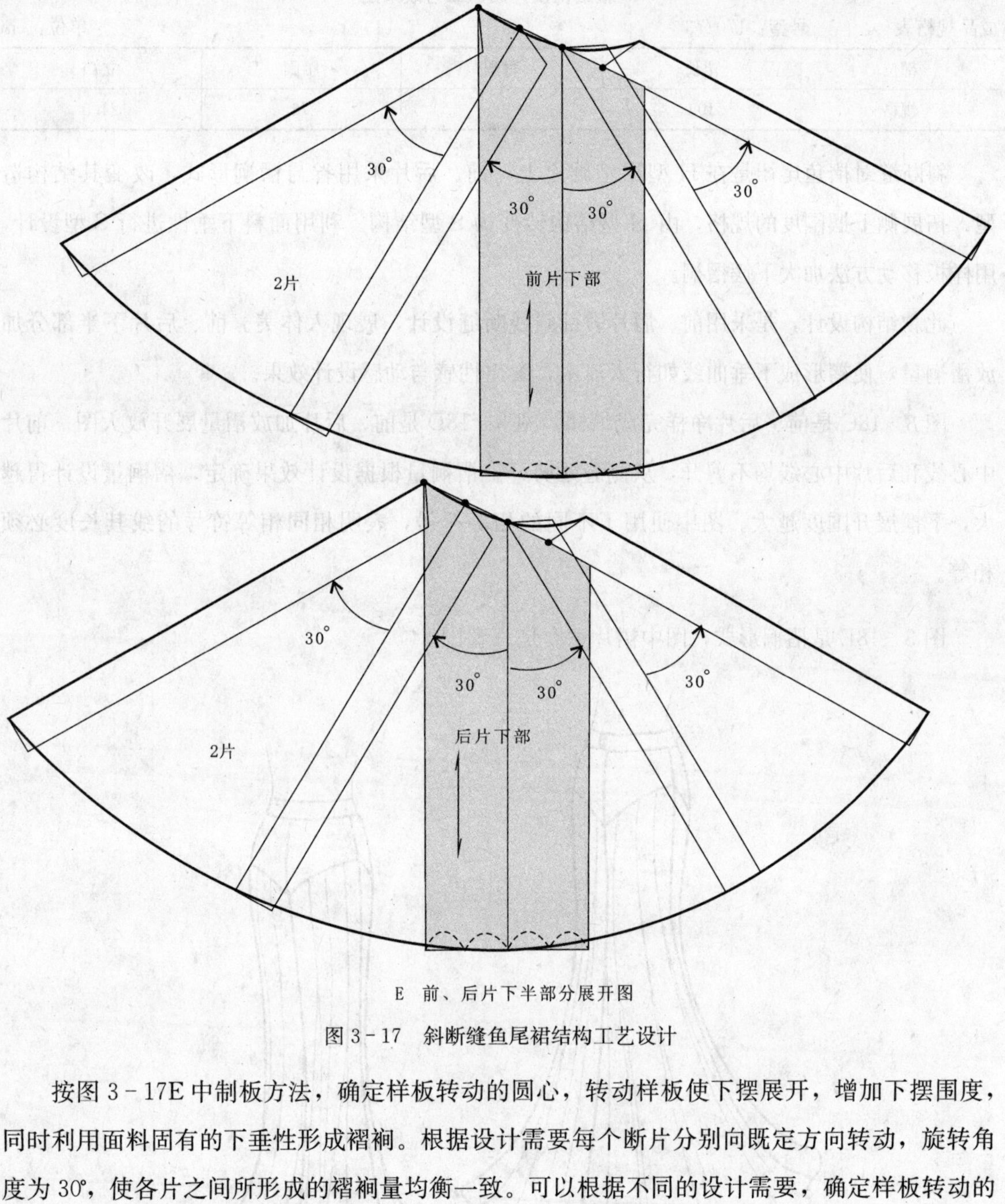

E　前、后片下半部分展开图

图 3-17　斜断缝鱼尾裙结构工艺设计

按图 3-17E 中制板方法，确定样板转动的圆心，转动样板使下摆展开，增加下摆围度，同时利用面料固有的下垂性形成褶裥。根据设计需要每个断片分别向既定方向转动，旋转角度为 30°，使各片之间所形成的褶裥量均衡一致。可以根据不同的设计需要，确定样板转动的角度。样板之间相距展开的角度越大，所形成的褶裥越多，反之形成的褶裥越少。用粗线绘制前、后片下半部分净样完成线。从图 3-17E 中可以观察到，斜线剪开处形成了不规则线，所以必须圆顺成弧线。弧线要比斜线稍短一些，因为面料有其特有的力学性能，由于面料纱向间的拉伸性，恰好调解了斜线与弧线之间所形成的差量。

18 款结构设计图、工艺效果图

成品规格表　　　号型：170/73　　　单位：cm

部位	裙长	臀围	腰围	立裆
规格	105	98	76	24.5

斜断缝对褶鱼尾裙是在 H 型裙基础之上，前、后片采用省与褶裥形式，改变其结构造型，拓展侧下摆围度的规格，由 H 型结构转变为 S 型结构。利用面料下垂性进行 S 型设计，用样板移动方法加大下摆褶裥。

此款结构设计，是采用前、后片臀部斜线断缝设计，展现人体美。前、后片下半部分加放褶裥量，使褶形成下垂曲线如行云流水，突出性感与动感设计效果。

图 3 - 18C 是前、后片净样完成纸样。图 3 - 18D 是前、后片加放褶量展开放大图。前片中心线和后片中心线均不剪开，从侧缝处剪开。褶裥量根据设计效果确定，褶裥量设计得越大，下摆展开围度越大。图中使用了不同的相等符号，表明相同相等符号的线其长度必须相等。

图 3 - 18E 是褶裥形式，图中裙片宽度是$\frac{1}{16}$臀围。

A　工艺效果图

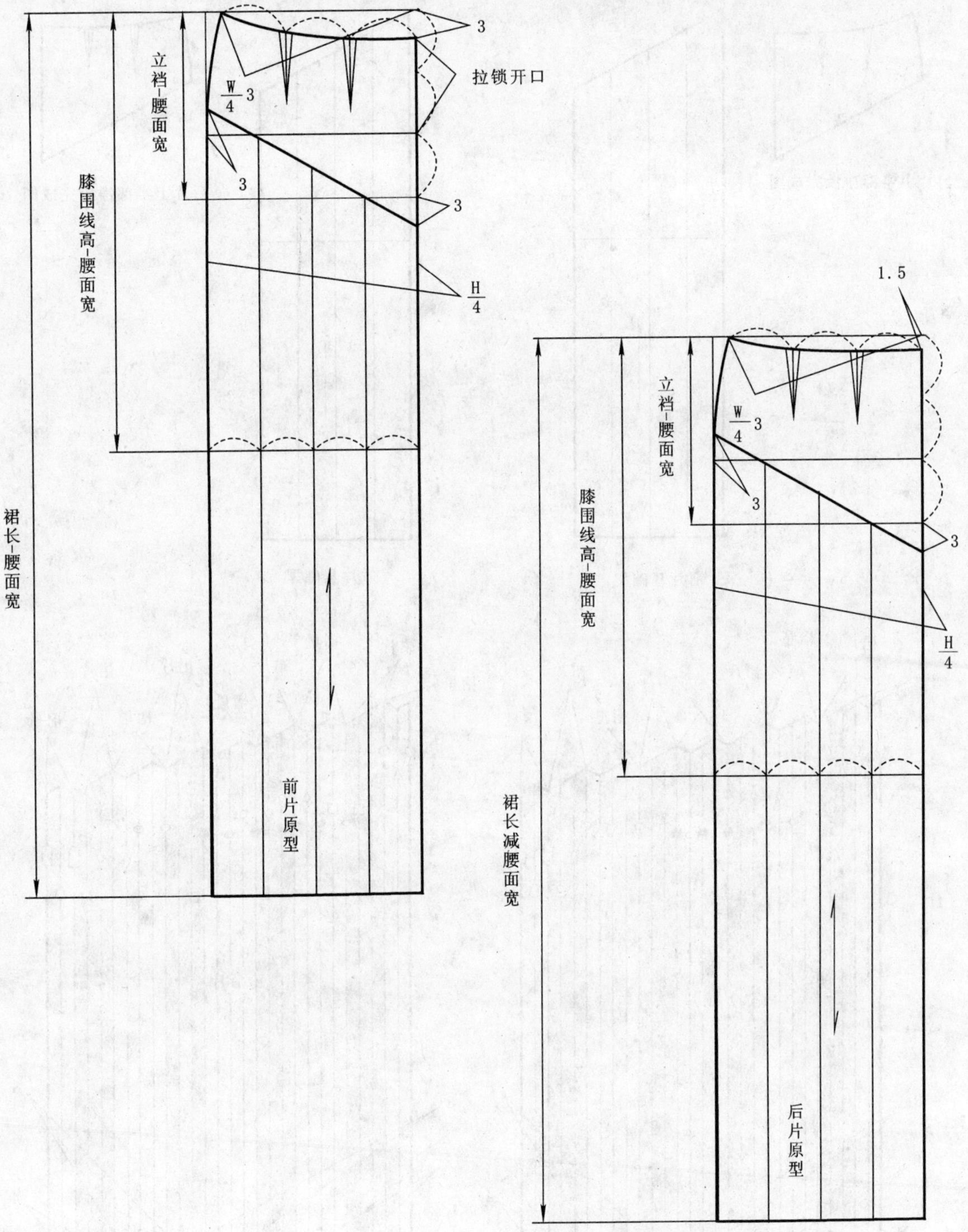
3
拉锁开口
立裆-腰面宽
W/4 3
3
3
膝围线高-腰面宽
H/4
裙长-腰面宽
前片原型
1.5
立裆-腰面宽
W/4 3
3
3
膝围线高-腰面宽
H/4
裙长减腰面宽
后片原型

B　结构设计图

图 3－18

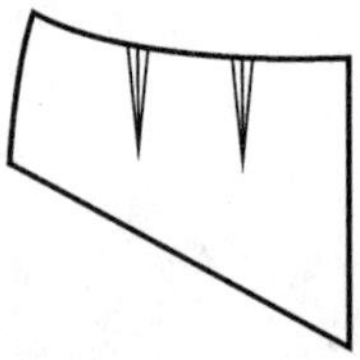

前片上半部净板完成图

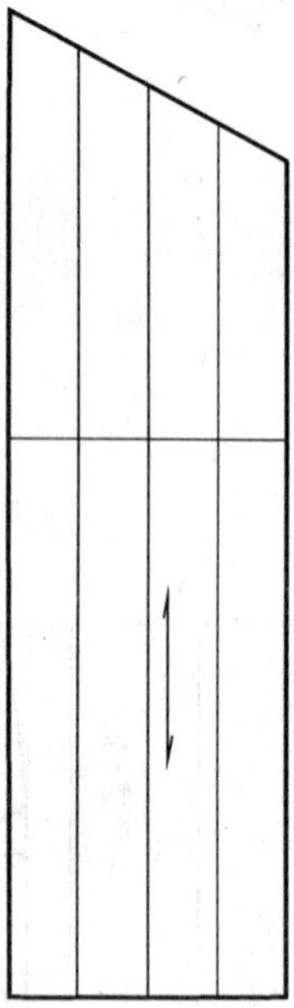

前片基础型

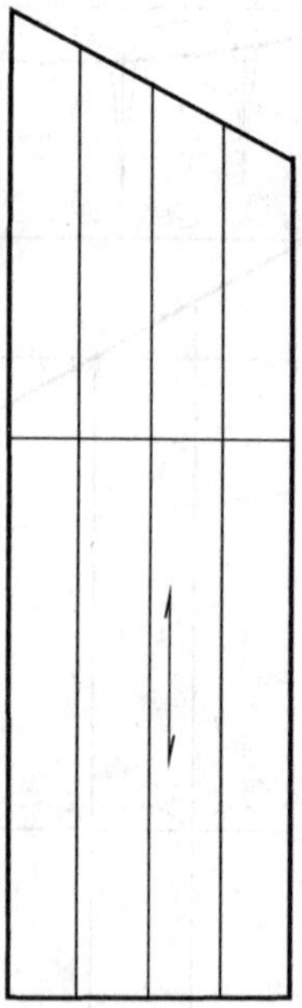

后片基础型

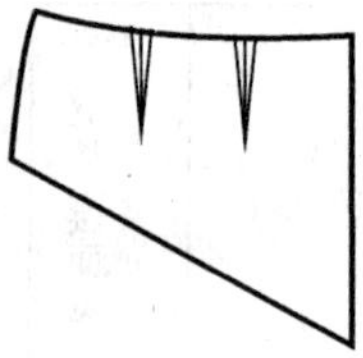

后片上半部净板完成图

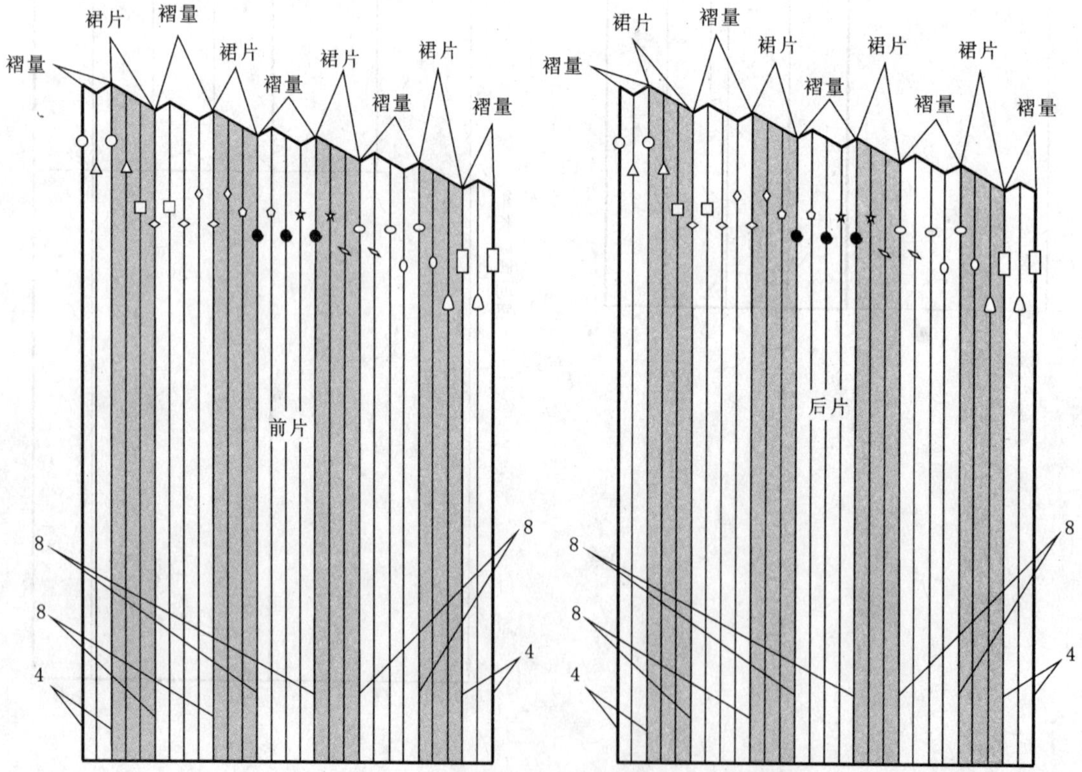

C 前、后片上半部分净板完成图及下半部分加放褶量展开图

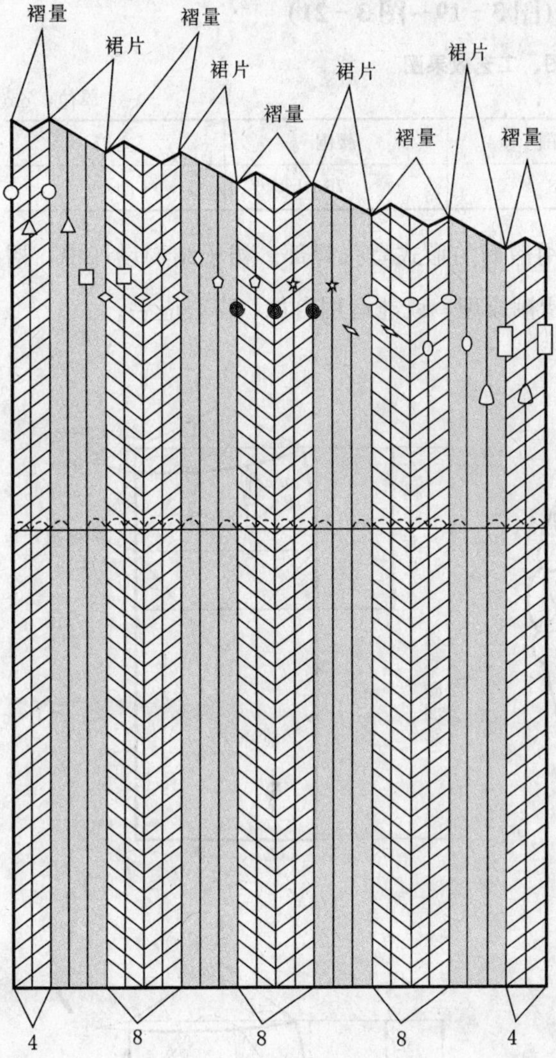

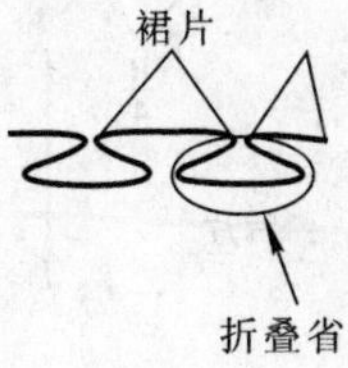

E　对褶形式放大图

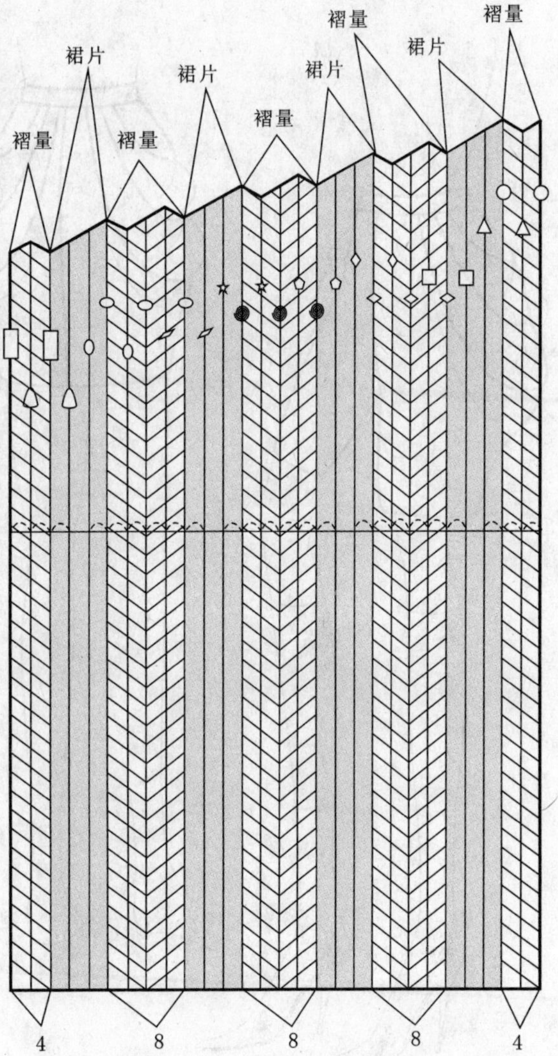

D　前、后片加放褶量展开放大图

图 3－18　斜断缝对褶鱼尾裙结构工艺设计

五、螺纹裙、荷叶裙、喇叭裙纸样制图实例（图 3－19～图 3－21）

19 款结构设计图、工艺效果图

成品规格表　　　　号型：170/73　　　　　　　　　　　　　　　　　　　　单位：cm

部位	裙长	臀围	腰围	立裆
规格	55	98	76	24.5

螺纹裙结构设计收缩腰部，收下摆围度，用褶裥的形式夸张臀部。裙子结构设计中，褶裥应用于结构设计十分广泛。只要掌握省转换褶裥原理，就能运用自如、得心应手。

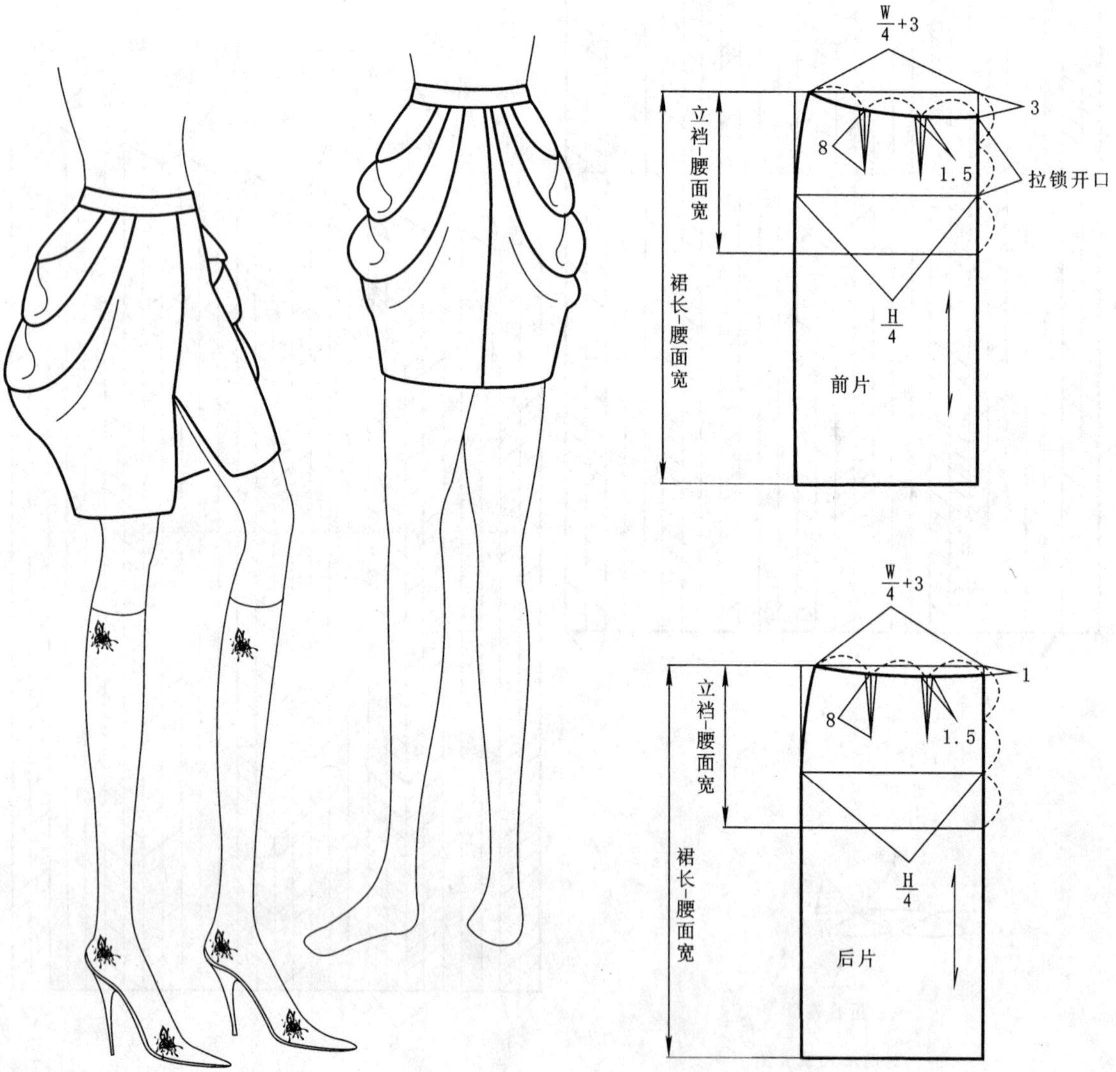

A　工艺效果图　　　　B　结构设计基础型图

图 3－19

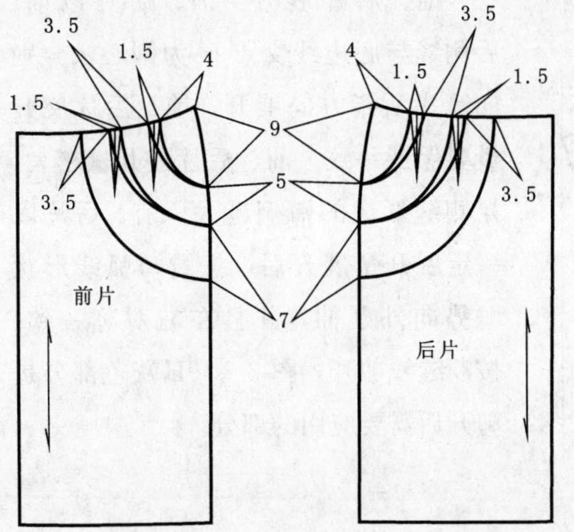

C　前、后片断缝位置确定

断缝位置确定：根据结构设计效果和工艺要求确定断缝剪开位置和省位置，如图 3－19C 所示。断缝位置要遵循结构设计美学原理，并依据人体结构凸凹部位设计省位置。图中设计采用丝绸等下垂感较好的面料制作。

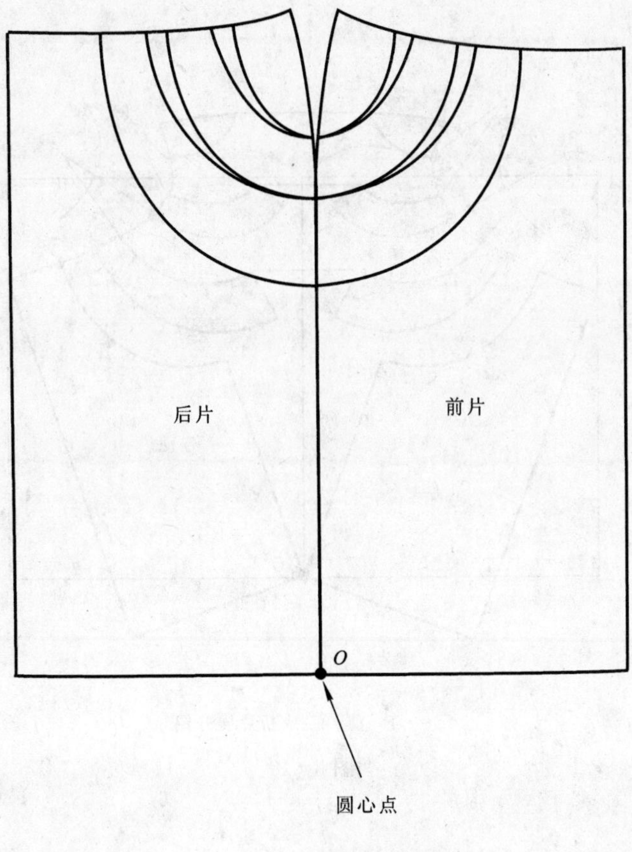

D　前、后片侧缝线重合图

图 3－19

前、后片省位和断缝位置确定完成后，前后片同时移动，使前后片侧缝线重合，上下断缝位置相对。然后以底边侧缝中心点 O 为前、后片板型转动的圆心点（图 3－19D）。

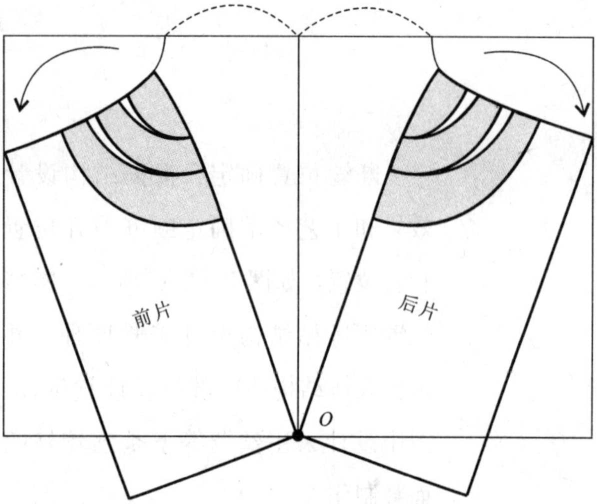

E　前、后片侧缝展开图

前、后片展开：前、后片以前、后侧缝与底边线交点 O 为圆心，分别向箭头所指方向展开，前、后片展开量要保持一致。前、后片展开量越大，裙侧缝形成的褶裥越大。前、后片以一定展开量展开后，按腰口弧线形状顺势向外延伸，并且左右对称一致。按断缝线剪开，图 3-19E 灰色部分是剪开后需要应用的部分。

褶量、断片转动点确定：按图 3-19F 前、后片腰口弧线形状分别确定转动点位置，图中灰色断片之间相距 5cm 的褶量。灰色断片之间距离越大，裙子形成褶裥越大。按所确定的移动点分别顺箭头所指方向转动灰色断片。转动量根据设计效果确定，转动量越大，则侧缝中间褶裥越大。灰色断片转动时要保持前、后片一致。

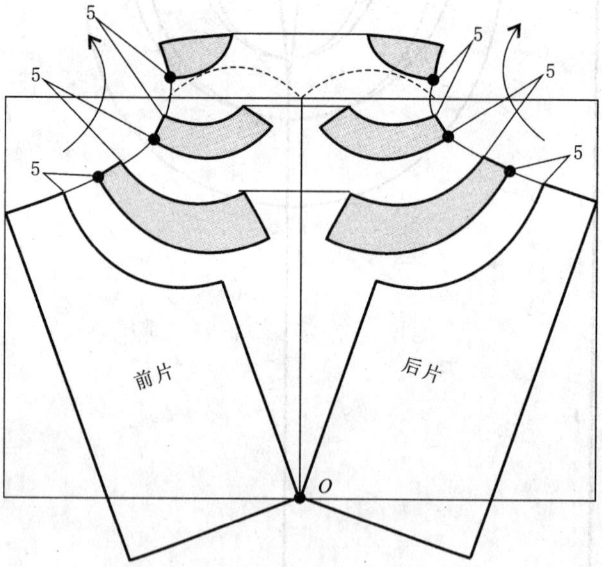

F　前、后片断片展开图

图 3-19

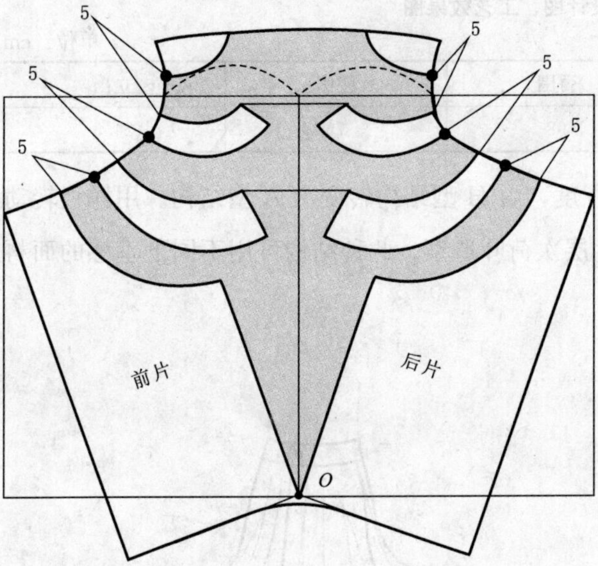

G　前、后片展开连接图

图 3－19G 灰色的部分是前、后片展开后包含省量的褶裥量。纸样旋转角度越大，灰色部分越大，褶裥也随之增大。底边侧缝处用弧线连接后，裙片基本结构图绘制完成。

图 3－19H 是螺纹裙前、后片结构纸样完成图，图中 5cm 是包含省量的褶裥量。此款式侧面不设侧缝，所以侧缝线不能剪开。

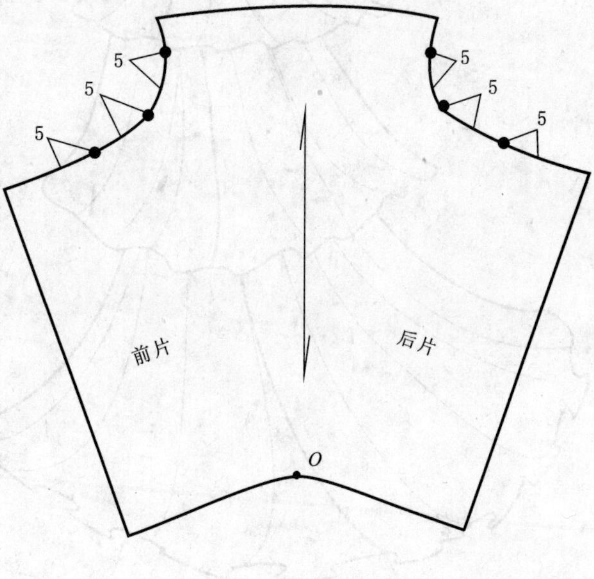

H　前、后片展开完成图

图 3－19　螺纹裙结构工艺设计

20 款结构设计图、工艺效果图

成品规格表　　　号型：170/73　　　　单位：cm

部位	裙长	臀围	腰围	立裆
规格	105	98	76	24.5

荷叶裙是在 H 型裙基础上，拓展下摆围度，由 H 型结构转变为 A 型结构。用样板转动方法加大下摆褶裥量。用三条断缝线，产生层次荷叶造型。此种结构可用不同下垂感的面料制作，会产生不同的设计效果。

A　工艺效果图

图 3－20

荷叶裙腰部省量通过省量转换的方式，使腰口收缩，下摆根据设计效果展开。下摆展开量越大，下摆形成褶裥越多。结构设计时所需展开的量，要根据设计效果确定。设计横向断缝位置应根据结构设计比例美学原理，此款荷叶裙横向断缝是根据裙长设定的。

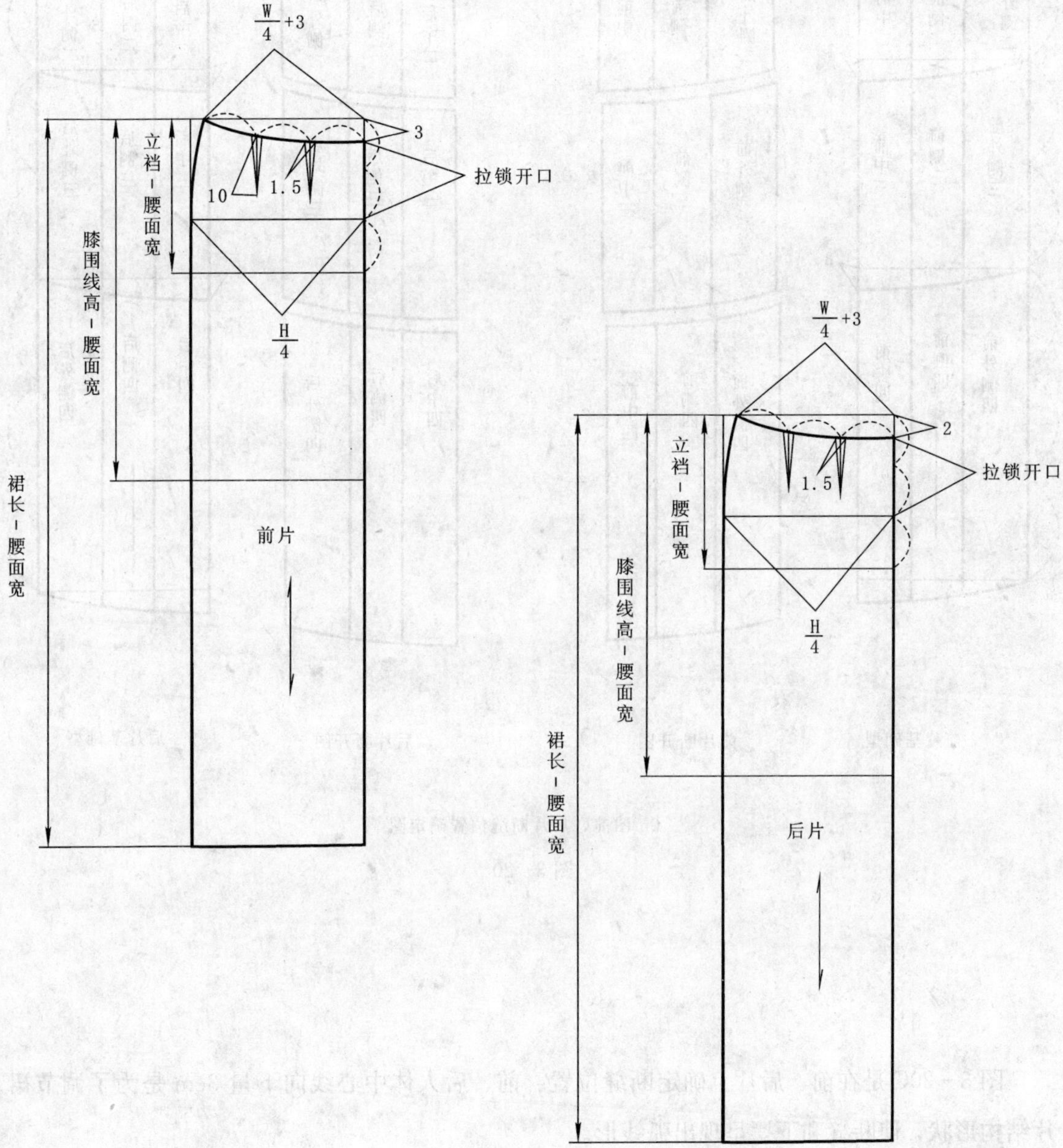

B　结构设计基础型图

图 3-20

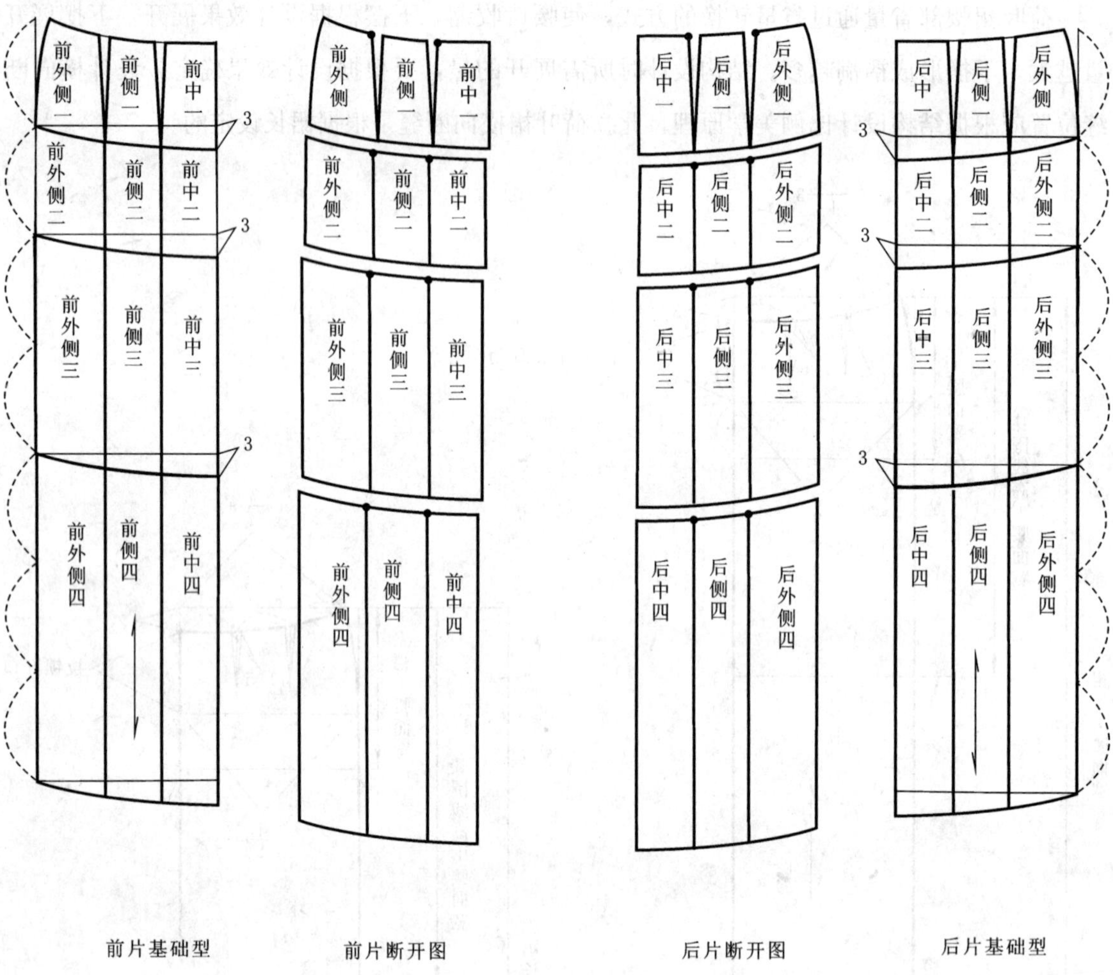

C　图前、后片断缝位置确定图

图 3－20

图 3－20C 是在前、后片上确定断缝位置。前、后人体中心线向下量 3cm 是为了调节裙片结构形状，使断缝和下摆呈现出弧线形。

根据设计效果不同，样板转动的圆心点的确定也有所不同，样板进行转动的方向也不同。图 3－20D 是前、后片断开处按图中标注样板转动的圆心点转动。前、后片居中的片不转动，左右两片分别向相反方向转动。转动量根据设计效果确定。

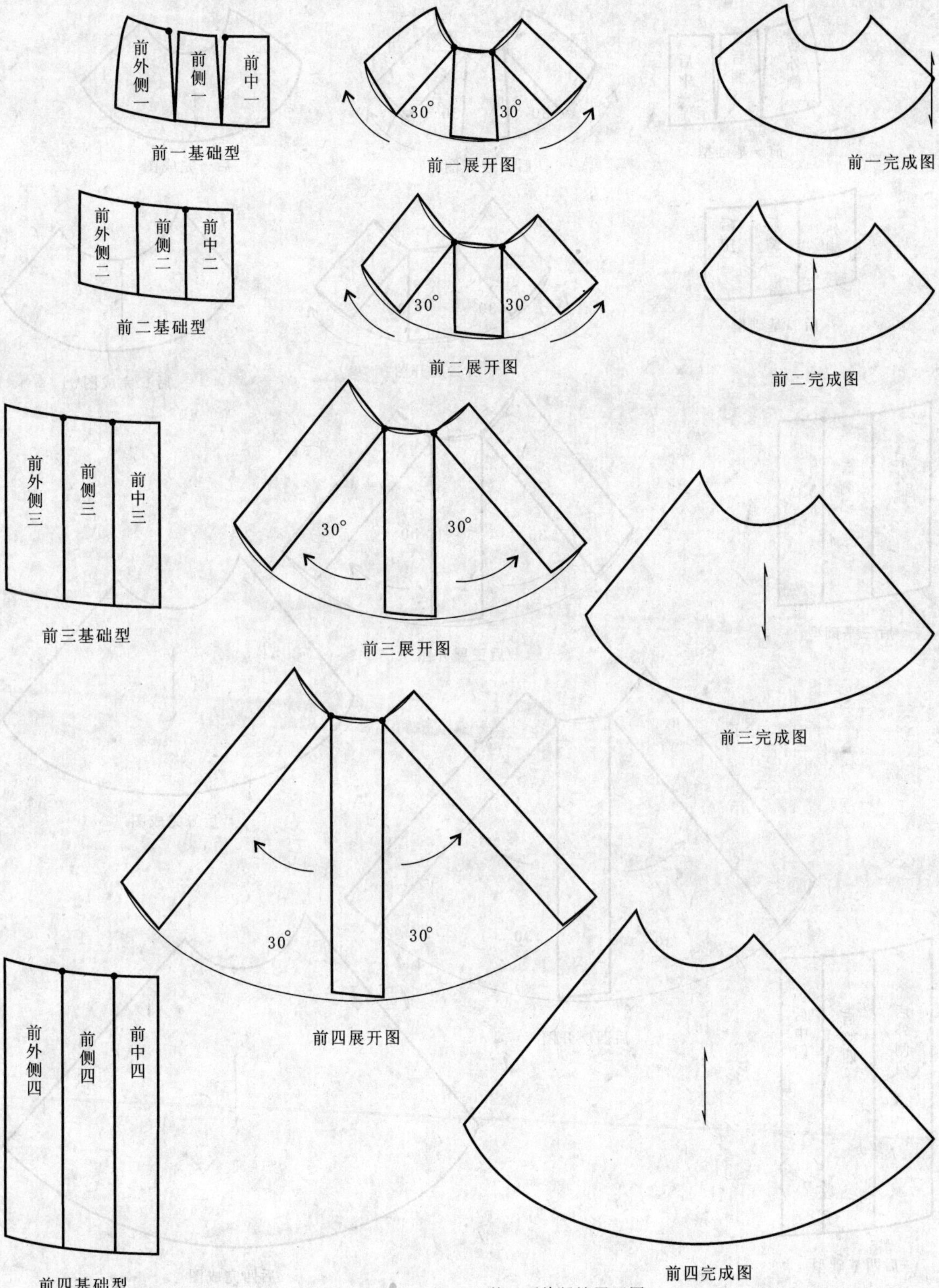

D 前、后片断缝展开图

图 3-20

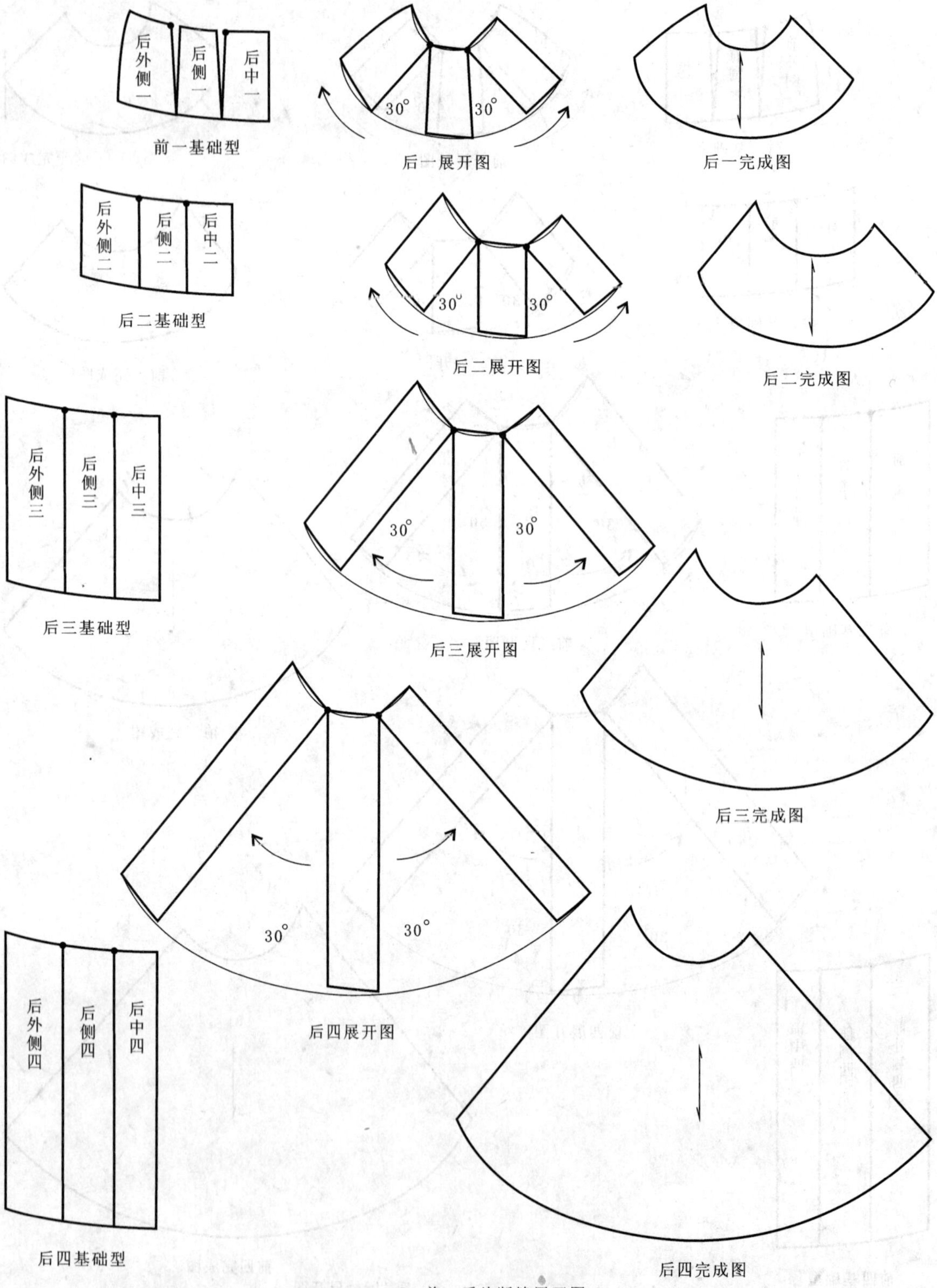

D　前、后片断缝展开图

图 3-20　荷叶裙结构工艺设计

21款结构设计图、工艺效果图

成品规格表　　号型：170/73　　单位：cm

部位	裙长	臀围	腰围	立裆
规格	80	100	74	25

喇叭裙是根据H型裙结构设计，前、后片用断缝线对下摆围度进行加放，让下摆形成褶裥来改变结构造型。

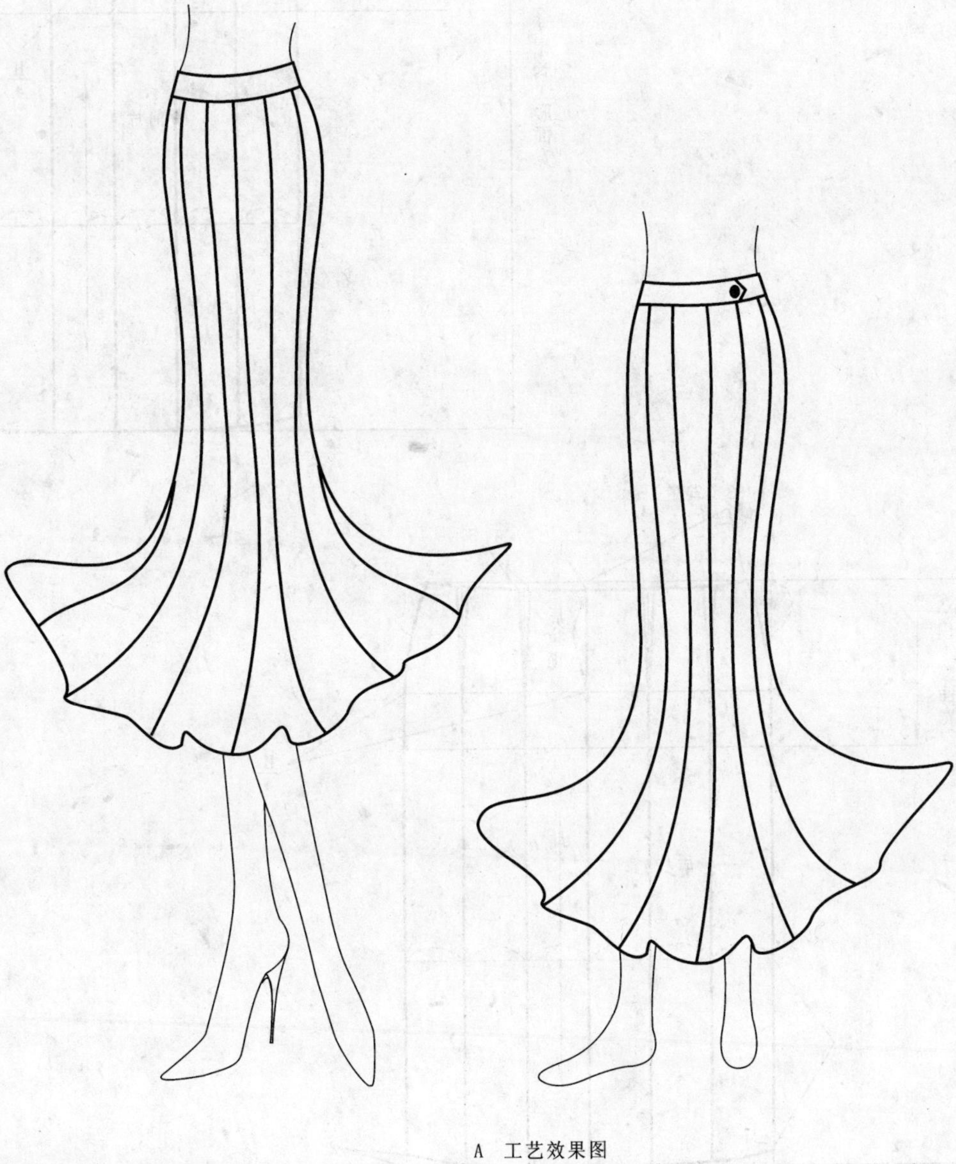

A 工艺效果图

图3-21

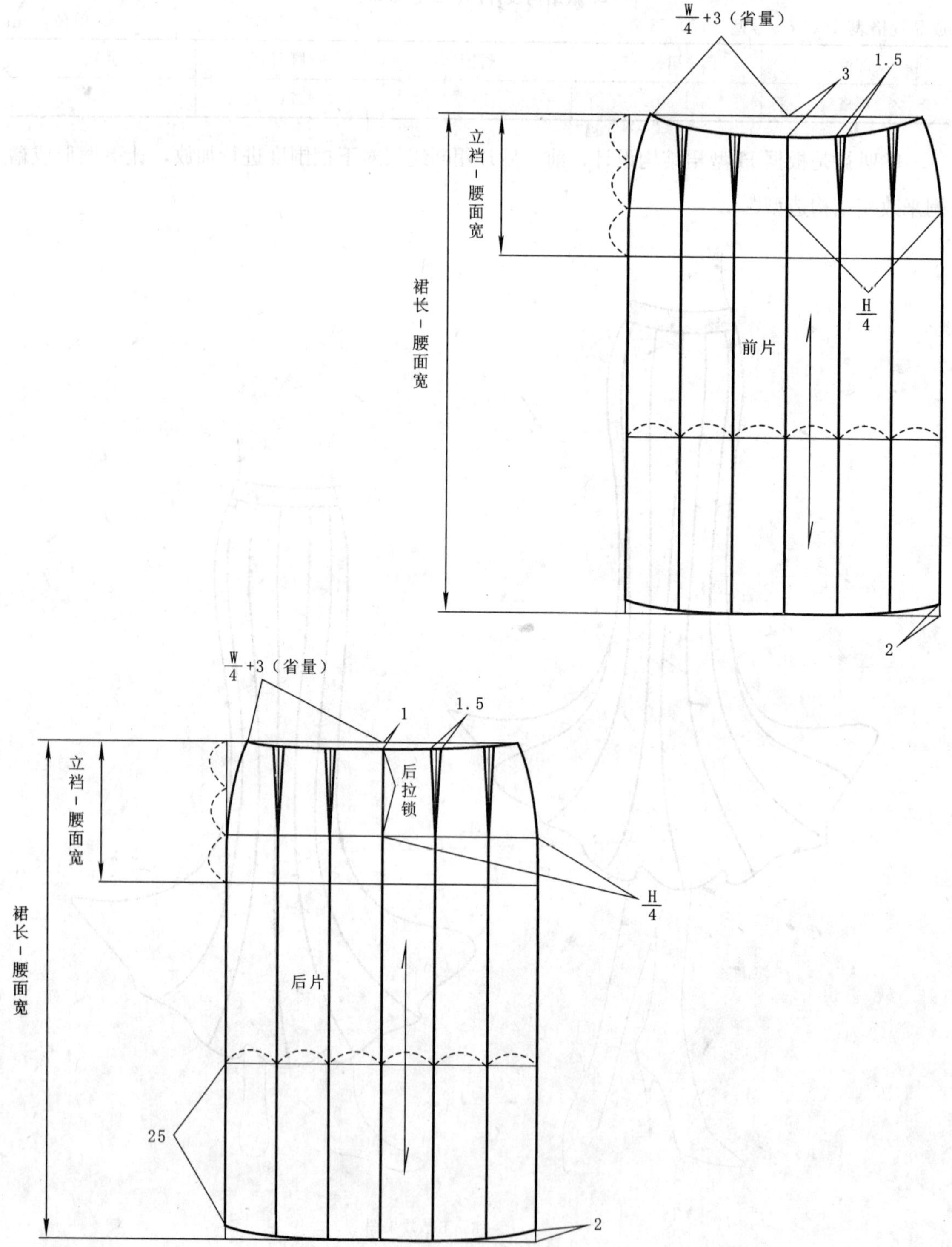

W/4 +3（省量）
1.5
3
立裆 - 腰面宽
裙长 - 腰面宽
H/4
前片
2
W/4 +3（省量）
1
1.5
后拉锁
立裆 - 腰面宽
H/4
裙长 - 腰面宽
后片
25
2

B　结构设计基础型图

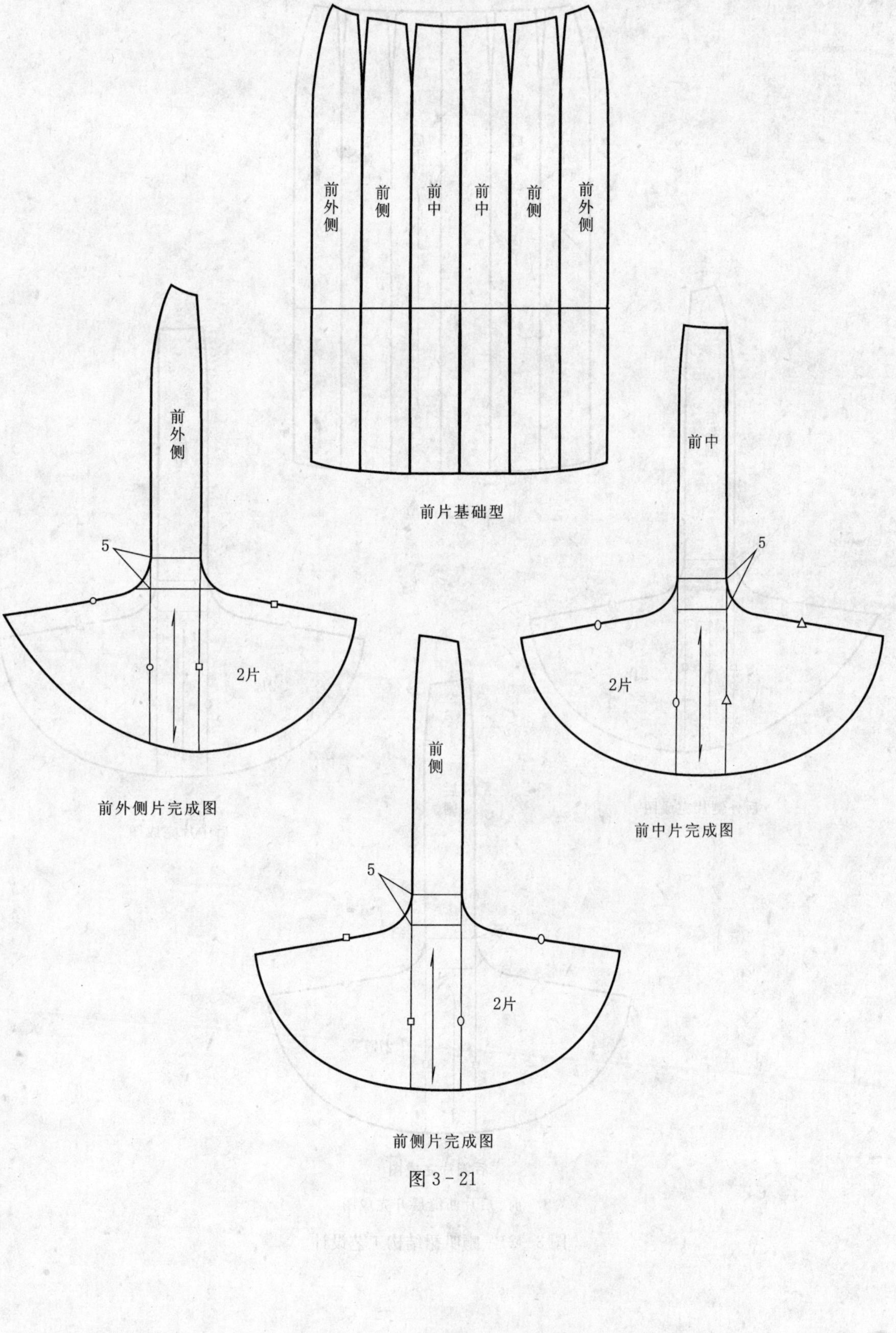

前片基础型

前外侧片完成图

前中片完成图

前侧片完成图

图 3-21

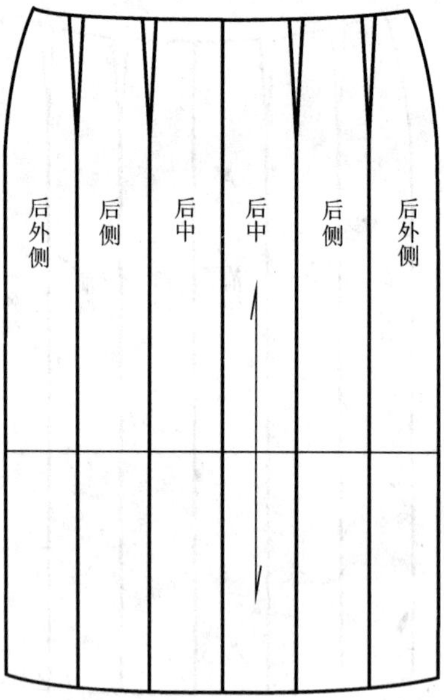

后片基础型

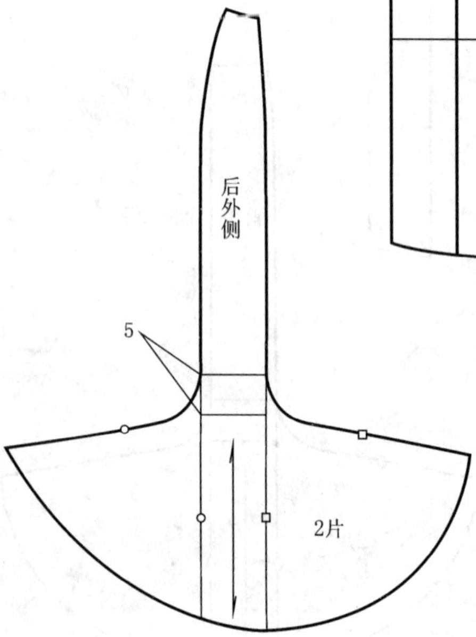

后外侧片完成图

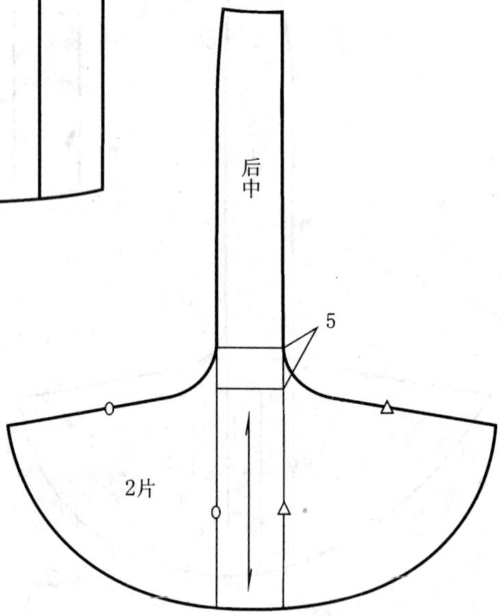

后中片完成图

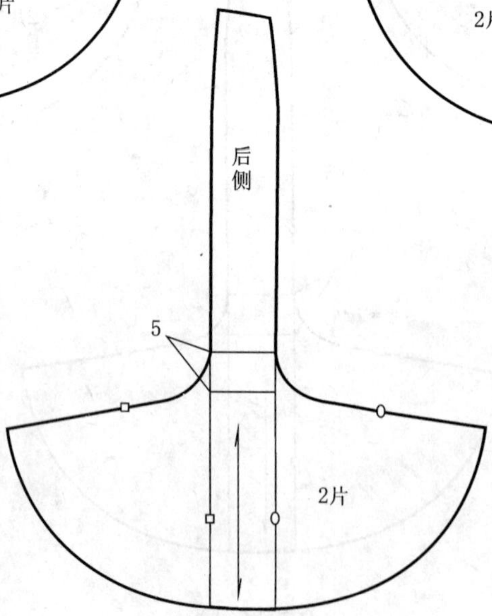

后侧片完成图

C　前、后片断缝展开完成图

图3－21　喇叭裙结构工艺设计

第四章　女裤纸样设计与制图

第一节　女裤纸样设计

女裤纸样制图是根据设计者构思的立体造型，用平面结构设计实施纸样绘制的过程。这就需要制板者用正确的绘制方法，按步骤完成结构图的绘制。为了便于学习和掌握，制图中把主要的辅助线和步骤编了序号，为使所编序号不与图中其他标注数据混淆，把所编序号标在圆圈内。纸样制图只要按步骤、按规律操作，很容易掌握，因为各种裤型、各种款式结构纸样制图过程和步骤都是一样的规律。在纸样绘制时，只要注意绘制的结构线该垂直的垂直，该平行的平行，规格无误，线形完美正确，纸样就会达到理想的效果。图 4－1 是裤子前裆弧线、后裆弧线与人体裆部、前下腹部和后臀上部结构关系，也示意了人体前、后中心线与前片裆缝、后片裆缝结构的关系，腰围与臀围之间差量（省量）构成关系。图 4－2 是裤子纸样设计辅助线对应于人体上的位置，便于理解辅助线与人体的结构关系，并展现了后片上翘构成和腰面宽度与人体的关系。

纸样绘制要领：先前片，再后片，先横，后纵，再形，不变中求变，变中求不变，规格相同型不同。

一、前片结构设计与纸样制图

首先作基础线。基础线作为与布料纵向（经纱向）平行的线，即从上至下作一条竖直线，也称为纵向线。基础线是绘制其他线的依据，纸样的纱向代号与基础线平行，在工业生产中，纱向（纵向）的代号方向有明确的技术标准。前片结构纸样绘图步骤见图 4－3。

第①条线：底边线。在基础线最下方作一条与基础线垂直相交的横向线为底边线。本书中凡是用圆圈标注的数字，都代表一条线或一个步骤。只要把绘制步骤记牢，纸样设计图就容易制作。

第②条线：上平线。上平线至底边线之间的距离＝裤长－腰面宽（腰面净宽设为 4cm）。从底边线与基础线交点向上量取上平线规格，作一条与基础线垂直相交的横向线。在纸样设计中，可根据不同设计效果确定腰面宽，腰面宽设置的不同，从裤长中减去数据必须与腰面宽一致。纸样设计绘制图中的横向线必须与基础线垂直。

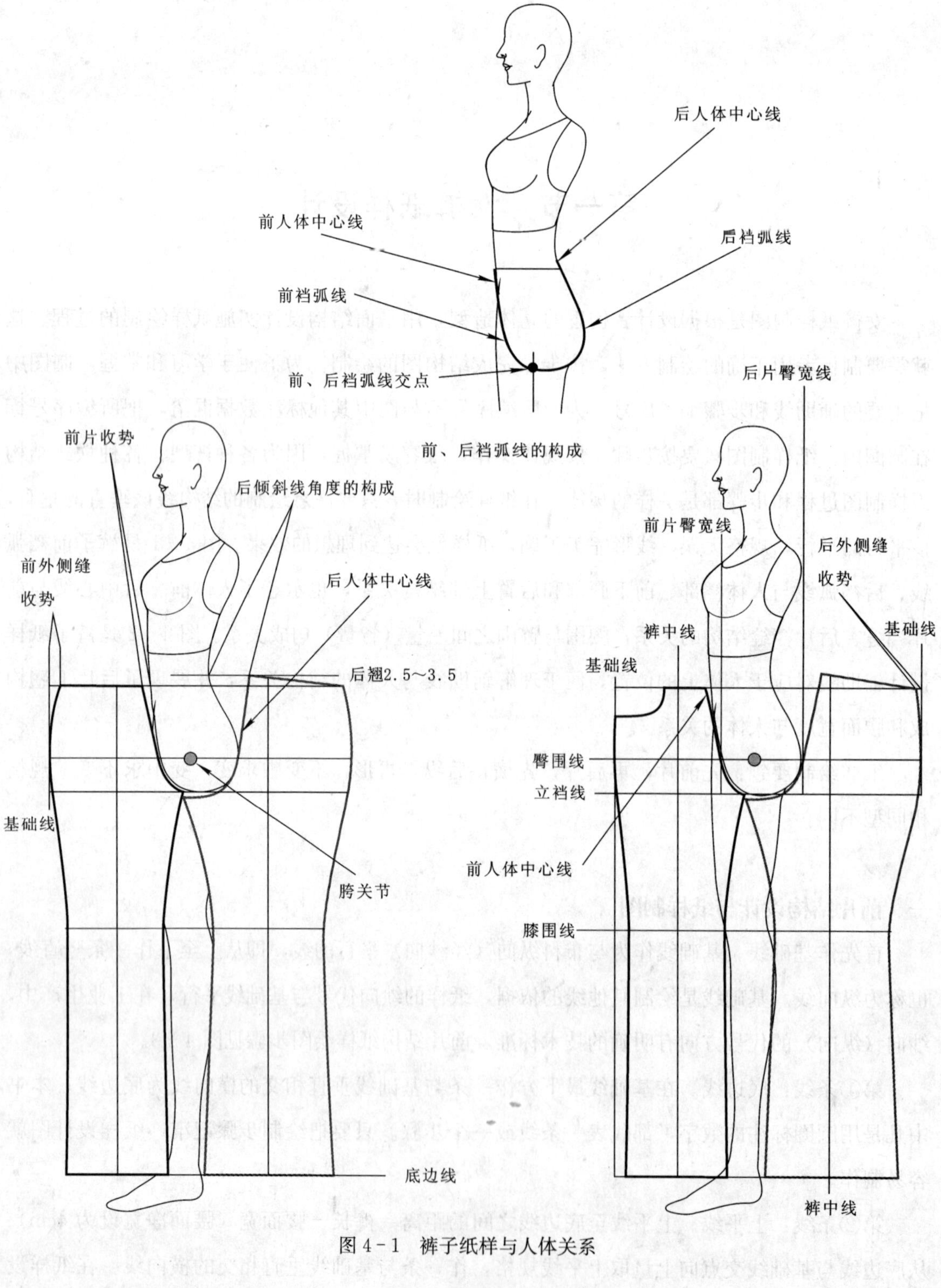

图 4-1　裤子纸样与人体关系

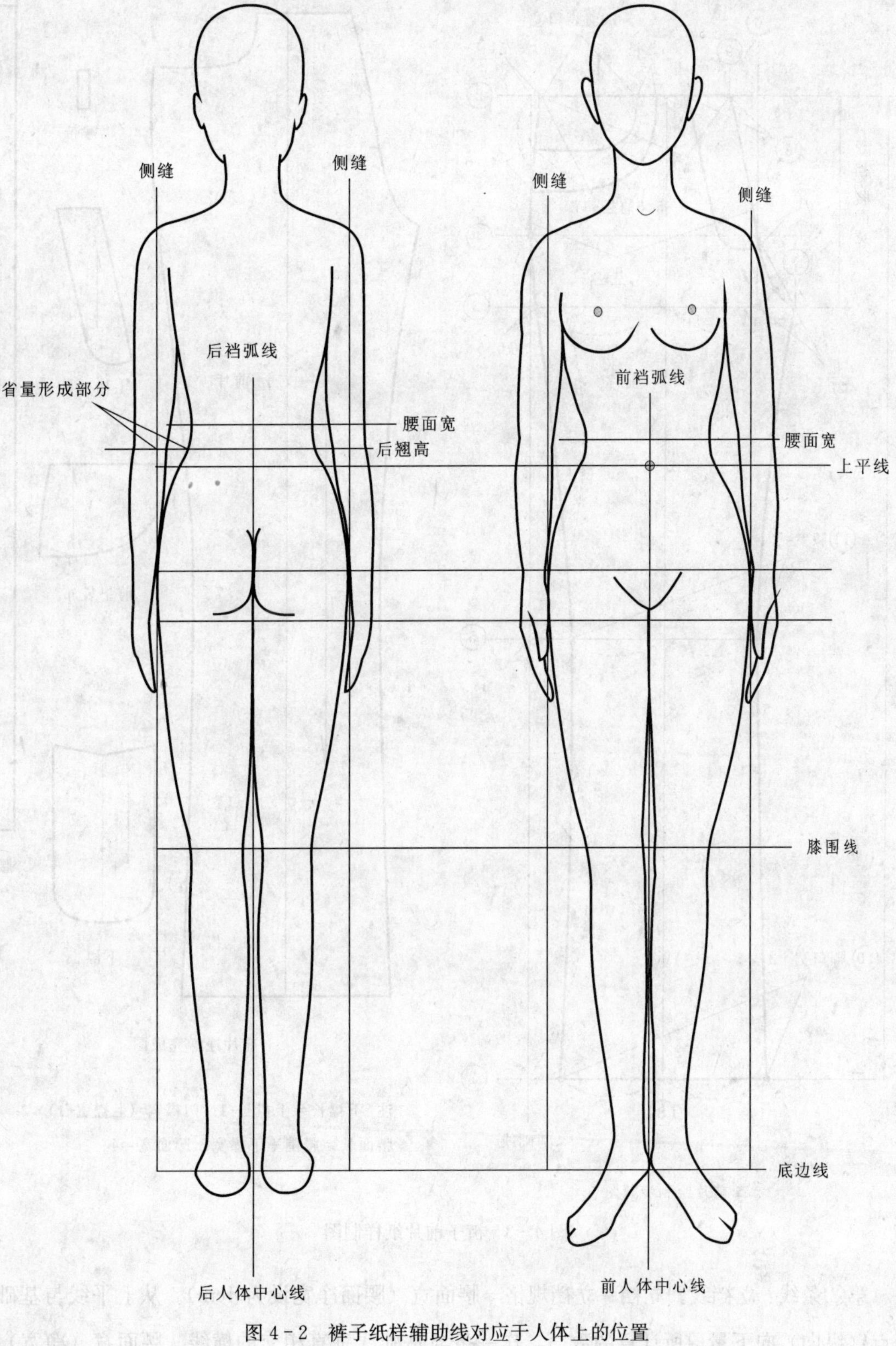

图 4－2　裤子纸样辅助线对应于人体上的位置

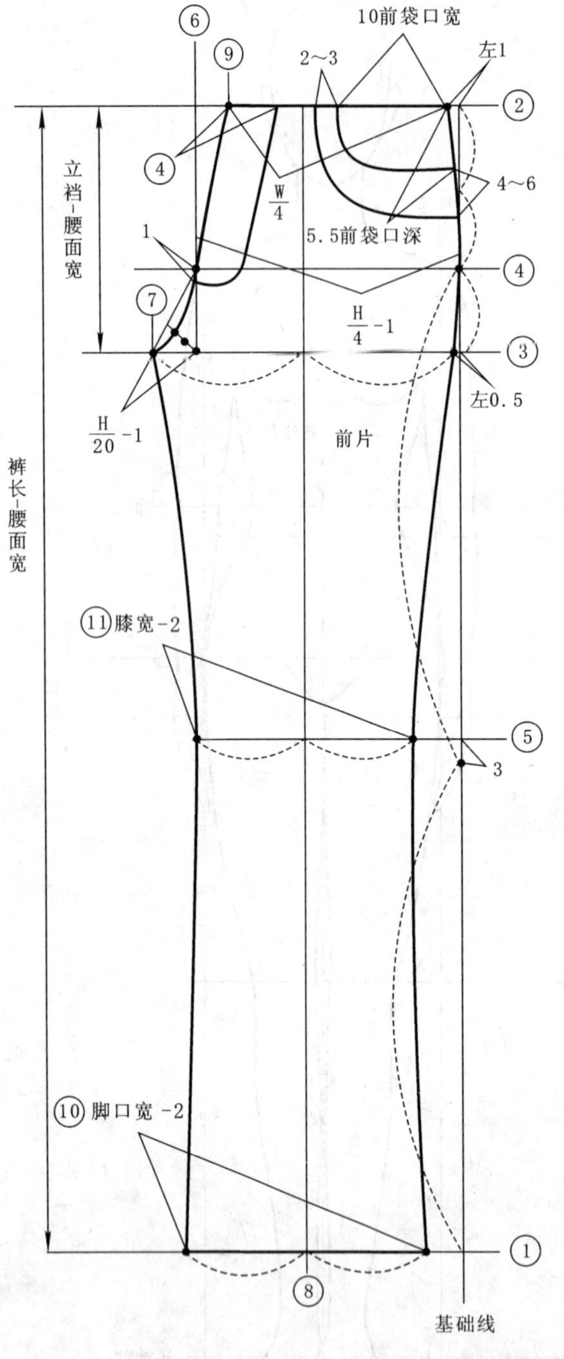

前片绘制步骤图

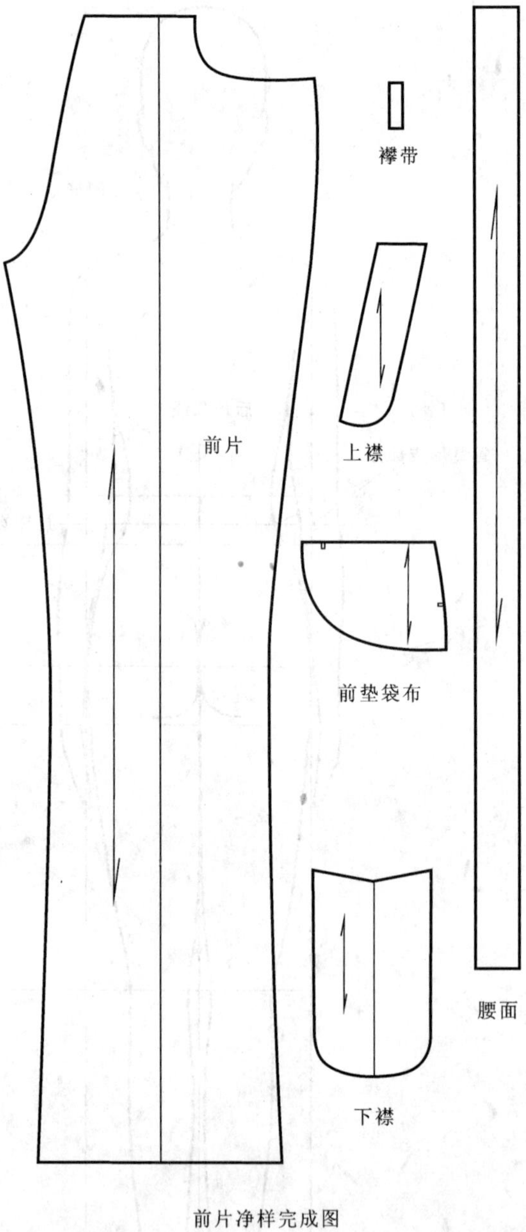

前片净样完成图

注 下襟长＝上襟长+1；门襟宽=(上襟宽+1)×2；
腰面长＝腰围＋下襟宽；腰面宽＝4

图 4－3　裤子前片纸样制图

第③条线：立裆线。立裆＝立裆规格－腰面宽（腰面净宽设为 4cm）。从上平线与基础线交点（纵向）向下量取所计算的数值，作一条与基础线垂直相交的横线。腰面宽（净宽）改变时，立裆规格所减的数据也随之改变。立裆长可根据款式设计需求确定。A 型裤是体型遮盖率较高的裤子，立裆$=\frac{1}{4}$臀围；体型遮盖率较低的裤型，立裆$=\frac{1}{4}$臀围＋3cm；低腰裤，立裆$=\frac{1}{4}$臀围－3cm。

根据人体高度与围度所构成的比例关系，用$\frac{1}{4}$臀围方法计算立裆规格既符合人体结构比例关系，又是对比例实用美学原理的优化组合。因为臀围与立裆成正比，如果用人体长度比例计算立裆缺乏科学性。从人体结构图中可以观察到前、后裆的结构与人体之间关系，臀围越大，前、后裆的弧线越长，前、后裆的弧线是由纵向长度和横向长度所构成的弧线，正因为立裆与臀围有直接关系，因此用臀围计算立裆是科学合理的。

第④条线：臀围线。臀围线位置是上平线和立裆线之间的垂直距离，在基础线上分为三等份，在与立裆线相邻的第一等份定点，作与基础线垂直相交的横向线，这条线称为臀围线。这条线确定前片臀宽和后片臀宽。臀围线是在人体臀部最丰满处，是人体结构胯部关节位置，是测量臀围的位置线。由于纸样设计中，根据设计效果确定不同立裆规格，所以随着立裆设计的变化，臀围线也随之按比例变动。

第⑤条线：膝围线。也称为膝关节位置线。膝围线是将臀围线与基础线交点至底边线与基础线交点之间垂直距离分成二等份，从等分点向上（纵向）量取 3cm 定点，作与基础线垂直相交的横向线。纸样设计时膝围线可以根据不同设计效果，进行上下调整和移动来达到设计效果。纸样绘制所设的裤长规格小于一般长裤规格时，膝围线的位置可以用实际测量定位方式确定。

第⑥条线：前片臀宽线。前片臀宽$=\frac{1}{4}$臀围－1cm，从基础线与臀围线交点向左量取 0.5cm，在臀围线上定点作与基础线平行和上平线与立裆线垂直相交的纵线。前片臀宽减去的 1cm 加在后片臀宽，是为了使前片规格小于后片，符合人体结构比例分配的原则，也基于侧缝设计口袋位置的需要。

第⑦条线：小裆宽度线（也称为小裆宽度点）。小裆宽$=\frac{1}{20}$臀围－1cm。从前片臀宽线与立裆线交点横向（向左）量取小裆宽，在立裆线上确定小裆宽。小裆宽是人体裆底部厚度一部分。小裆宽计算方法是根据人体比例关系与人体活动量而确定，也是前后片宽度比例关系和里裆缝子设计而决定。

第⑧条线：前片裤中线。前片裤中线是在立裆线上$\frac{1}{2}\times$（前片臀宽－0.5cm＋小裆宽）处定点，作与立裆垂直的纵线。前片裤中线是成品裤子整理熨烫时，熨烫前后裤子中心线烫迹线的位置线。纸样绘制中前片裤中线也是后片裤中线，称为前后片的公共线。裤中线也称为挺缝线。绘制前片裤中线时，必须注意前片裤中线与基础线和布料纱向线平行，与上平线、臀围线、立裆线、膝围线和底边线垂直相交。前片裤中线是纱向（纵向）代号绘制方向的依据，所以前片裤中线不允许倾斜，否则按纸样生产的产品就会出现各种质量问题和扭腿现象，造成不良产品的事故发生。

第⑨条线：前片腰宽线。前片腰宽＝$\frac{1}{4}$腰围。从基础线与上平线交点向左量 1.5cm 定点作为侧缝收势，也是省量设计的一种形式。这个数据是由腰围与臀围差所决定，是腰围和臀围之间余量的一部分，除了根据腰围与臀围差来确定这个规格，还要根据外侧缝形状和前裆腰部侧缝形状来调整。从上平线与基础线交点向左量取 1.5cm 定点处向左量取前片腰宽。前片腰宽可在$\frac{1}{4}$腰围基础上进行加减来调整。前片腰宽的设计，一是为了调整前后裆的侧缝和外侧缝形状和角度；二是结构设计效果的需要。进行前后片腰宽设计时，不允许改变成品腰围规格。

第⑩条线：前脚口宽。前脚口宽＝脚口宽－2cm。以底边线与裤中线交点为中心，在底边线与裤中线交点分别向左、右各量取$\frac{1}{2}$前脚口宽定点，两点间距离为前脚口宽。注意量取前脚口宽时必须以裤中线为中点，向左、右量取相同规格定点，否则成品会出现脚口扭曲变形状况，造成裤子拧腿质量的事故发生，尤其较薄、较软的面料，会造成更加严重的质量事故。前脚口宽计算方法是为了使前片脚口宽减小，后片脚口宽增大，是为了结构设计中比例协调统一。结构设计中，由于不同的设计效果，在脚口宽成品规格不变的前提下，前后脚口宽比例可以根据设计需要进行调整。

第⑪条线：前膝宽。前膝宽＝$\frac{1}{2}$膝围－2cm。以裤中线与膝围线交点为中心，在膝围线上分别向左、右各量取$\frac{1}{2}$前膝宽定点作为前膝宽点。量取前膝宽点时必须以裤中线与膝围线交点为中心点，向左、右分别量取相同规格。纸样设计可根据不同的设计要求，在$\frac{1}{2}$前膝宽基础上进行增减，前后膝宽比例在不改变成品规格前提下进行改变。

前片纸样设计图纵向线和横向线已经绘制完成。下一步是前片净样弧线和完成线的连接。

前裆弧线连接：小裆形状是按照人体裆底部形状所绘，小裆弧线的形状要绘制正确，否则纸样设计达不到预想效果。连接前裆弧线是以臀围线与前片臀宽线的交点定点，作一条与前片小裆宽点和立裆线的交点连接的斜线，然后在立裆线与前片臀宽线相交所构成直角上作一条45°角的角分线，角分线与斜线相交后，再把角分线线段分成三等份。从小裆宽线和立裆线的交点开始作弧线，经过角分线左上方第一等分点、前片臀宽线与臀围线交点作弧线。前裆弧线形状对于纸样设计效果十分重要，绘制弧线时必须圆顺自然，不允许出现棱角，才能达到纸样设计的完美效果。

前里侧缝下裆弧线连接：从底边线和前脚口宽线的交点经过前膝围线和前膝宽线交点，连接小裆宽点与立裆线交点。从膝围线至小裆宽处的线弧度较大，而从膝围线至脚口里侧宽点的线稍有弧度，这是由人体结构和纸样设计效果所决定的。绘制时必须把握好线条形状，因为相同规格、结构形状不同会完全改变设计效果。下裆弧线在膝围线处的线形必须顺直不能出现棱角，膝围线向上的弧线最弯处是在这条弧线长度$\frac{1}{2}$处。纸样设计中，对人体遮盖率越高的款式，结构线的形状要越符合人的体形。

外侧缝弧线的连接：首先从外侧脚口宽点和底边线交点连接至前外侧膝宽与膝围线交点，再弧线连接立裆线与基础线交点的0.5cm处，之后连接至腰围线。膝围线向上至立裆线和基础线交点处的弧线比里侧下裆弧线弧度稍小，因为人体腿里侧的弯度比外侧弯度大。侧缝弧线形状对纸样设计效果影响较大。腰部至臀部弧线绘制更应注意弧线形状，体现出人体凸凹曲线结构。臀围线以下至膝围线这段弧线与人体腿里侧形状相近。

净样完成线：净样完成线是按款式设计的成品规格绘制的净样板，没有生产时的制作量和折份。按图4－3中把轮廓线用较粗笔绘制完成。

二、后片结构设计与纸样制图

前片纸样净样已经完成，下一步进行后片纸样设计图绘制。由于纸样设计后片是在前片的基础上绘制，所以操作较容易。首先按照前片从基础线开始作到第⑤条线，再按图4－4中步骤绘制后片。

第⑫条线：后片臀宽线。后片臀宽＝$\frac{1}{4}$臀围＋1cm。从基础线和臀围线交点向左量取后片臀宽定点。在臀围线定点处做与基础线平行的纵向线，向下和立裆线相交，向上与上平线相交。前片臀宽减的1cm加在后片臀宽中，因为人体向前活动量比向后活动量要大得多，裤子常在侧缝设置口袋，或从侧缝处向前设计口袋位置，用这种结构设计和计算方式使侧缝前移。这是服装纸样设计的变中不变，不变中求变典型范例。臀围规格不变，而根据设计需要侧缝位置前移。纸样设计可以根据造型及其他设计效果确定计算方式，来调整侧缝的位置和前、后片臀宽比例。

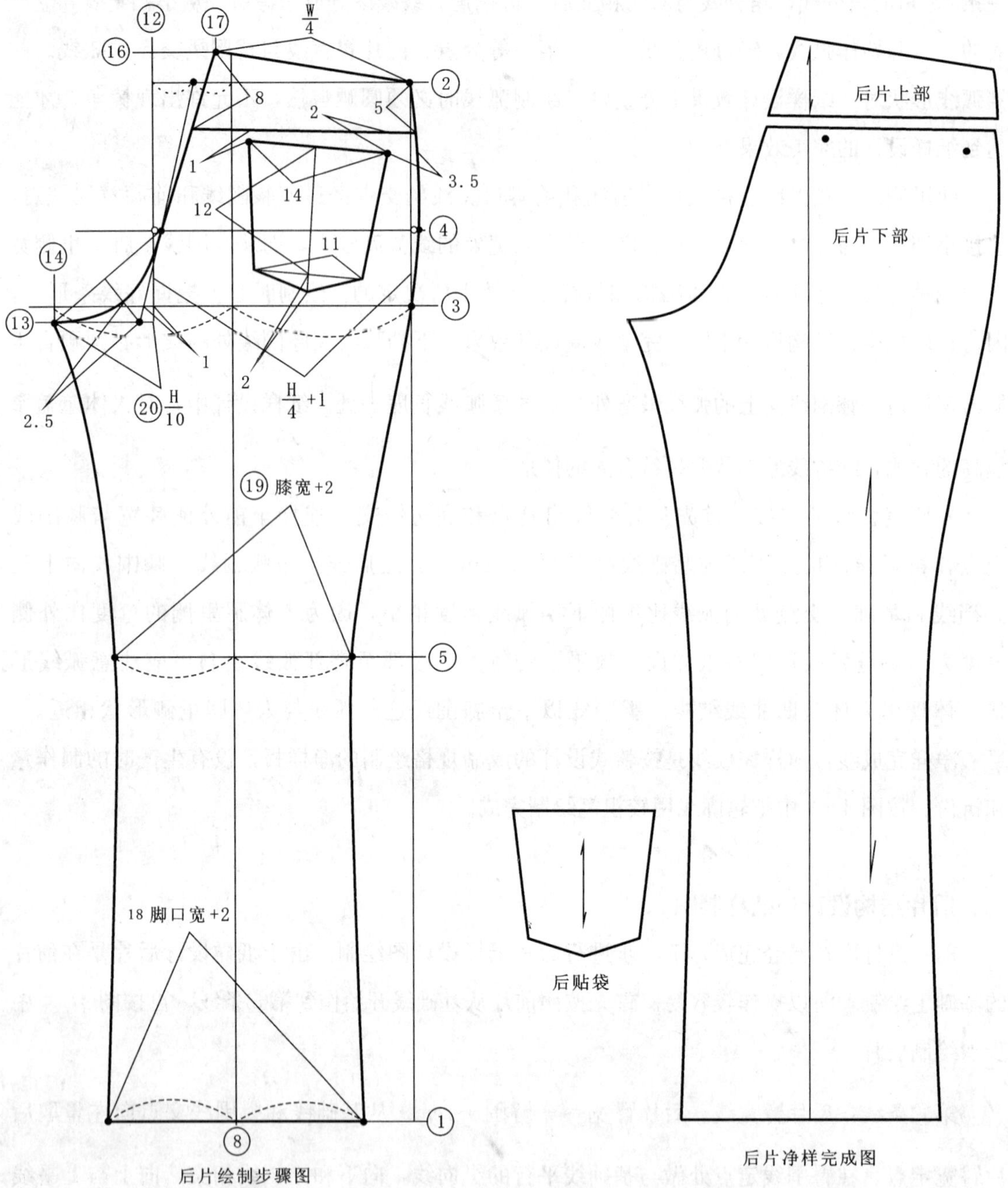

后片绘制步骤图

后片净样完成图

图 4-4 裤子后片纸样绘图

第⑬条线：后落裆线。后落裆线是从立裆线垂直向下量取 1.5cm 作与立裆线平行的横向线。后落裆线按立裆线向下移动一定量设计基于两点：一是根据人体裆底部形状，因为前裆弯势比较平缓，而后裆弯势比前裆弯势大并向下倾斜；二是为了调节前片下裆弧线和后下裆弧线长度的差值，使在生产缝制过程中前片下裆缝与后片下裆缝长度基本吻合。后落裆量要根据前、后片下裆弧线长度的差量和人体的舒适度和面料的力学性能确定。前、后片下裆弧线间差量越大，后落裆量越大，反之越小；面料较厚，后落裆量越大，反之越小。一般前、后片下裆弧线净份差量厚料约为 1cm，中厚料约为 0.7cm，薄料约为 0.5cm。上述差量是利用面料的力学性能，和通过推、归、拔、烫服装制作工艺来完成，达到人体舒适度的要求。

第⑭条线：大裆宽线。大裆宽＝$\frac{1}{10}$臀围。从立裆线和后片臀宽线向左量取大裆宽，作一条与立裆线垂直的纵向线与后落裆线相交。大裆宽和小裆宽总和是根据臀围进行推算，一般采用$\frac{13}{100}$臀围、$\frac{14}{100}$臀围、$\frac{15}{100}$臀围、$\frac{16}{100}$臀围。不同的设计可采用不同比例，比例越小，横裆越小。人体遮盖率较高，面料弹性大的结构设计采用的比例小；人体遮盖率低、宽松的造型，弹性小的面料，采用较大的比例。人体后裆宽大于前裆宽，大、小裆宽比例即前、后裆比例，用这种方式计算大裆宽，是根据人体结构比例关系与人体活动量而设计，人体通常向前活动量大于向后活动量；也是里裆缝位置的需要。大裆宽的设计与形成，是纸样设计中立体造型构思的一种体现。大裆宽、小裆宽是人体裆部的厚度。从大裆宽与小裆宽比例计算出，大裆宽约是 2.5 倍小裆宽度。由于设计效果不同，同样的臀围其大裆宽、小裆宽及横裆都会改变。在结构设计中，可以根据不同的设计效果对大、小裆宽进行调整。

第⑮条线：后片裤中线。后片裤中线在$\frac{1}{2}$（后片臀宽＋大裆宽）。在立裆线上定点作一条和底边线及上平线垂直相交，与基础线平行的纵线。后片裤中线必须与基础线平行，它是成品整理熨烫定型的位置线，也是纵向的标志、横向的依据。如果裤中线没有与基础线平行，没有和横向线垂直，纸样设计预想效果就会改变或造成产品质量事故。由于裤中线有误还会造成条格面料条格倾斜。

第⑯条线：后翘。后翘的高度设定为 2～3.5cm，从上平线垂直向上量取后翘高作一条与上平线平行的横线。后翘高度数据是根根人体活动时向前运动量较大和向前运动方便而设定。人体向前弯曲活动需要的余量约为 2～3.5cm，在裤子结构设计中如果没有这个量，人体向前弯曲的活动会受到制约。根据设计原理和人体运动规律，把成年女裤后翘高度设为 2～3.5cm，一般款式纸样设计效果都较理想。

纸样设计时考虑的因素是年龄、职业、裤子功能和款式效果。如 A 型裤后翘高度应设计小一些，因为 A 型裤适合年轻人和中年人穿，所以后翘高度小一些，使女性臀部美感得到展示。又如 Y 型女裤，适合年龄较长的人群穿用，因为这种裤型臀围设计宽松，脚口宽设计稍窄，后翘高设计大一些，身体活动非常方便。所以，应根据我国女子体形结构比例和参与社会活动规律，设计合理的后翘高。

第⑰条线：后片腰宽。后片腰宽＝$\frac{1}{4}$腰围。从上平线与基础线交点向左量取$\frac{1}{4}$腰围定点，作一条与上平线垂直的纵线。可以根根设计需要确定定点位置，此点可左右移动来调节臀围与腰围差量的平衡，是结构设计中省量设计的一种形式，也是对侧缝设计处理的一种方式。这个数据可以根据臀围、腰围差及侧缝和前裆腰部弧线设计形状进行调整。

第⑱条：后片脚口宽。后片脚口宽＝脚口宽＋2cm。以裤中线与底边线交点为中心，在底边线与裤中线交点分别向左、右各量取$\frac{1}{2}$后脚口宽定点，两点之间距离为后脚口宽。底边线上以裤中线为中心分别向左、向右量取相同的规格，否则产品就会出现质量问题。后片脚口宽的这种计算方式，为了使后片脚口宽大于前片脚口宽，纸样设计者可根据设计效果确定前、后片脚口宽的比例分配。

第⑲条线：后片膝宽。后片膝宽＝膝宽＋2cm。以裤中线与膝围线交点为中心点，在膝围线上分别向左、右各量取$\frac{1}{2}$后膝宽定点。以裤中线为中心点向左、右分别量取相等规格，否则会造成产品拧腿和整烫时裤中线扭曲。采取前片膝宽＝膝宽－2cm，后片膝宽＝膝宽＋2cm，是为了调整前、后膝宽的比例，使前片膝宽小于后片膝宽，是基于人体结构及活动量和侧缝位置设计的需要，也是为了结构设计整体协调统一。

第⑳条线：后裆斜线。首先在上平线上把裤中线至后片臀宽线的直线长度二等分，在上平线确定$\frac{1}{2}$处位置定点，从此点连接后片臀宽线与后落裆线交点向左量取0.5cm的点，作一条斜线。后裆斜线的倾斜角度是根据人体结构原理而设计。臀围越大，腰围与臀围之间的差越大，后裆斜线的斜度也随之增大。后裆斜线的斜度主要是人体后臀部与腰部凸凹起伏落差所决定。后裆斜线的倾斜度也是省量设计的一种形式。我们日常穿用的运动裤和内裤，腰部用松紧带处理了腰、臀之间的落差，所以松紧带式运动裤的后裆斜度设计与一般裤子不同。

后片纸样参考线绘制完成。下一步按照图4－4中所标的点连接，绘制净样完成图。后片轮廓线的绘制可分为后裆弧线、外侧缝弧线、里侧缝下裆弧线、后腰口斜线和脚口直线四个步骤。

弧线完成线首先从大裆宽线与后落裆线的交点开始，经过大裆处角分线2.5cm点连接臀围线与后裆斜线交点作一弧线，再与后片腰宽线与后翘高线交点连接作弧线。大裆弧线形状是按照人体裆底部形状所绘制，只有对人体裆部形状有了正确理解，才能把大裆弧线形状绘制正确。从臀围线与后裆斜线交点和后片腰宽、后翘高点连接作弧线时，把弧度主要绘制在与臀围线邻近的部位。这种纸样绘制方法加大了臀围线以上倾斜度，增强了女裤腰口后部与人体后腰部更服帖的效果。外侧缝弧线的连接首先是从外侧脚口宽点与外侧膝宽点连接，作此线时，把弧度放在膝围线邻近位置。从外侧膝宽点与立裆线和基础线交点连接作成弧线，这个部位外侧缝弧线的弧度小于里侧缝下裆线弧度。再从立裆线与基础线交点通过臀围线定点处与上平线和基础线交点连接，绘制这段弧线时要结合人体臀围与腰围之间所构成的形状绘制。总之，纸样设计中对人体遮盖率越高的女裤，结构线组合的形状要求与人体吻合率越高。A 型女裤是对人体遮盖率较高的结构设计，线条形状就需要非常严谨与细致。

脚口、腰口直线的连接。脚口是将底边线左右两个脚口宽点连接作一条直线即可。腰口是将上平线外侧缝弧线与后翘高度线和后片腰宽线交点连接即可。

第二节　女裤局部结构设计

一、前袋结构设计

从图 4 - 3 中可看出，前袋为内装袋，袋口为弧线形，袋口上宽为 11cm ，袋口侧深为 6cm。袋口宽与袋口深设计基于三点：一是这两个规格构成了近似比例中的黄金分割，黄金分割比例为 1∶1.68，用黄金分割律进行结构比例设计是理想的比例美，达到了结构设计的装饰功能。二是袋口宽和深以及袋口弧线结构。实用功能，可以很方便地从口袋中把所装物品取出，这是袋口结构设计的实用功能；三是前袋口宽一般不超过裤中线。因为产品后期整理熨烫裤中线时，若袋口宽超过裤中线，由于面料厚度增加将加大生产操作的难度及影响结构设计装饰效果。

二、后袋结构设计

从图 4 - 4 中可看出，后袋采用了外贴袋，口袋宽 13cm，袋深 13cm。口袋规格、形状设计有其实用功能与装饰功能，可以根据不同设计效果设计不同的口袋规格和形状。

后袋位置设计：后袋位置一般不能超过裤中线，不能把后袋位置设计得与裤中线太近，一般约距裤中线 2cm。口袋上边距后断缝约 2cm 较理想，因为此高度手臂活动较适宜。

三、断缝、门襟、襻带结构设计

后片断缝左、右规格比例是根据黄金分割律而定。后片断缝在结构设计时可根据设计效果决定断缝形状和断缝位置。结构设计中各种断缝设计十分关键，断缝对人体进行夸张与调节。

前门襟分为上襟和下襟，在图 4－3 中有制作介绍。上襟长度和宽度必须小于下襟，下襟成品规格必须以遮盖上襟为原则。可以根据不同的设计确定门襟的长宽及形状。

襻带按图 4－3 制作。襻带设计除有实用功能外，还有装饰功能。

四、省量结构设计

（一）双省设计

前片腰口双省量一般为 5cm 较理想。剩余部分在前裆腰部和外侧缝处利用收势处理。后片腰口双省量一般为 3cm 较合适，剩余部分在后裆斜势和后片外侧缝处处理（图 4－5）。

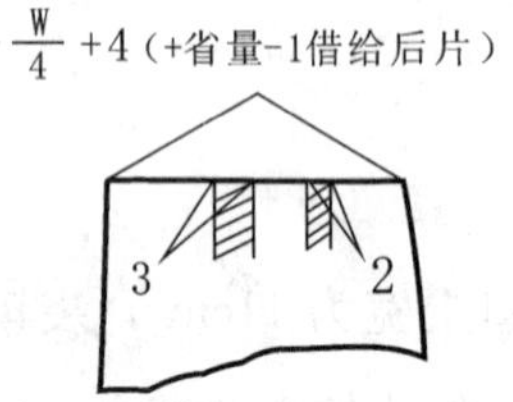

前片双省结构设计图

后片双省结构设计图

双省工艺效果图

图 4－5　女裤双省设计

（二）单省设计

前片腰口单省量一般为 3cm 较理想。剩余部分在前裆腰部和外侧缝处利用收势处理。后片腰口单省量一般为 2cm 较合适，剩余部分在后裆斜势和后片外侧缝处处理（图 4－6）。

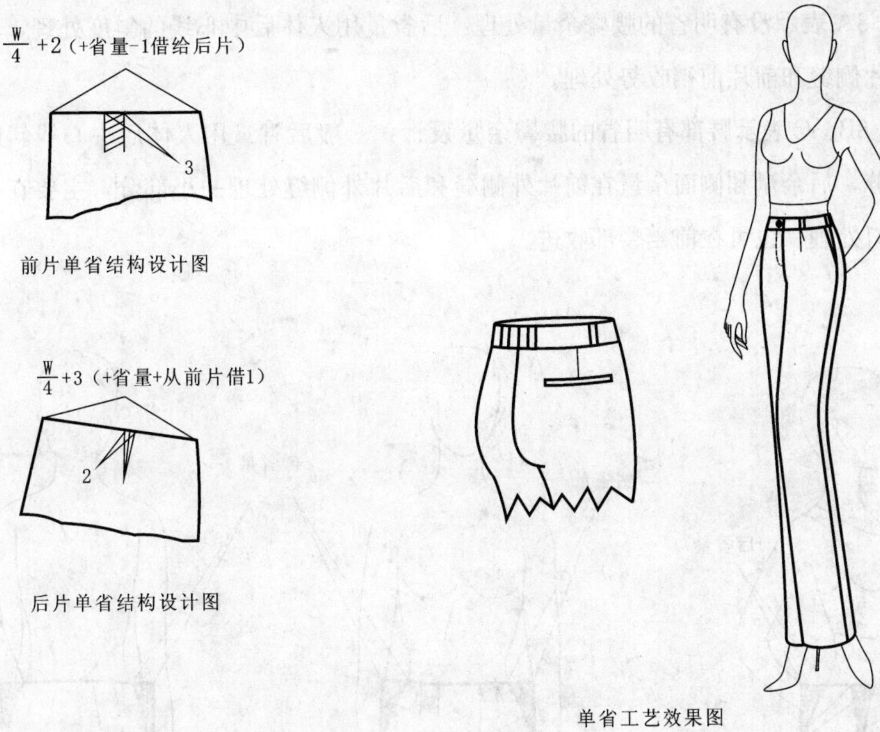

图 4-6　女裤单省设计

（三）省量形成与设计

从图 4-7 中可以从不同方向观察到臀围与腰围所形成的差量，这个差量也称为余量或省量，只有把余量正确地处理去掉，裤子从臀部至腰部才能与人体服帖。图中臀围与腰围之间构成圆台状，灰色部分为腰臀差量，如果不把图中灰色部分处理去掉，腰臀间形成的是直筒型口袋，去掉后则服帖人体。省量的设计可以用明省设计，也可以用收势及其他的设计来处理。

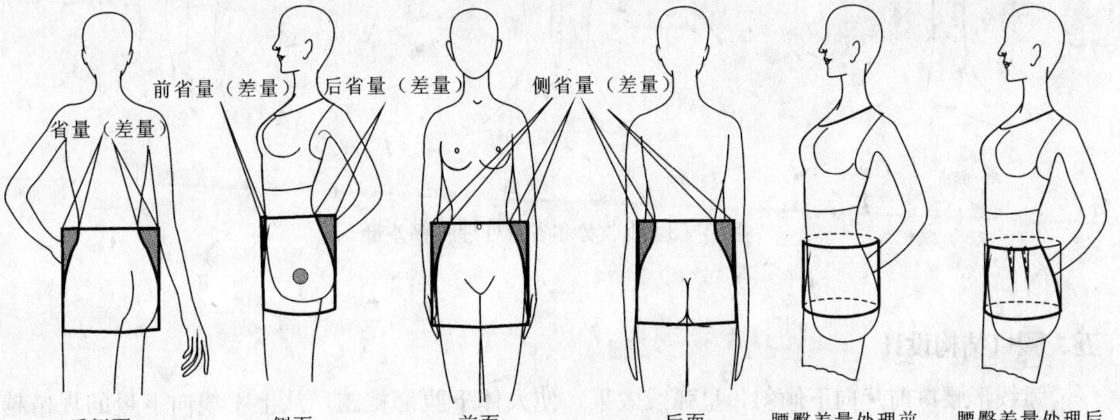

图 4-7　省量形成与设计

图 4－8A 表示没有明省的腰臀余量处理：后省量用人体后中心线的斜度处理，侧面余量用前、后片侧缝和前片前裆收势处理。

图 4－8B、C 表示腰部有明省的腰臀余量设计：一般后省量用人体后中心线斜度处理余量的一部分，后余量和侧面余量在前片外侧缝和后片外侧缝处理一小部分，主要在前片腰口和后片腰口处理，也可在前裆腰部收进。

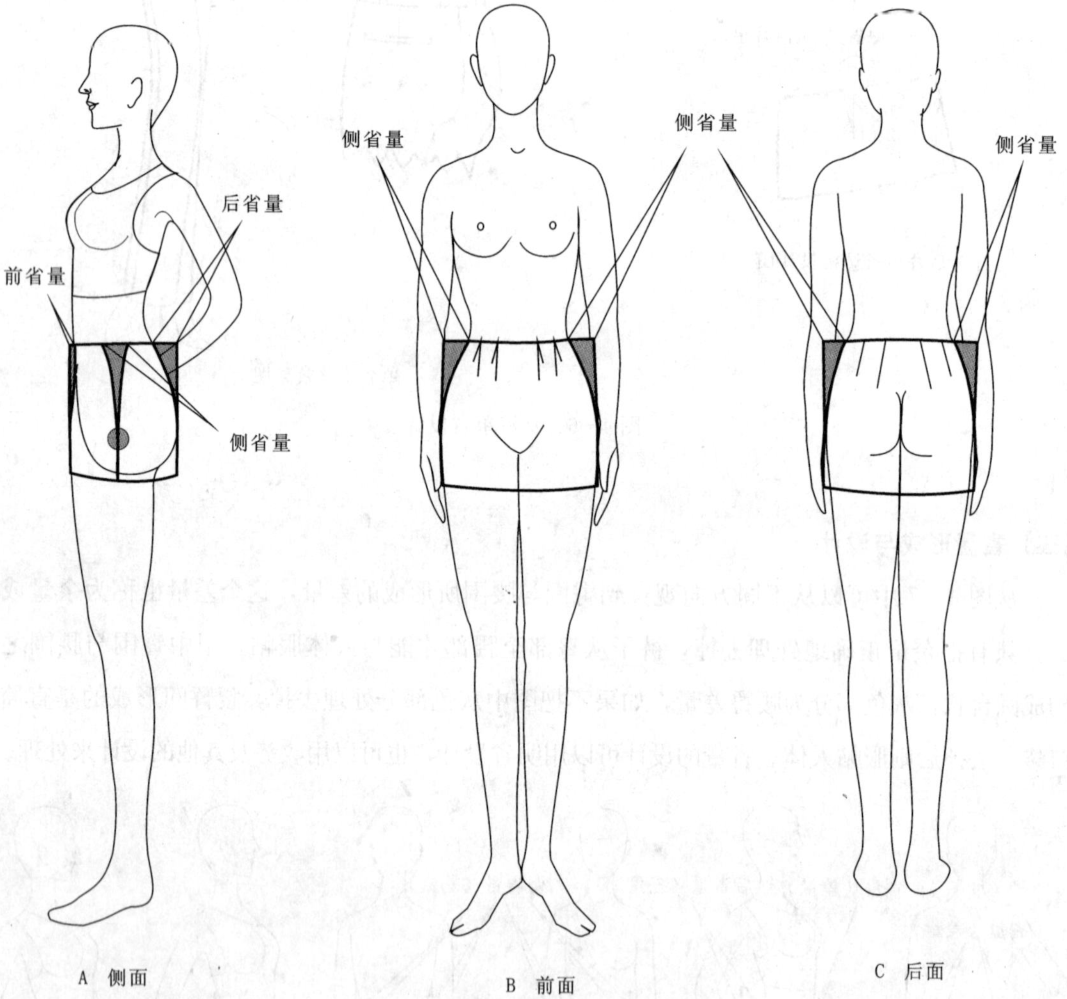

图 4－8 用收势和省量处理腰臀差量

五、腰口结构设计

弧线形腰口前片向下倾斜，呈弧线效果，使人体下腹部袒露，从上平线向下量的规格越大，腹部袒露越多，前裆弧长变短，而后裆弧长不变，适合青年女性。直线形腰口则腰部较平服（图 4－9）。

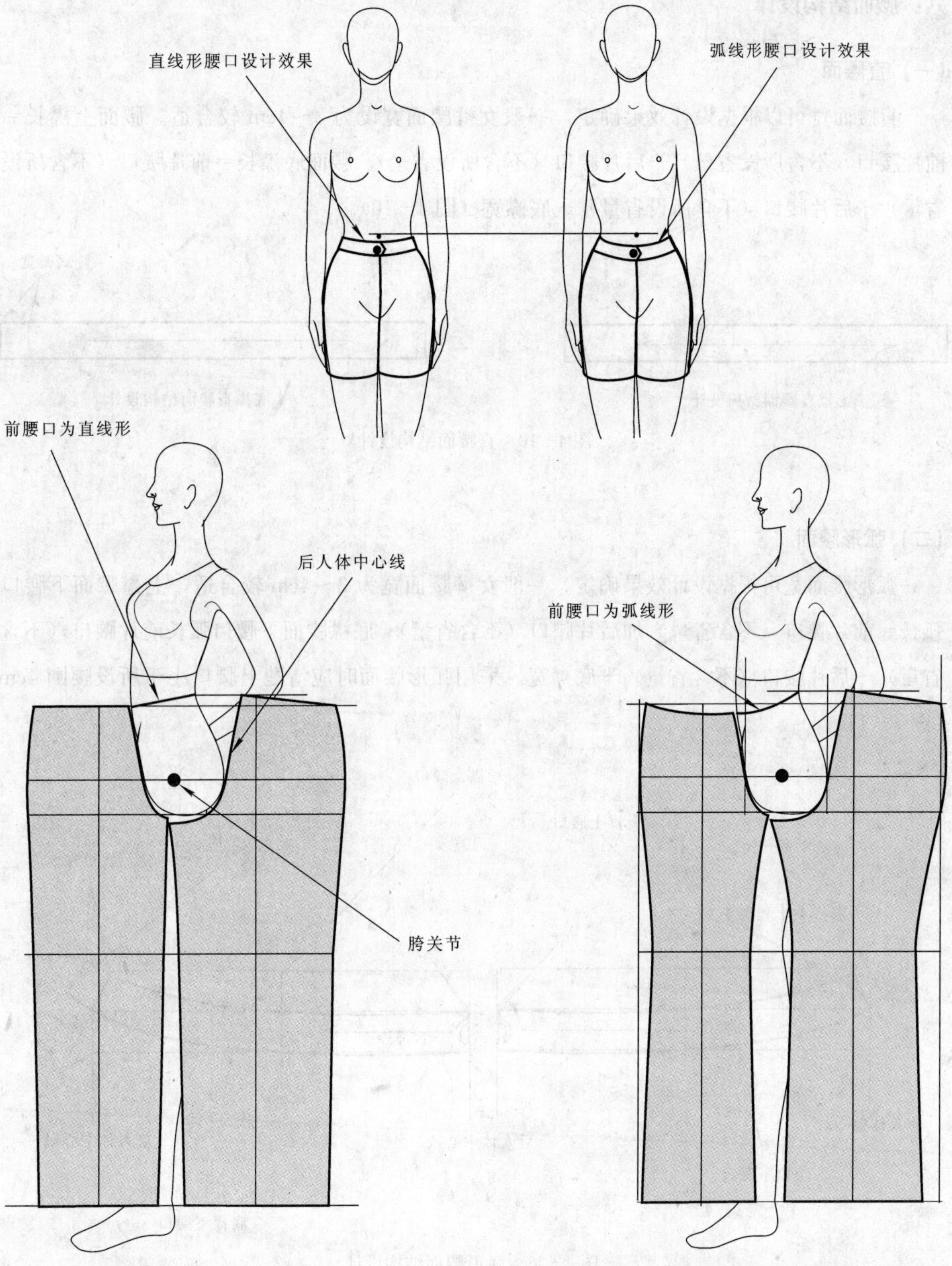

图 4－9　女裤腰口纸样设计与人体关系

六、腰面结构设计

(一) 直腰面

直腰面宽可以根据设计效果确定，一般女裤腰面宽设为 3～4cm 较合适。腰面上襟长＝前片腰口（不含所设省量）＋后片腰口（不含所设省量）。腰面底襟长＝前片腰口（不含所设省量）＋后片腰口（不含所设省量）＋底襟宽（图 4－10）。

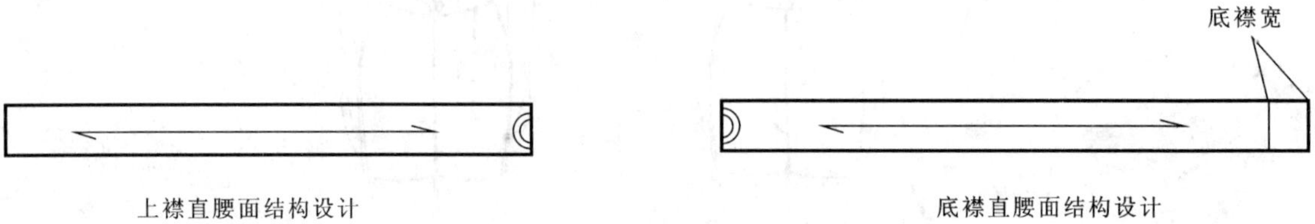

图 4－10　直腰面结构设计

(二) 弧形腰面

弧形腰面宽可根据设计效果确定，一般女裤腰面宽为 3～4cm 较合适，上襟腰面下腰口弧长＝前片腰口（不含省量）加后片腰口（不含省量）。底襟腰面下腰口弧长前片腰口（不含省量）＋后片腰口（不含省量）＋底襟宽。采用弧形腰面时应清楚上腰口小于所设腰围 4cm（图 4－11）。

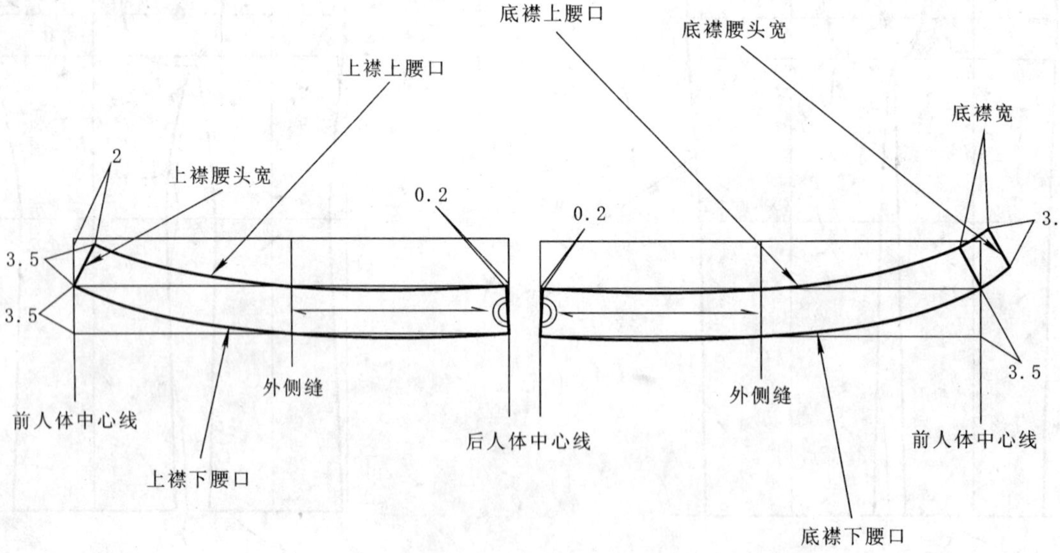

图 4－11　弧形腰面结构设计

第五章　女裤工艺效果图与纸样制图实例

第一节　A 型裤纸样制图实例

A 型裤有弧形腰口设计，有直线形腰口设计。由于两种结构设计方法不同，所以选取的腰面也不同。弧形腰口选用弧形腰面，直线形腰口选用直线形腰面。直线形腰面有两种：一种是后片中心线有断缝；另一种没有断缝，可以根据不同需要选取。本节纸样设计中裤长都是按长裤制图，如果要改变裤长，要重新确定膝围线高，因为非长裤按长裤确定膝围线高会造成误差。A 型裤纸样设计实例见图 5-1～图 5-24。

01 款结构设计图、工艺效果图

成品规格表　　　号型：170/73　　　单位：cm

部位	裤长	臀围	腰围	立裆	膝宽	脚口宽
规格	105	98	78	25	20	24

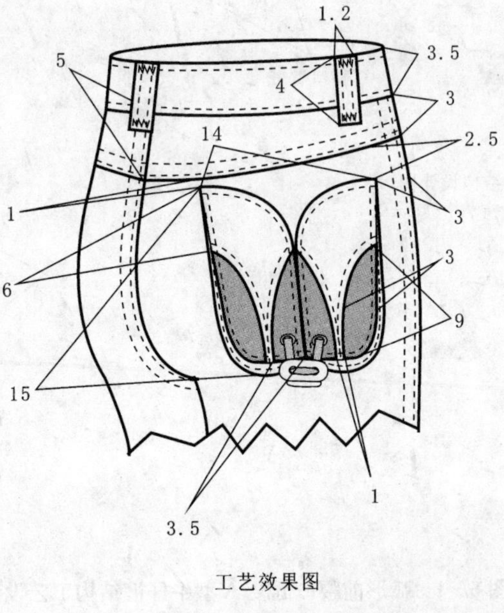

工艺效果图

图 5-1　弧形前腰口低腰 A 型牛仔裤结构工艺设计

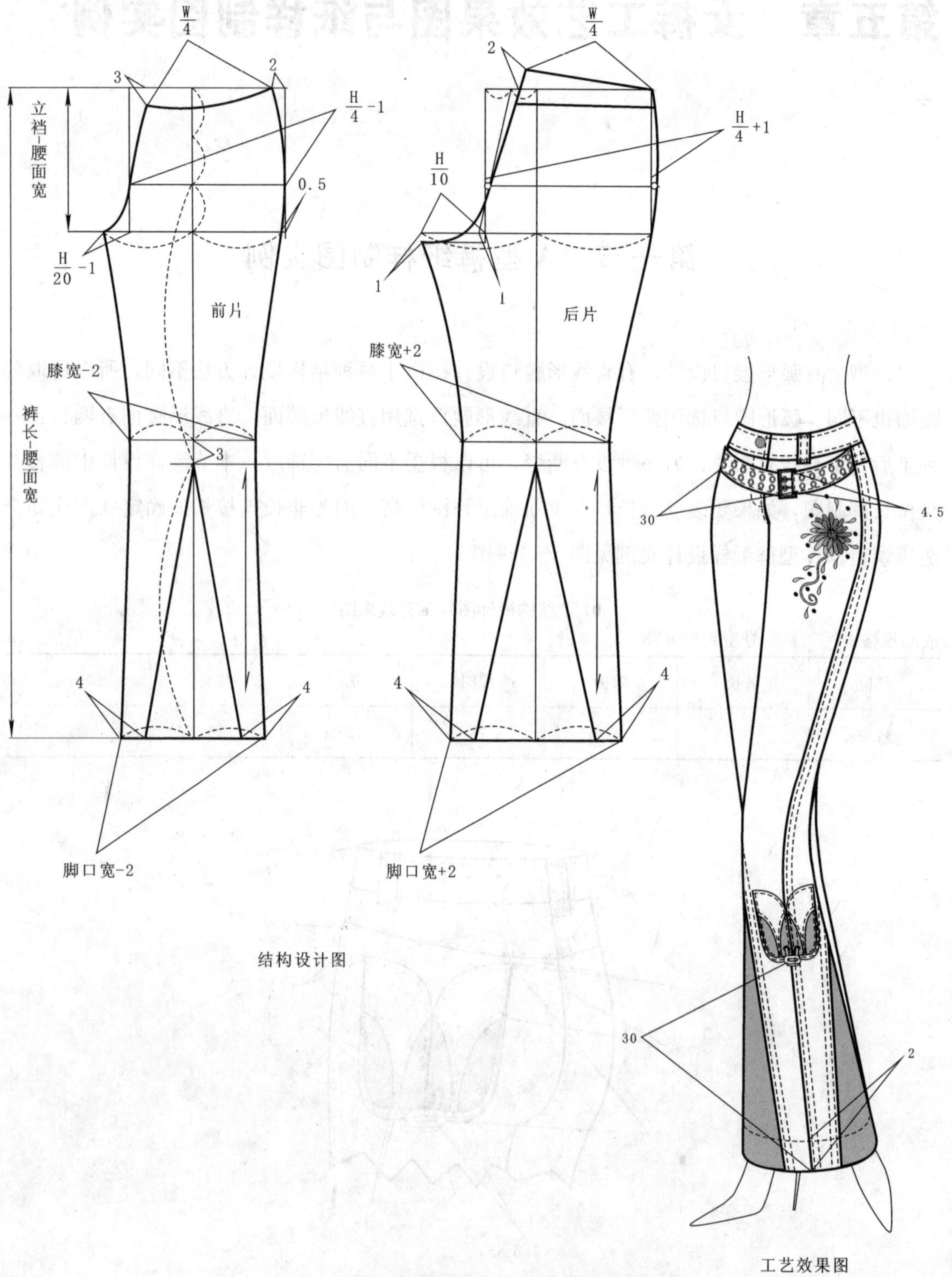

结构设计图

工艺效果图

图 5-1　弧形前腰口低腰 A 型牛仔裤结构工艺设计

02 款结构设计图、工艺效果图

成品规格表　　号型：170/73　　单位：cm

部位	裤长	臀围	腰围	立裆	膝宽	脚口宽
规格	105	100	78	25	20	24

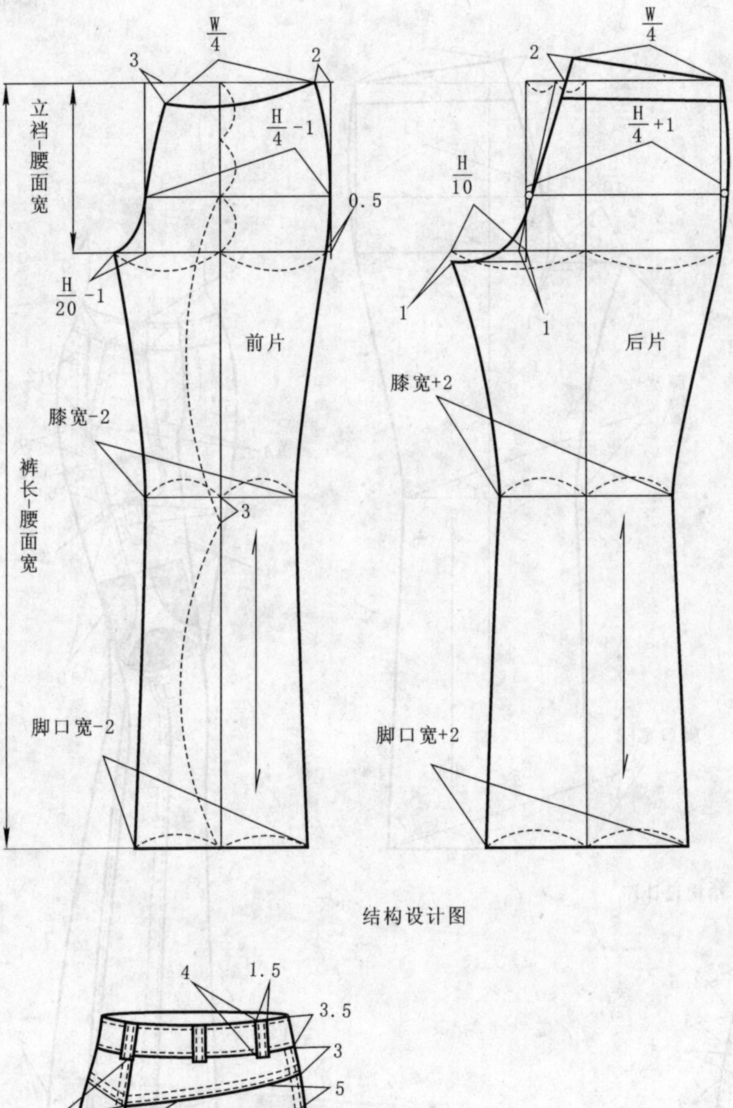

结构设计图

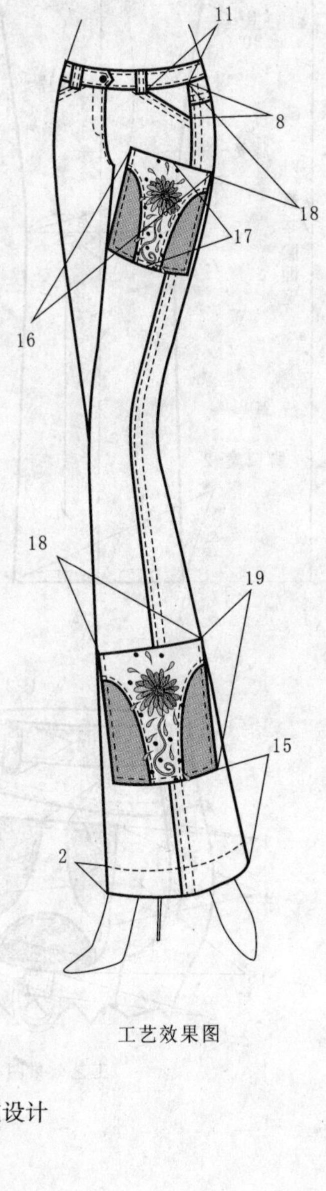

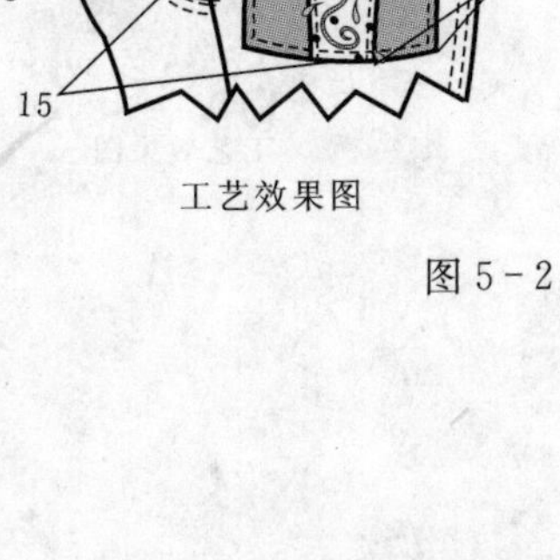

工艺效果图

工艺效果图

图 5-2　弧形前腰口低腰 A 型牛仔裤结构工艺设计

03款结构设计图、工艺效果图

成品规格表　　　　号型：170/73　　　　单位：cm

部位	裤长	臀围	腰围	立裆	膝宽	脚口宽
规格	105	100	78	25	20	24

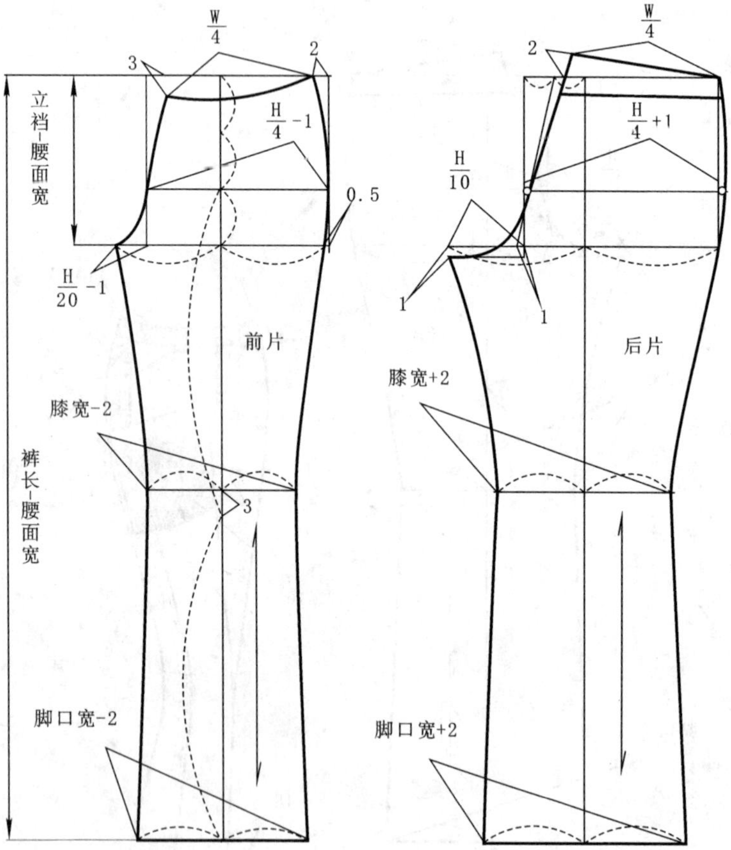

结构设计图

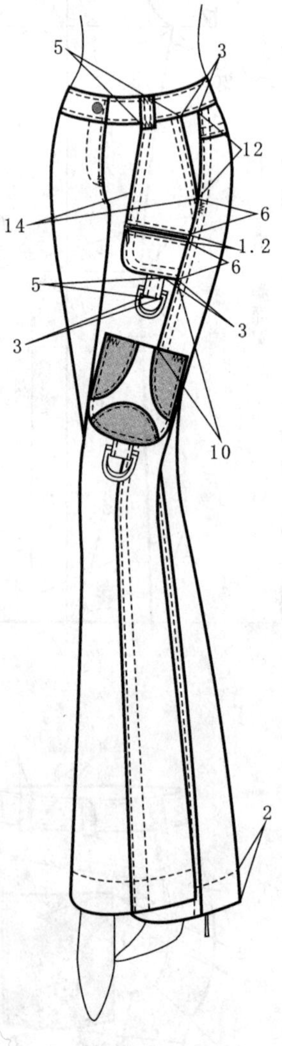

工艺效果图

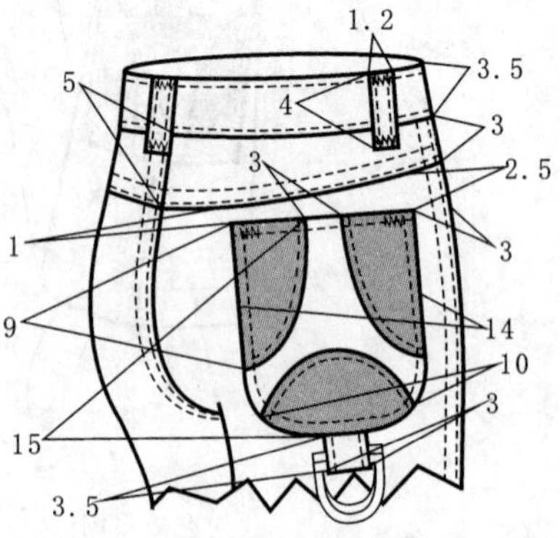

工艺效果图

图5-3　低腰A型牛仔裤结构工艺设计

04款结构设计图、工艺效果图

成品规格表　　号型：170/76　　单位：cm

部位	裤长	臀围	腰围	立裆	膝宽	脚口宽
规格	105	100	78	28	20	24

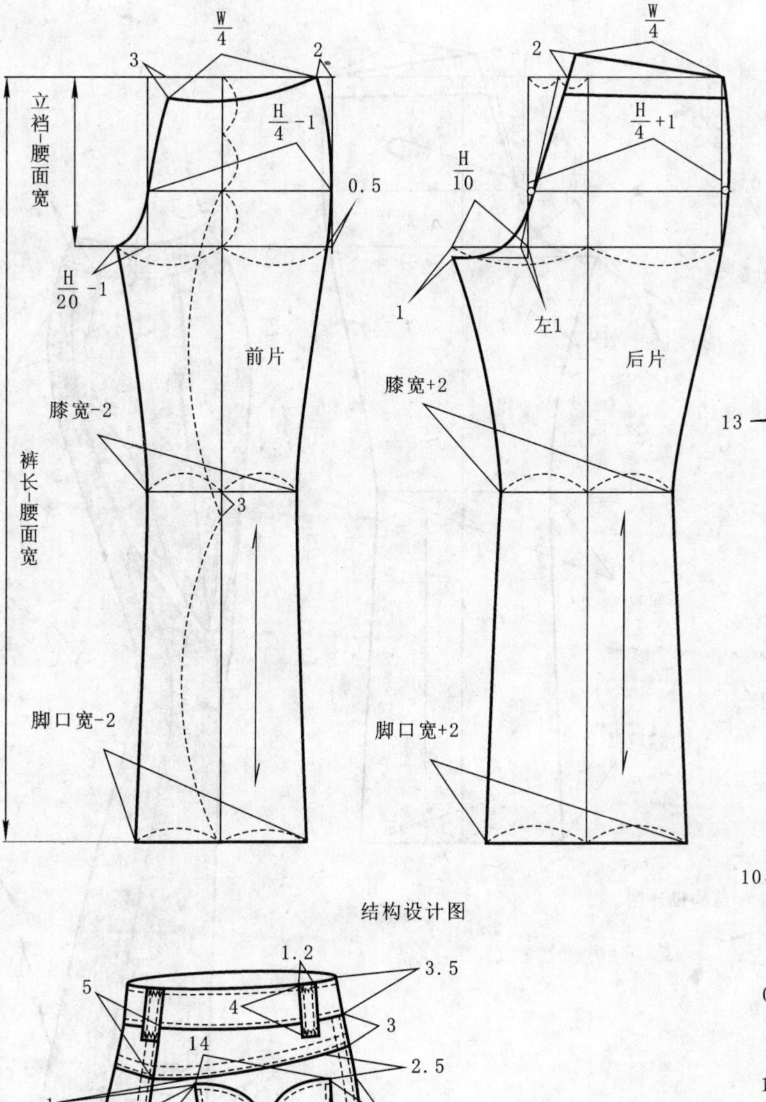

结构设计图

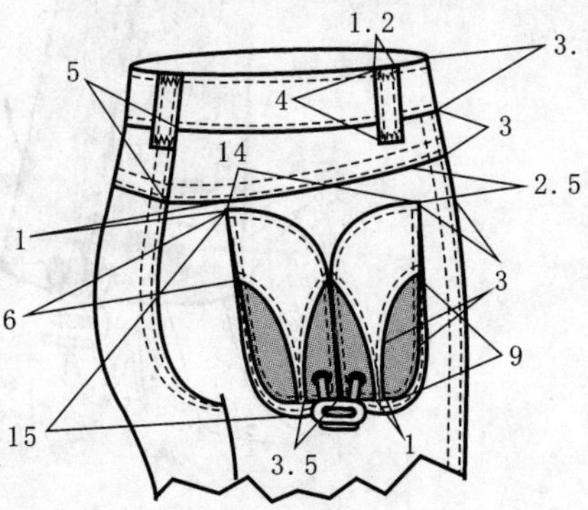

工艺效果图

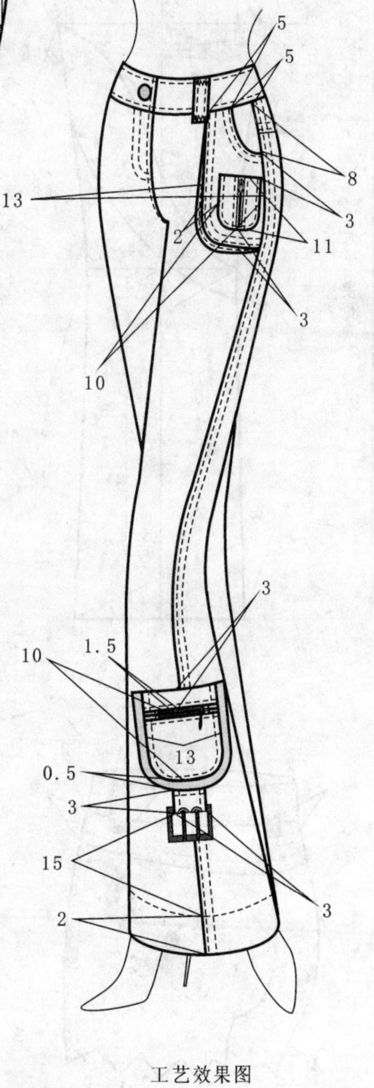

工艺效果图

图5-4　弧形前腰口A型休闲裤结构工艺设计

05 款结构设计图、工艺效果图

成品规格表　　号型：170/76　　单位：cm

部位	裤长	臀围	腰围	立裆	膝宽	脚口宽
规格	105	100	78	28	20	24

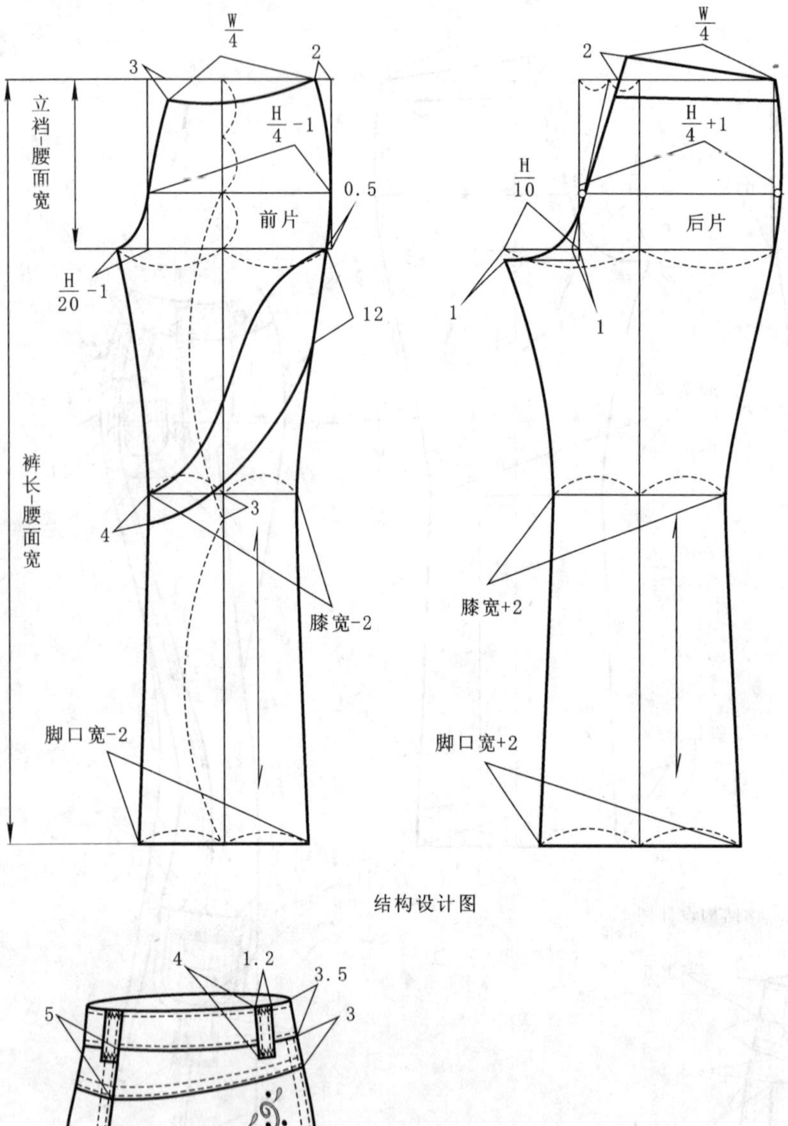

结构设计图

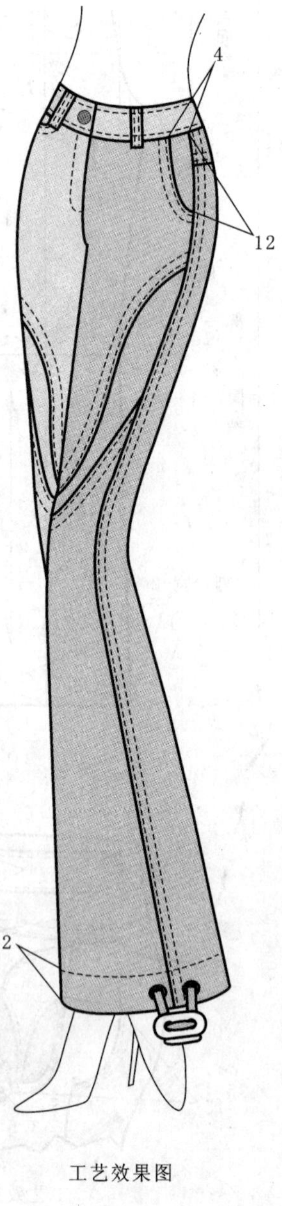

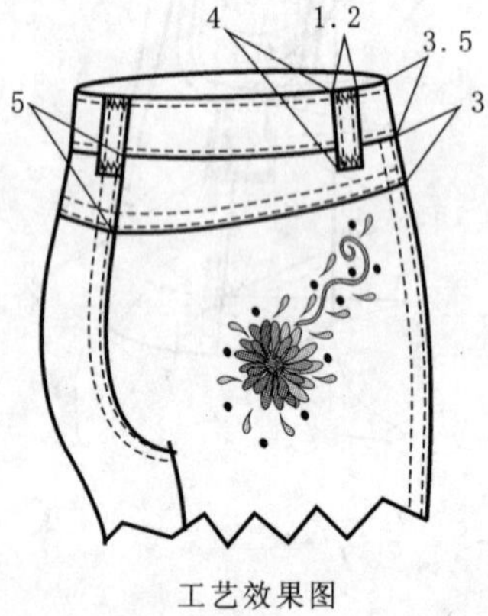

工艺效果图

工艺效果图

图 5-5　弧形前腰口 A 型休闲裤结构工艺设计

06 款结构设计图、工艺效果图

成品规格表　　号型：170/76　　单位：cm

部位	裤长	臀围	腰围	立裆	膝宽	脚口宽
规格	105	100	78	28	20	24

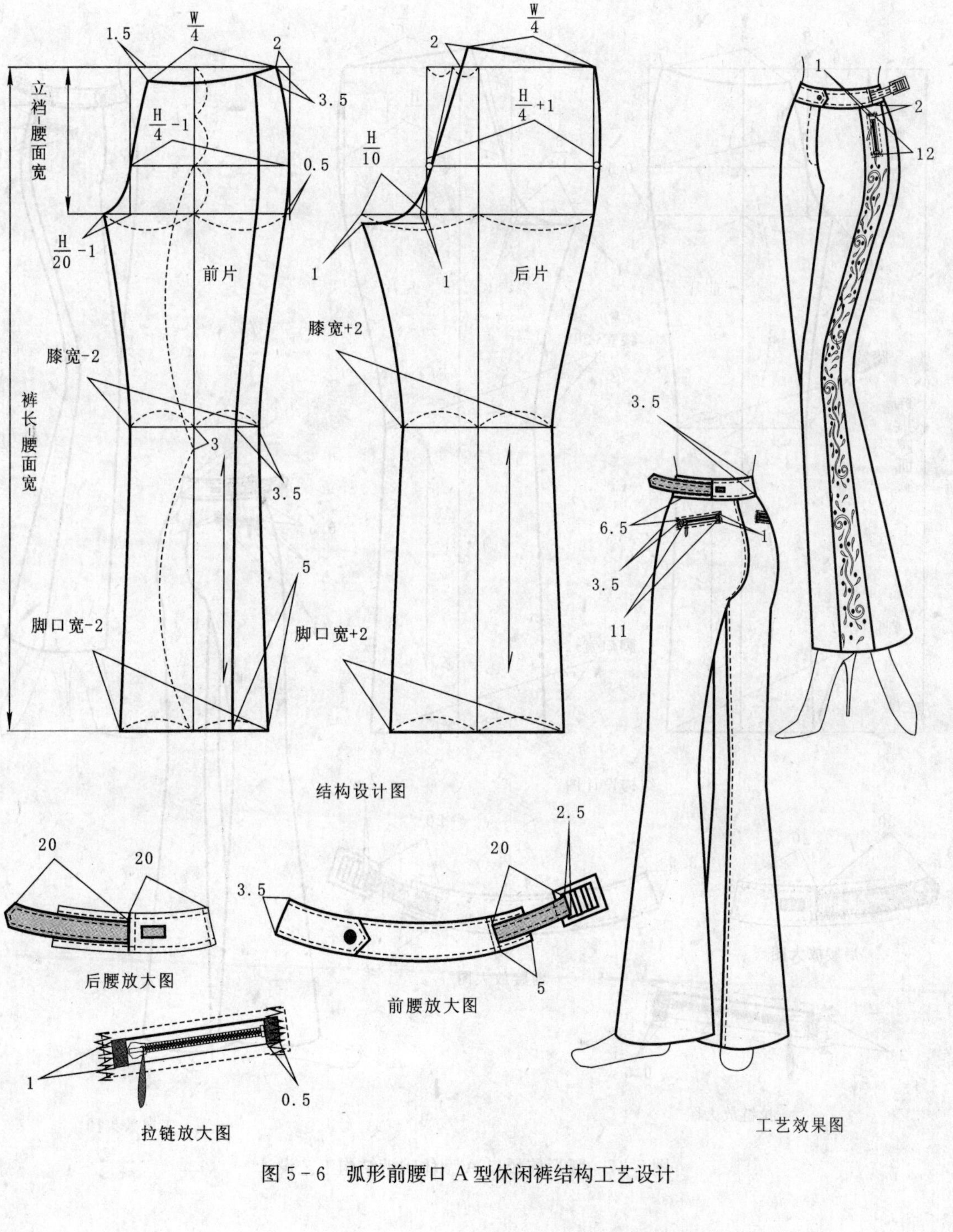

图 5－6　弧形前腰口 A 型休闲裤结构工艺设计

07款结构设计图、工艺效果图

成品规格表　　号型：170/76　　单位：cm

部位	裤长	臀围	腰围	立裆	膝宽	脚口宽
规格	105	100	78	28	20	24

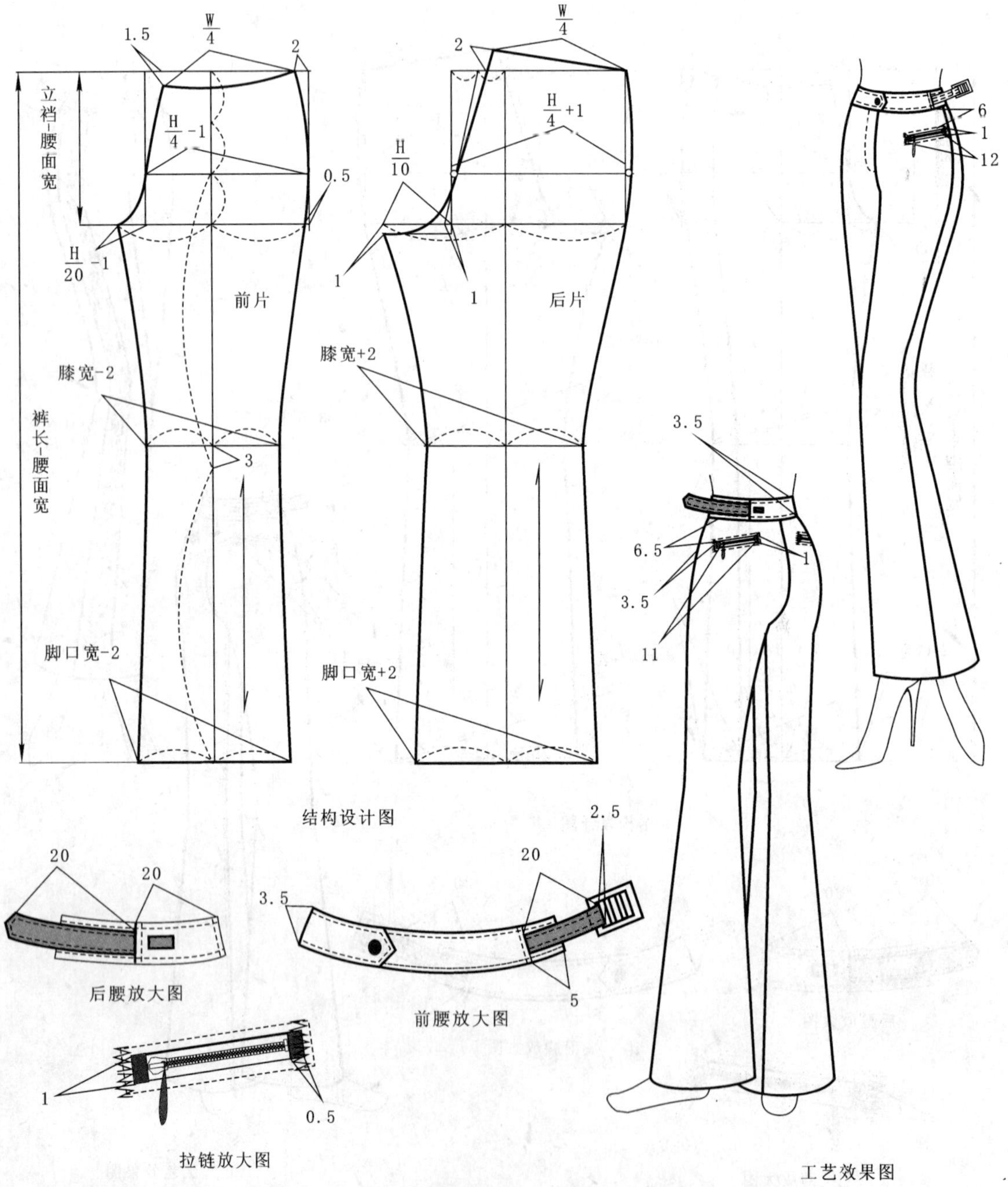

图 5-7　弧形前腰口 A 型休闲裤结构工艺设计

08 款结构设计图、工艺效果图

成品规格表　　　号型：170/76　　　　　　　　　　　　　　　　单位：cm

部位	裤长	臀围	腰围	立裆	膝宽	脚口宽
规格	105	100	78	26	20	24

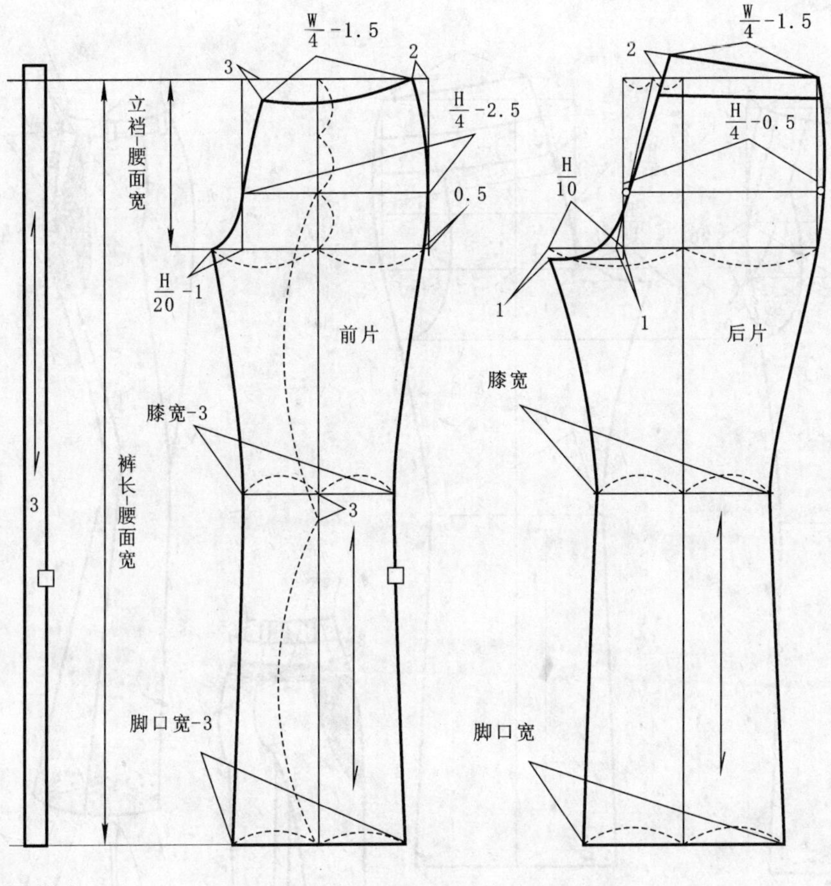

外侧缝条

结构设计图

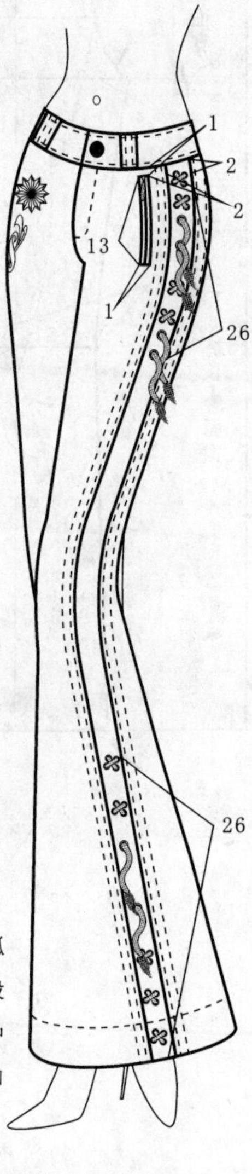

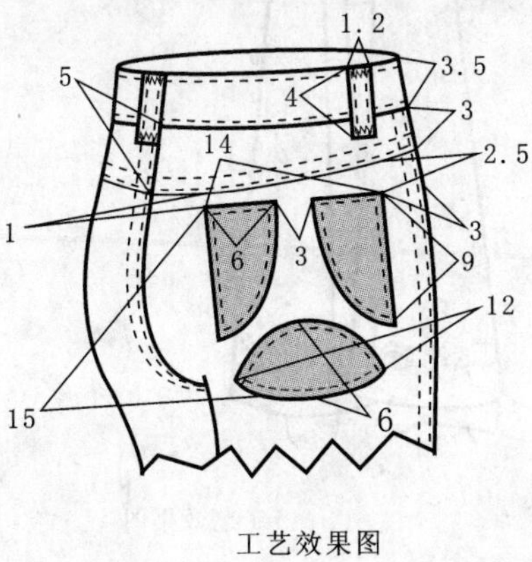

注　外侧缝拼条长等于外侧缝弧长，拼条宽为3cm。拼条宽可根据设计需要确定，拼条宽增减，结构设计图中前、后片腰围、臀围、膝围、脚口必须随之变动。

工艺效果图　　　　　　　　　　　　　　　　　工艺效果图

图 5-8　弧形腰休闲裤结构工艺设计

09 款结构设计图、工艺效果图

成品规格表　　　号型：170/73　　　单位：cm

部位	裤长	臀围	腰围	立裆	膝宽	脚口宽
规格	105	98	78	28	20	24

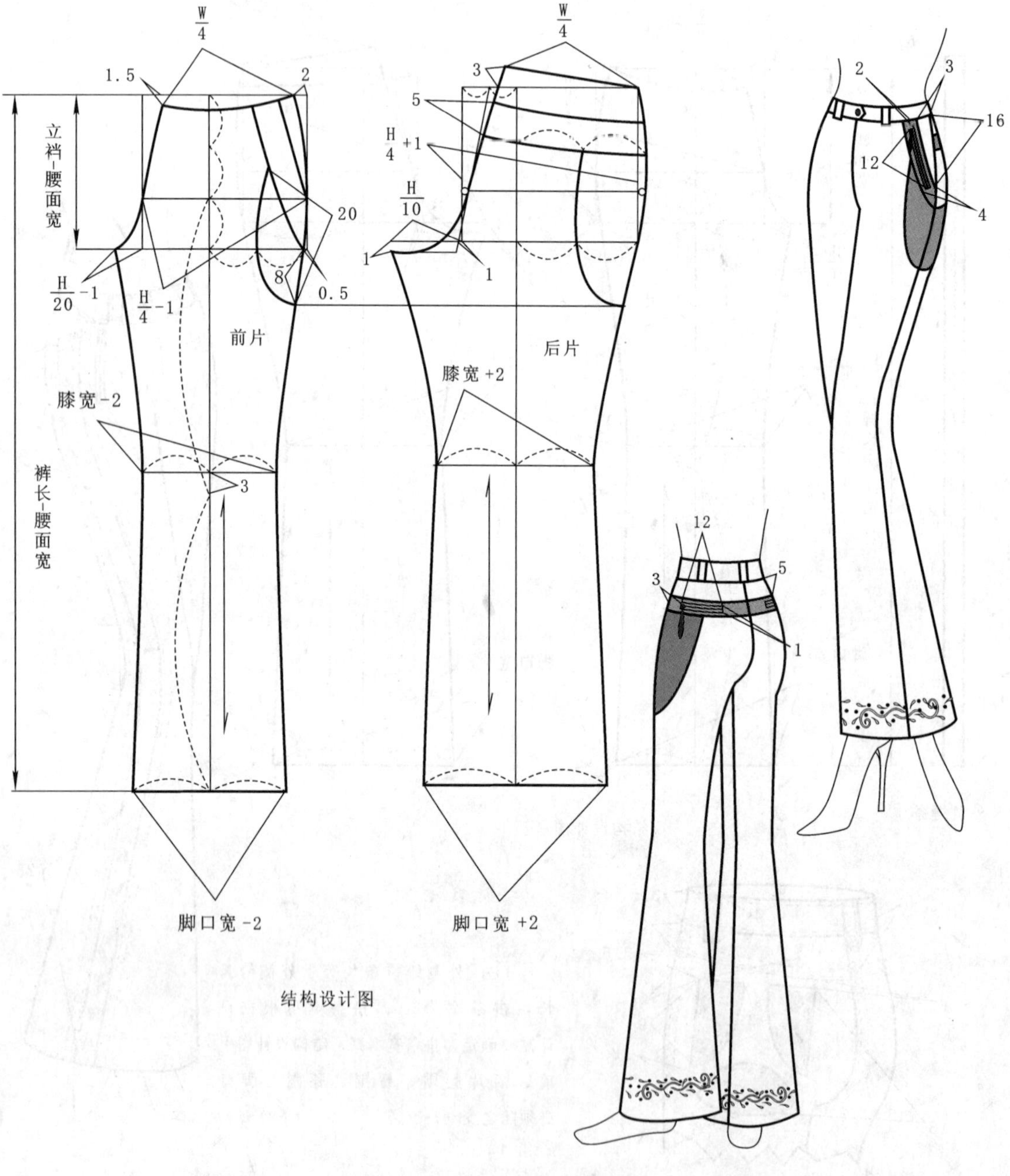

结构设计图

工艺效果图

图 5－9　弧形腰休闲裤结构工艺设计

10 款结构设计图、工艺效果图

成品规格表　　　　号型：170/76　　　　单位：cm

部位	裤长	臀围	腰围	立裆	膝宽	脚口宽
规格	105	100	80	26	20	24

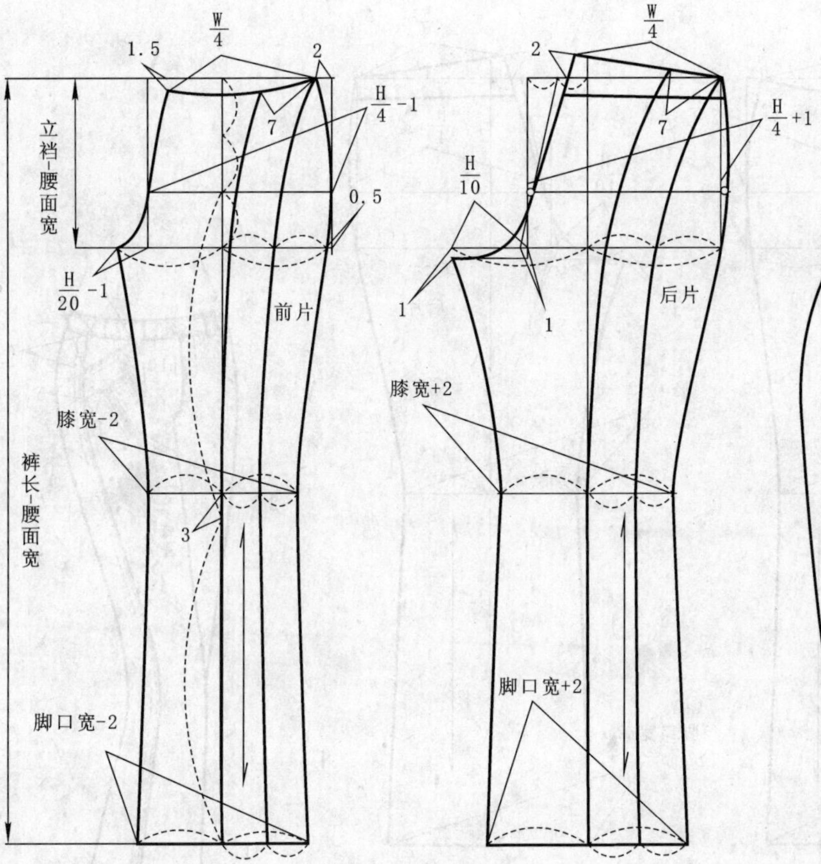

结构设计图

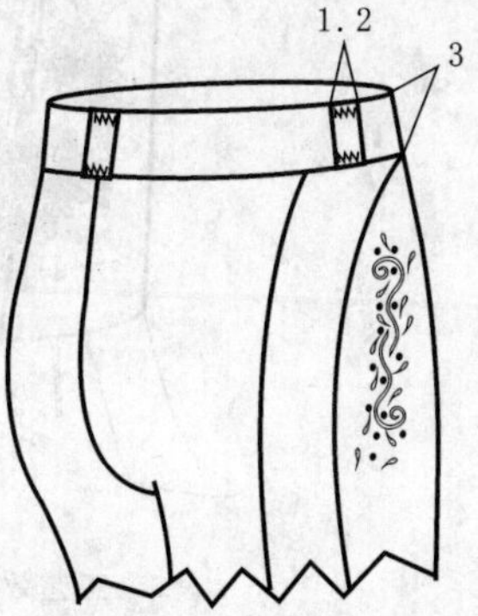

工艺效果图

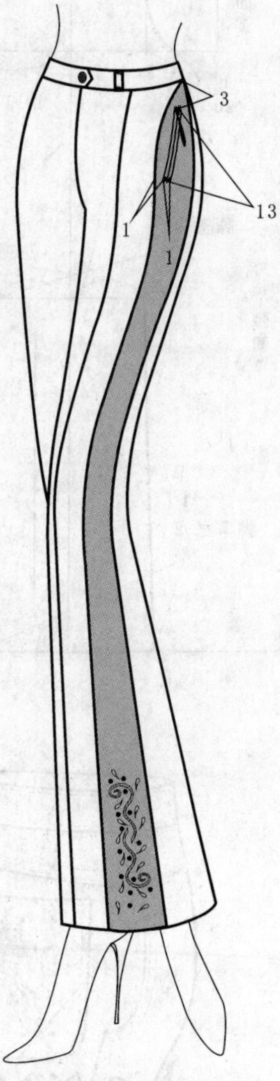

工艺效果图

图 5-10　弧形腰休闲裤结构工艺设计

11款结构设计图、工艺效果图

成品规格表　　　号型：170/76　　　单位：cm

部位	裤长	臀围	腰围	立裆	膝宽	脚口宽
规格	105	100	80	22	20	24

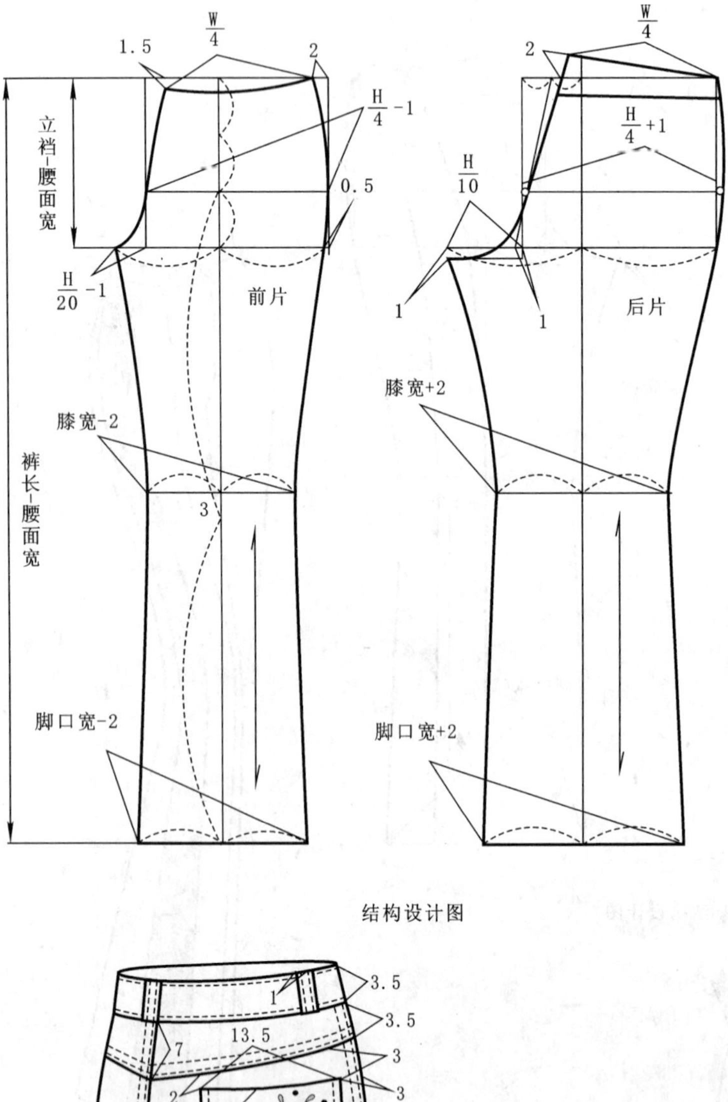

结构设计图

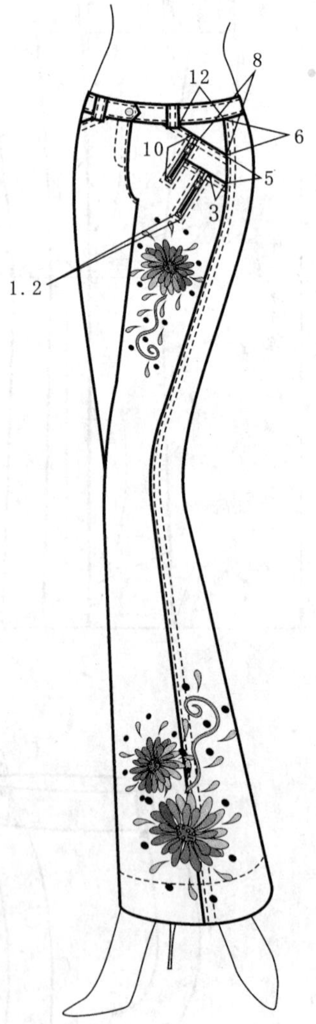

工艺效果图

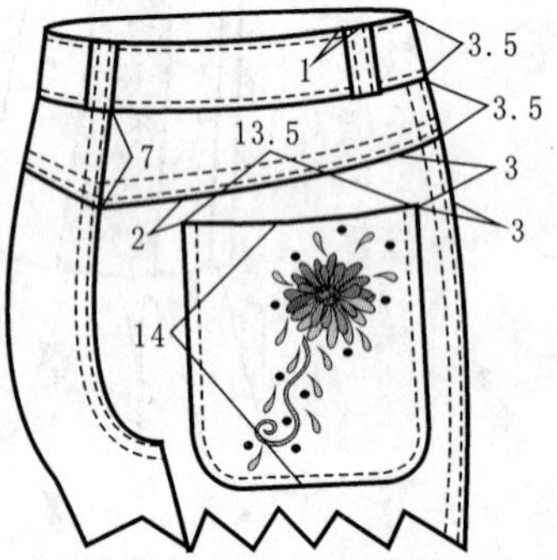

工艺效果图

图 5-11　弧形腰休闲裤结构工艺设计

12 款结构设计图、工艺效果图

成品规格表　　号型：170/76　　单位：cm

部位	裤长	臀围	腰围	立裆	膝宽	脚口宽
规格	105	100	80	26	20	24

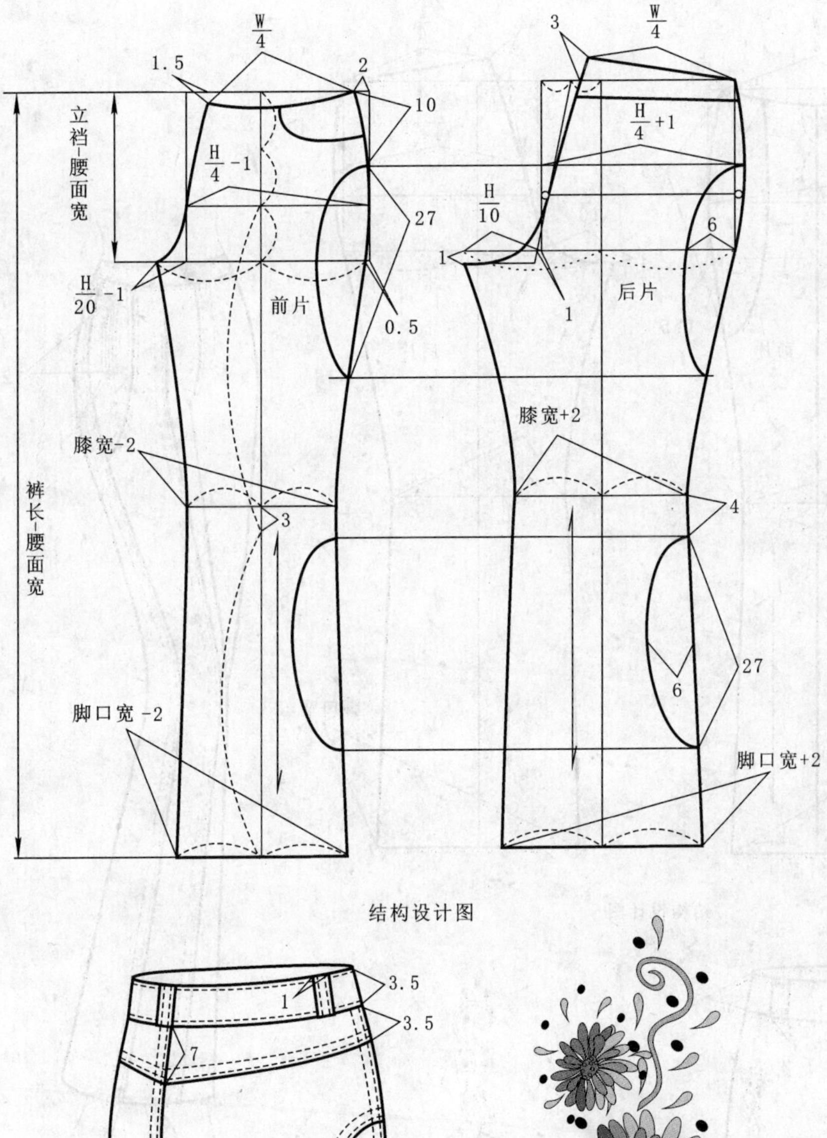

结构设计图

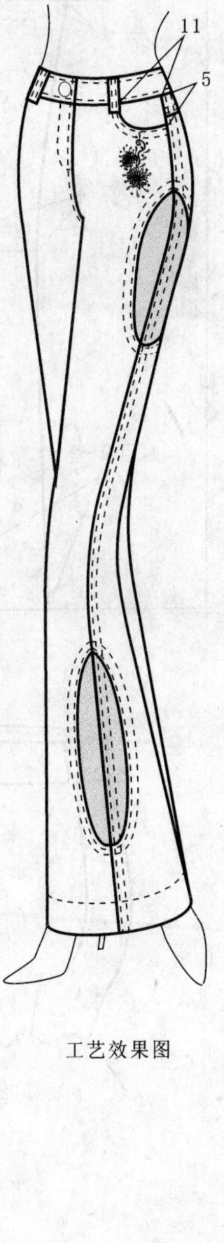

工艺效果图

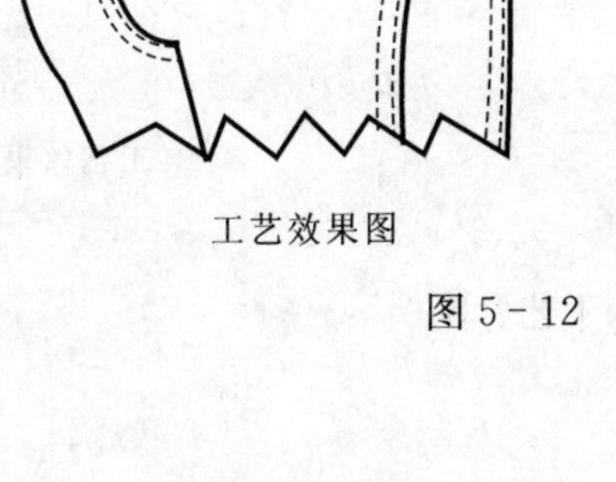

工艺效果图

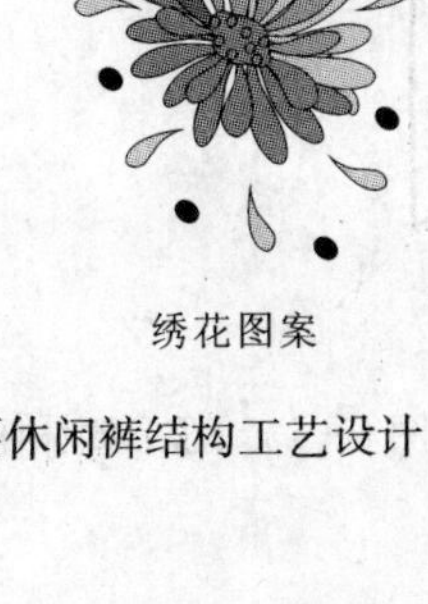

绣花图案

图 5-12　弧形腰休闲裤结构工艺设计

13 款结构设计图、工艺效果图

成品规格表　　　号型：170/76　　　单位：cm

部位	裤长	臀围	腰围	立裆	膝宽	脚口宽
规格	105	100	80	26	20	24

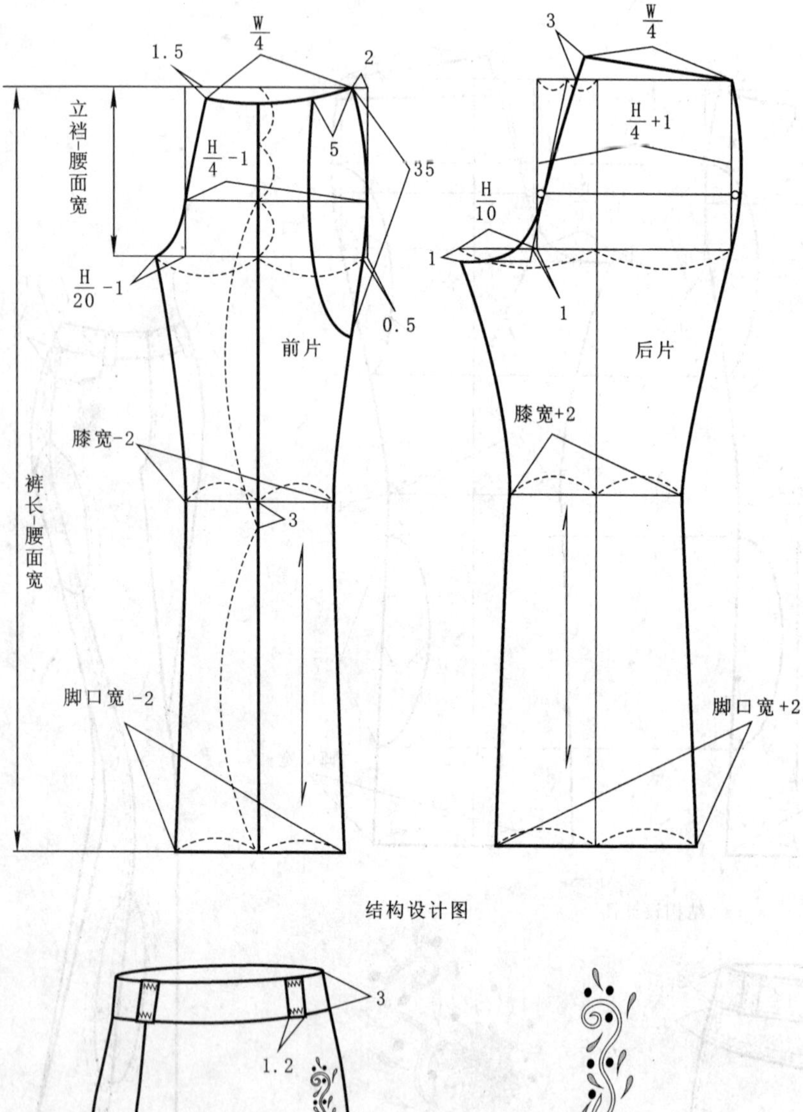

结构设计图

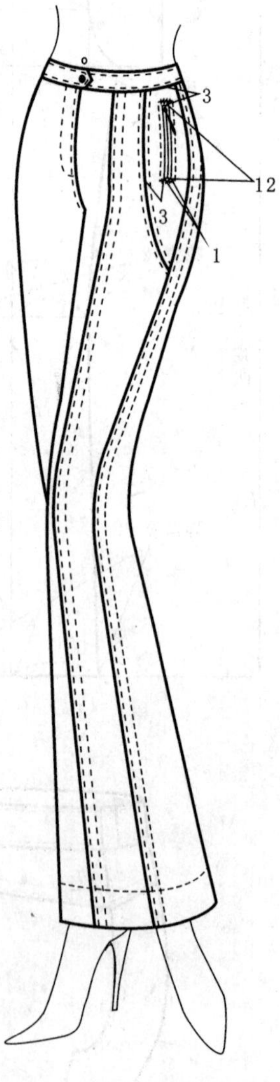

工艺效果图

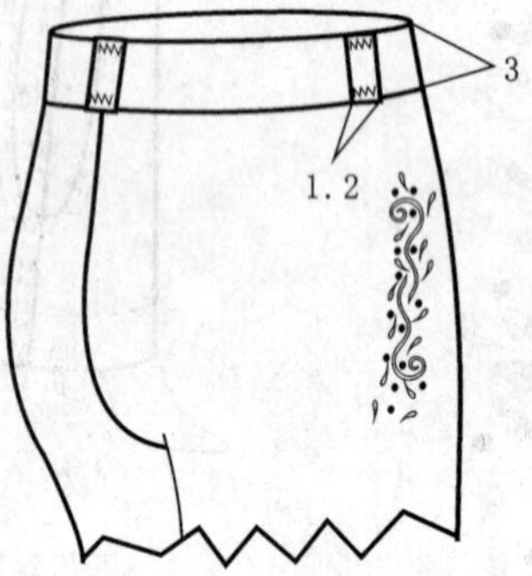

工艺效果图

绣花图案

图 5-13　弧形腰休闲裤结构工艺设计

14 款结构设计图、工艺效果图

成品规格表　　　号型：170/76　　　　　　　　　　单位：cm

部位	裤长	臀围	腰围	立裆	膝宽	脚口宽
规格	105	100	80	29	20	24

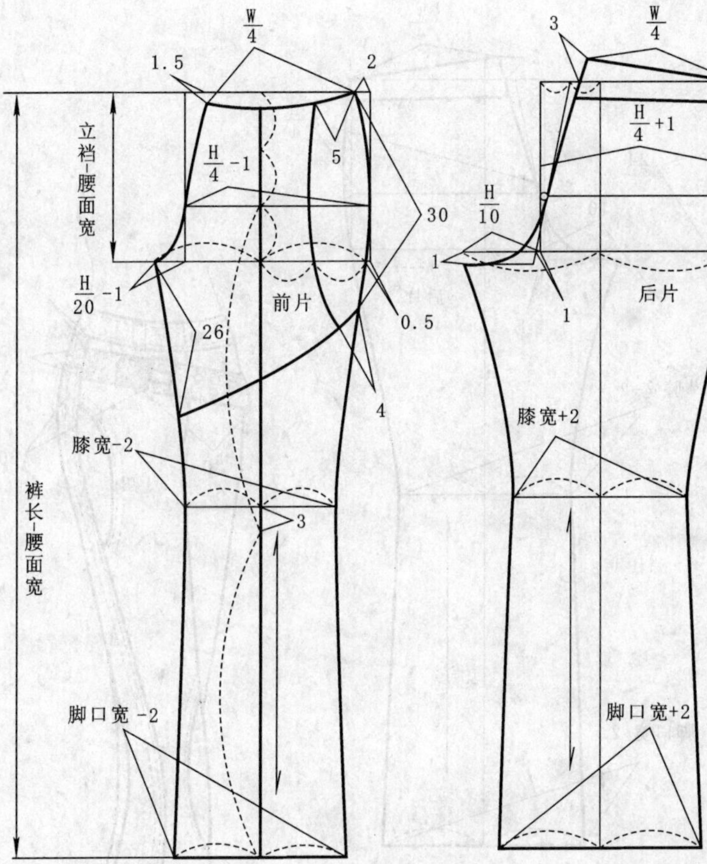

结构设计图

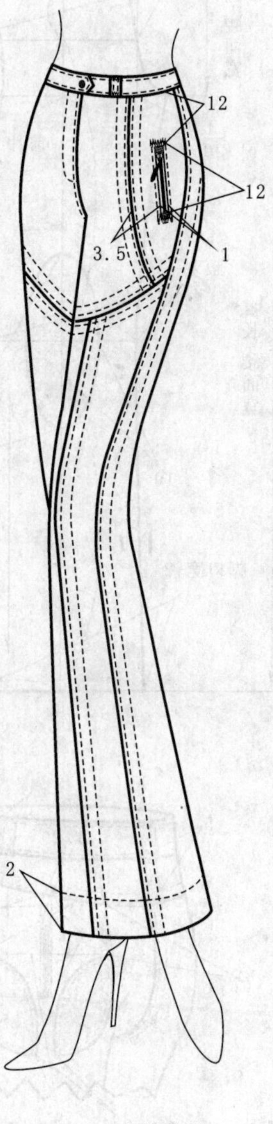

工艺效果图

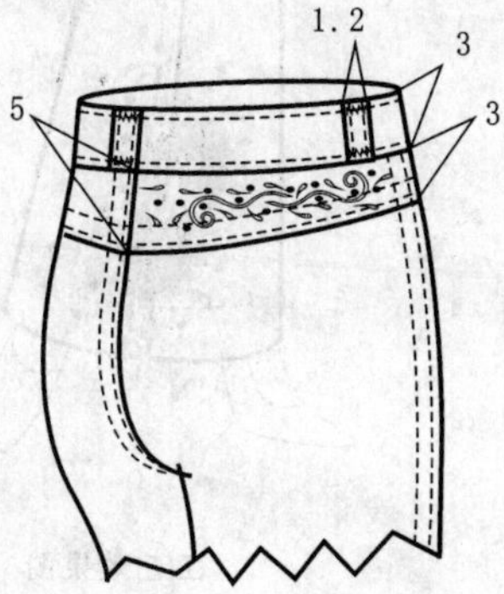

工艺效果图

绣花图案

图 5-14　弧形腰休闲裤结构工艺设计

15 款结构设计图、工艺效果图

成品规格表　　号型：170/76　　单位：cm

部位	裤长	臀围	腰围	立裆	膝宽	脚口宽
规格	105	102	78	28	20	24

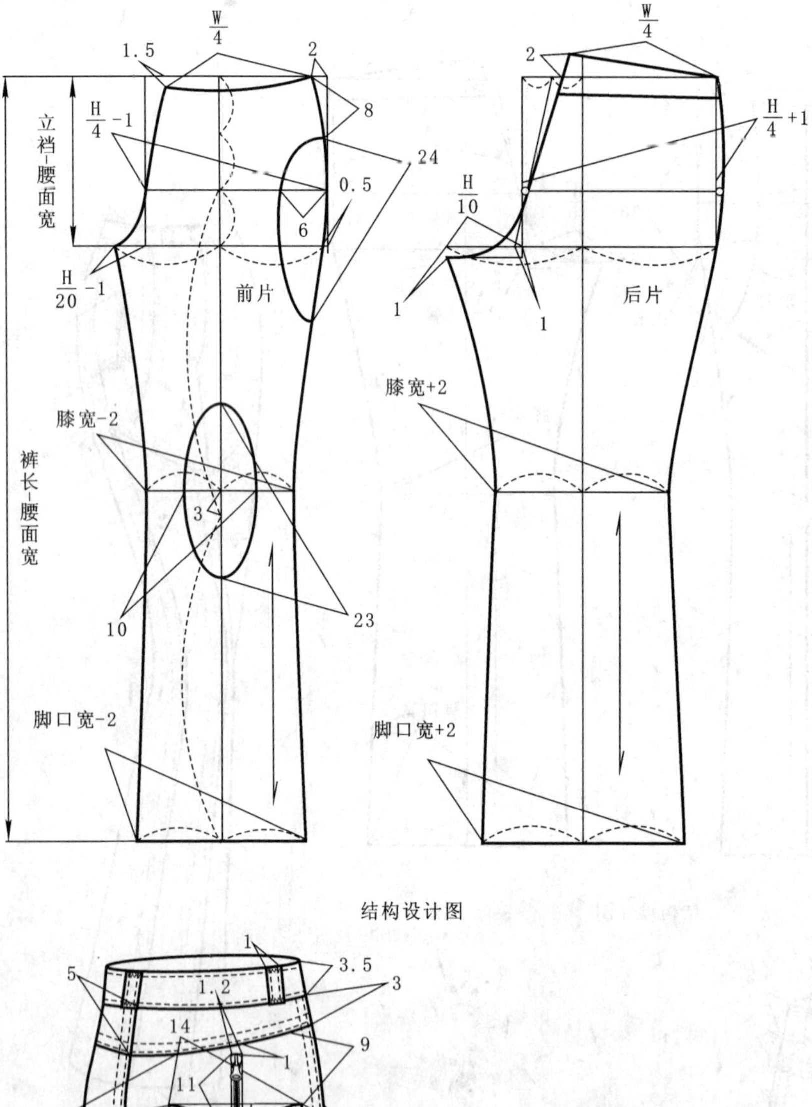

结构设计图

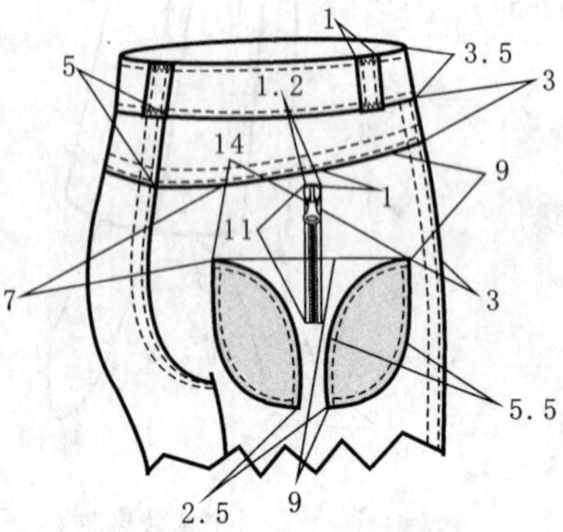

工艺效果图

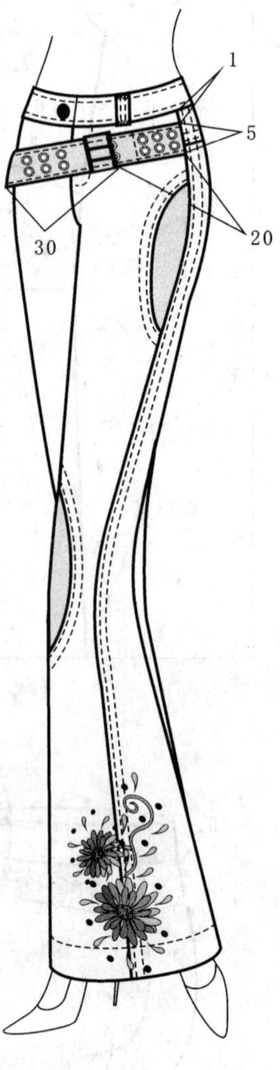

工艺效果图

图 5－15　弧形腰休闲裤结构工艺设计

16 款结构设计图、工艺效果图

成品规格表　　　　号型：170/76　　　　　　　　　　　　　　　单位：cm

部位	裤长	臀围	腰围	立裆	膝宽	脚口宽
规格	105	102	78	28	20	24

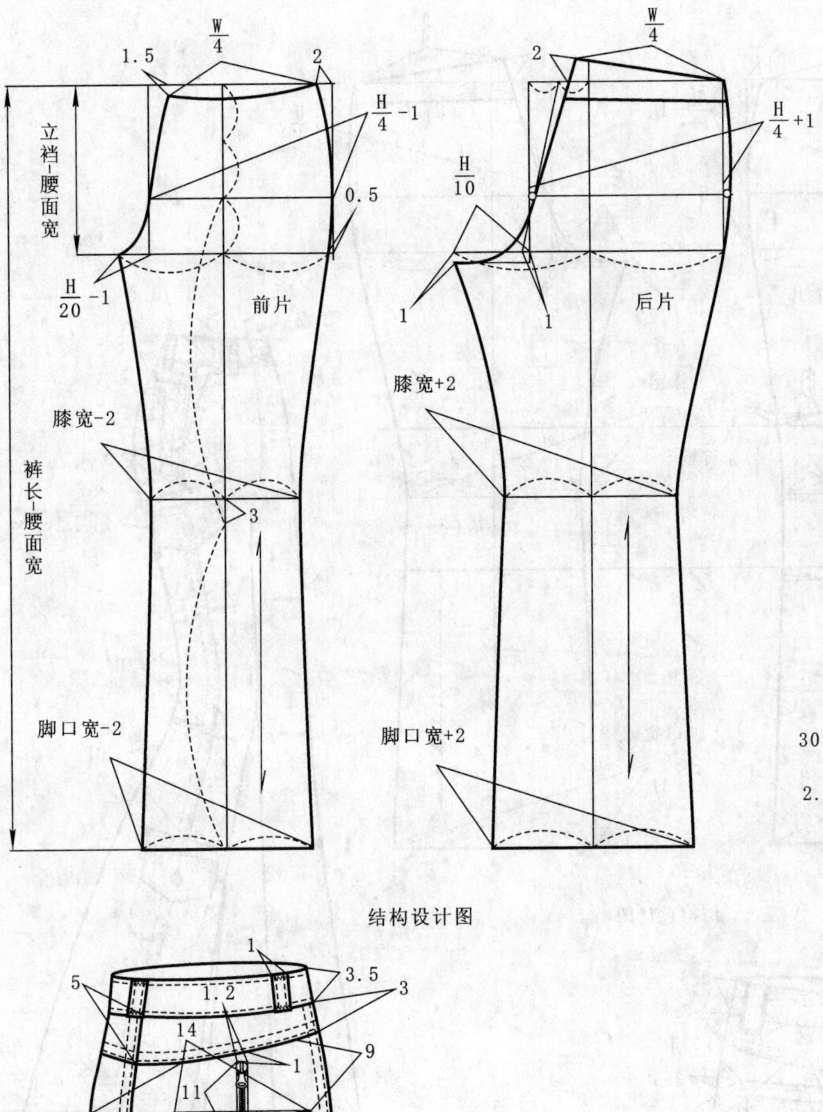

结构设计图

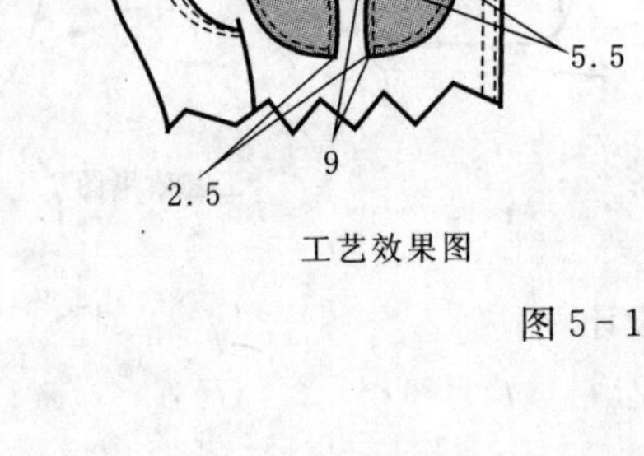

工艺效果图

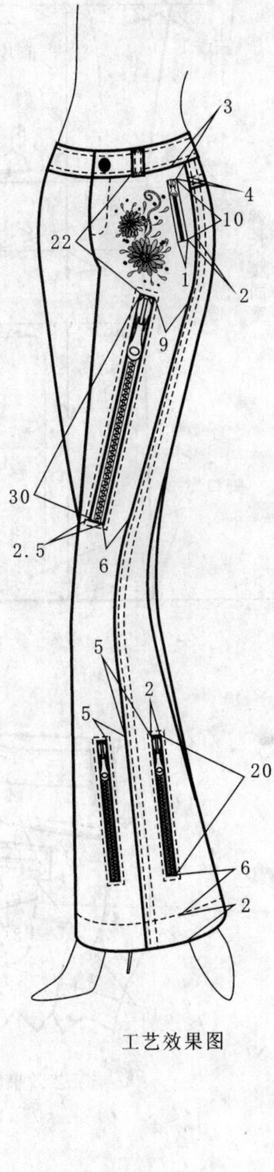

工艺效果图

图 5-16　弧形腰休闲裤结构工艺设计

17 款结构设计图、工艺效果图

成品规格表　　　号型：170/73　　　单位：cm

部位	裤长	臀围	腰围	立裆	膝宽	脚口宽
规格	105	98	76	26	20	26

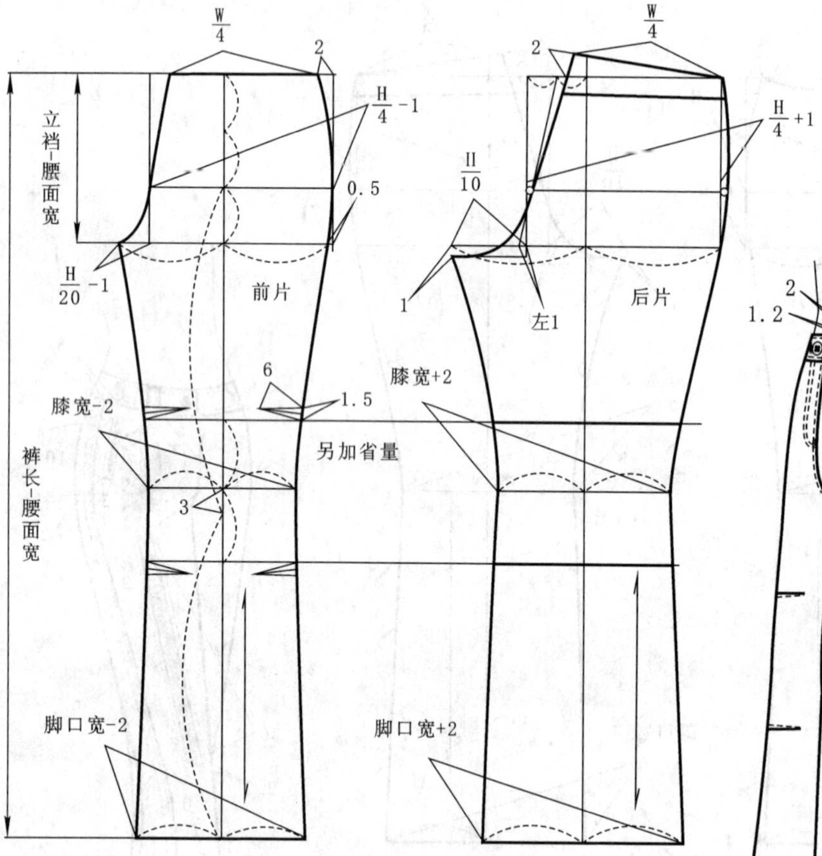

结构设计图

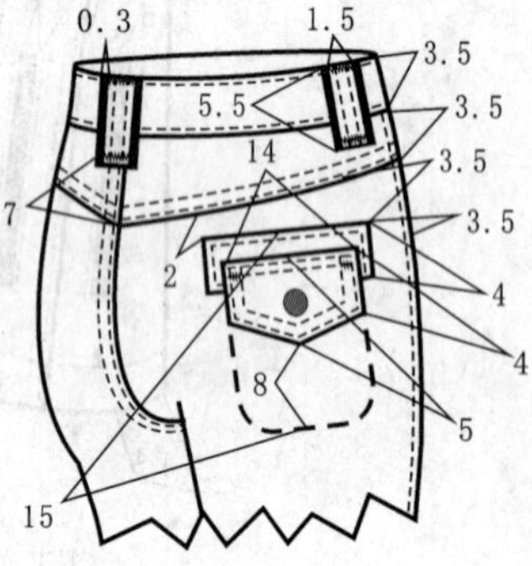

工艺效果图

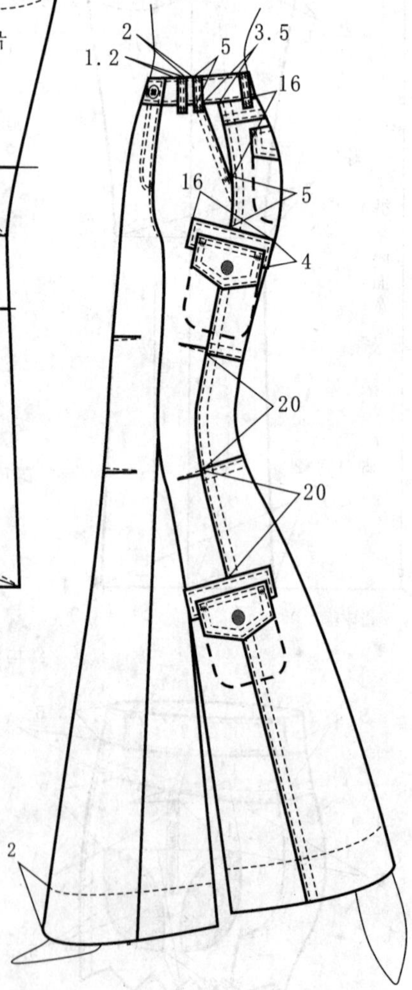

工艺效果图

图 5-17　休闲裤结构工艺设计

18款结构设计图、工艺效果图

成品规格表　　号型：170/73　　单位：cm

部位	裤长	臀围	腰围	立裆	膝宽	脚口宽
规格	105	98	78	26	20	26

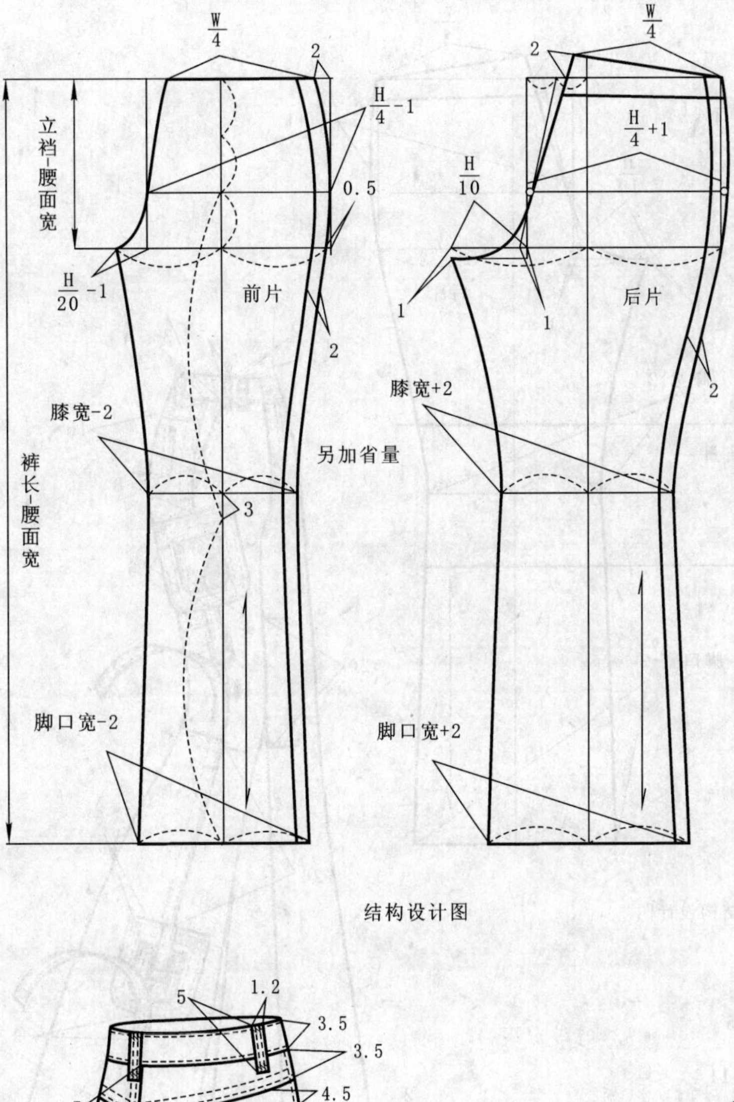

结构设计图

注　装饰带长100cm，宽4.5cm。异色条长100cm，宽1.5cm。

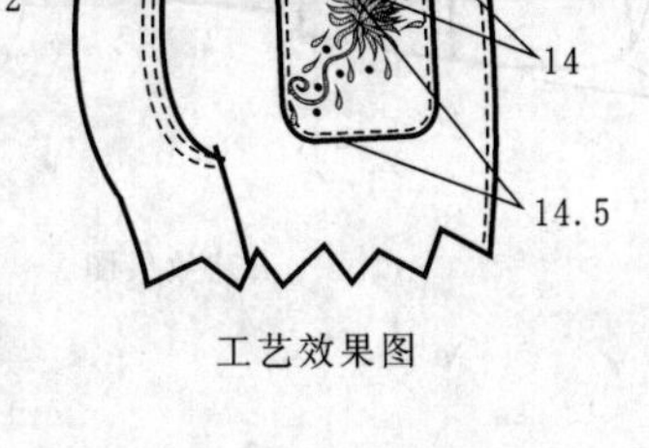

工艺效果图

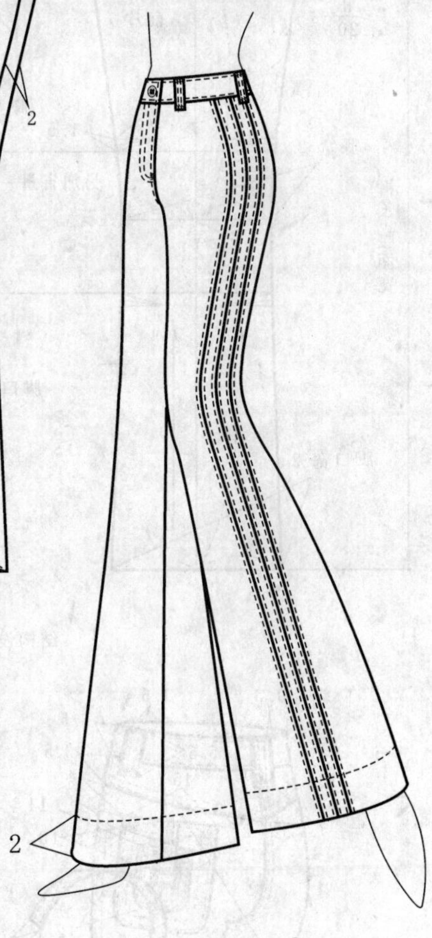

工艺效果图

图5-18　休闲裤结构工艺设计

19款结构设计图、工艺效果图

成品规格表　　　　号型：170/73　　　　单位：cm

部位	裤长	臀围	腰围	立裆	膝宽	脚口宽
规格	105	100	78	26	20	26

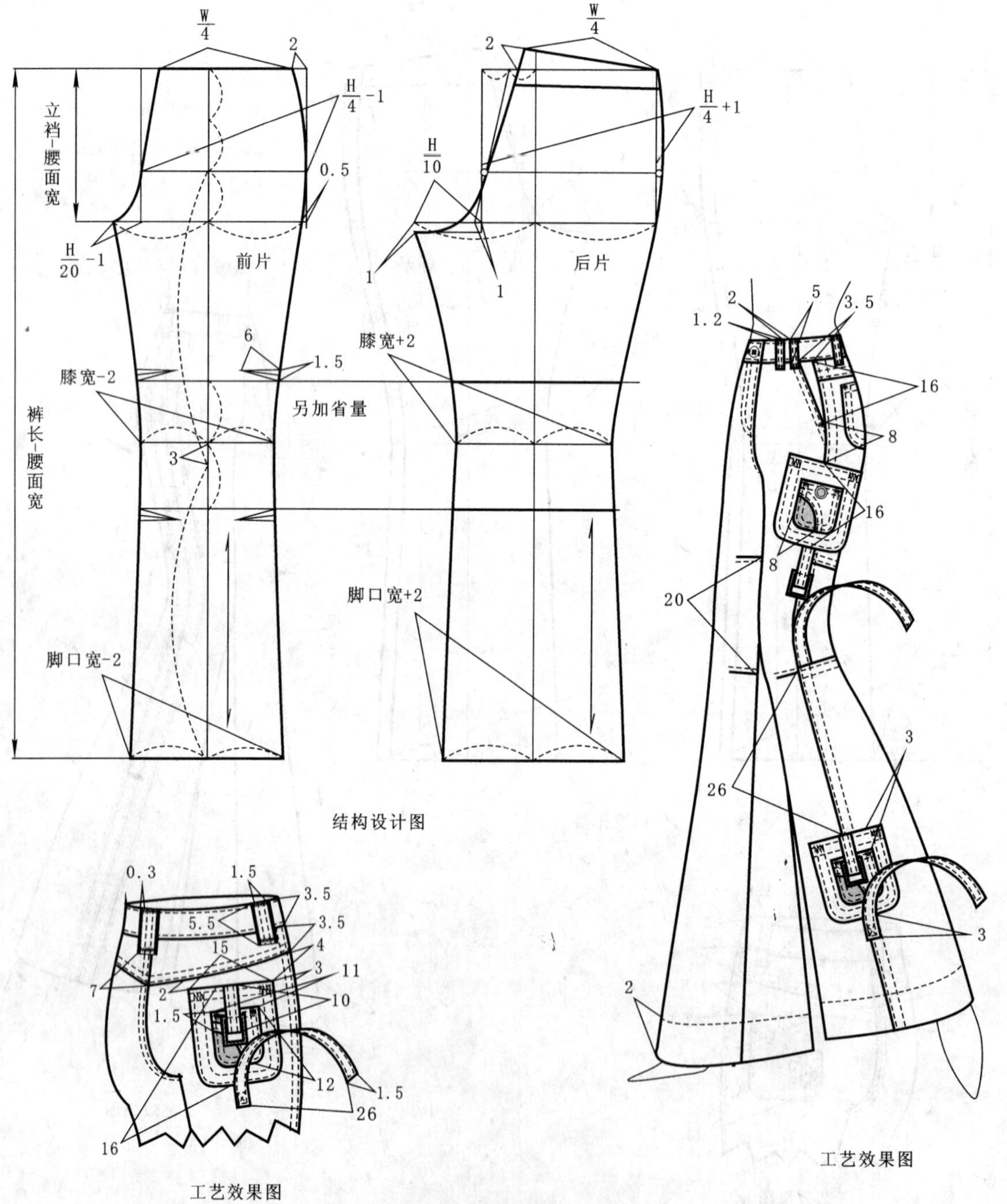

图5-19　休闲裤结构工艺设计

20 款结构设计图、工艺效果图

成品规格表　　　　号型：170/76　　　　　　　　　　　　　　　　单位：cm

部位	裤长	臀围	腰围	立裆	膝宽	脚口宽
规格	102	100	78	22	20	26

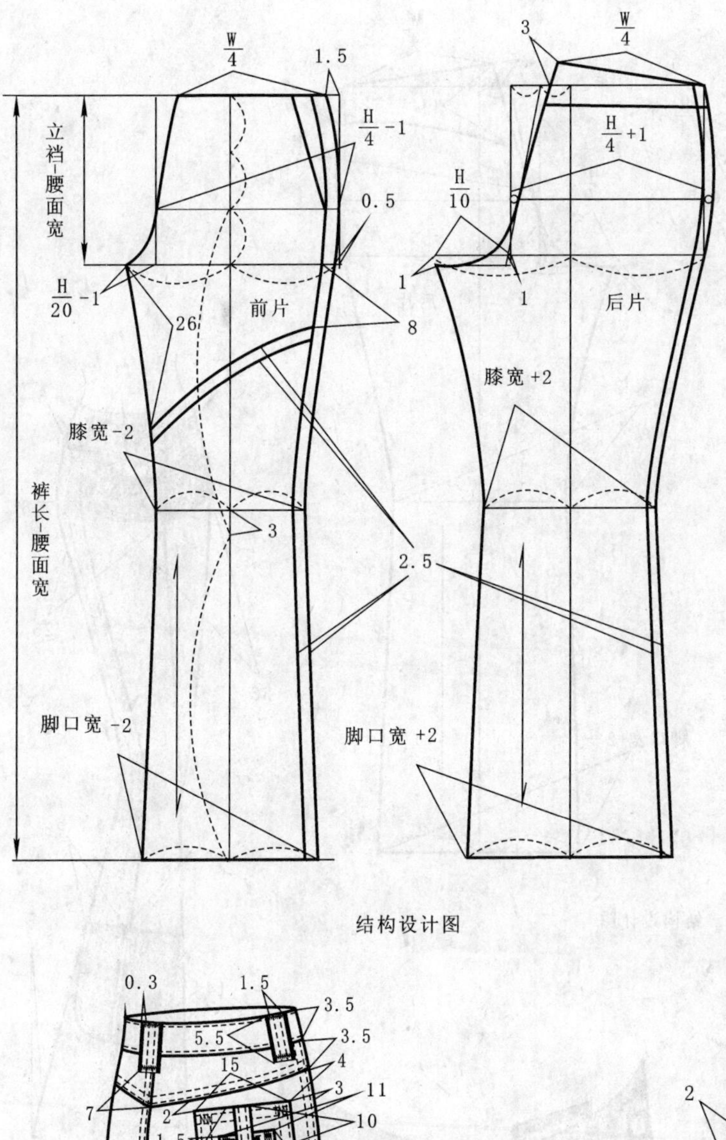

结构设计图

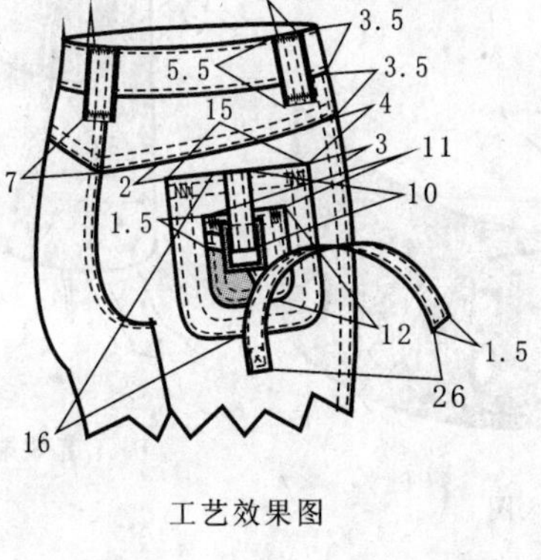

工艺效果图

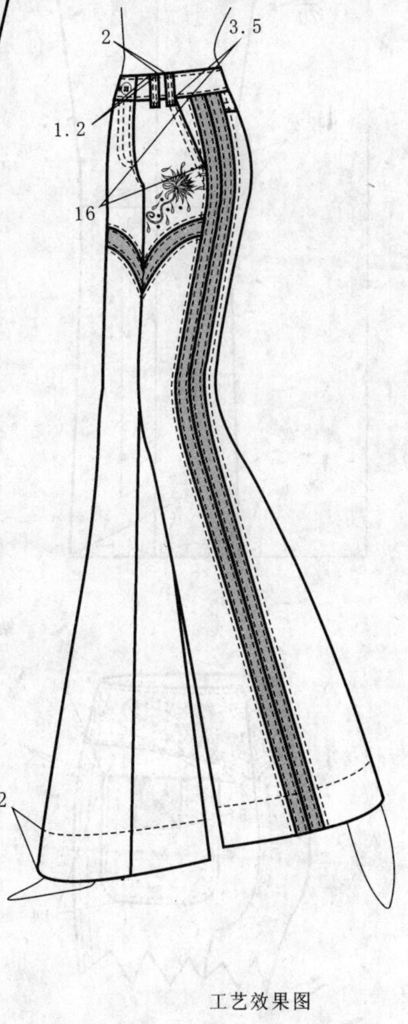

工艺效果图

图 5-20　休闲裤结构工艺设计

21款结构设计图、工艺效果图

成品规格表　　号型：170/76　　单位：cm

部位	裤长	臀围	腰围	立裆	膝宽	脚口宽
规格	102	100	78	22	20	26

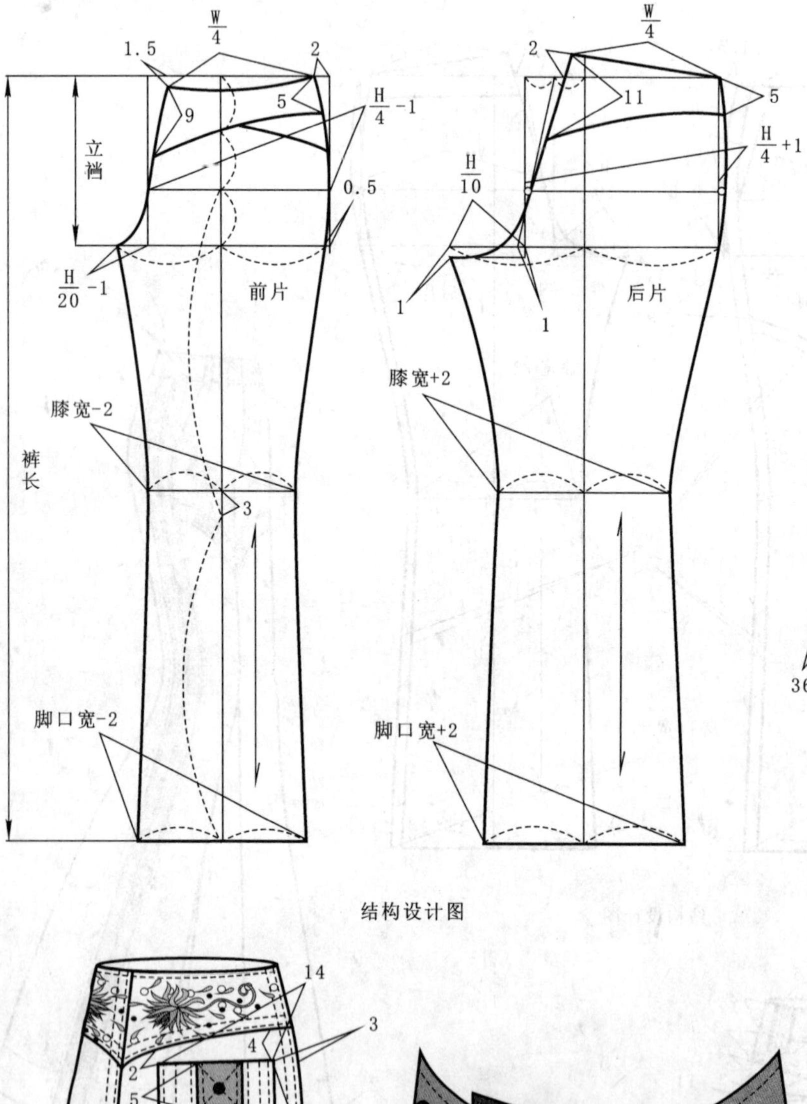

结构设计图

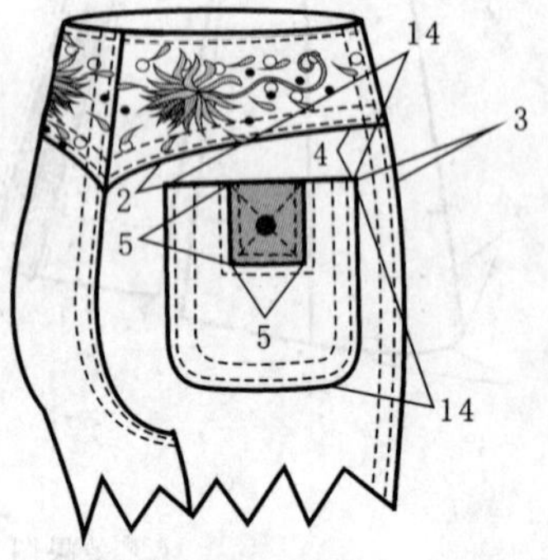

工艺效果图

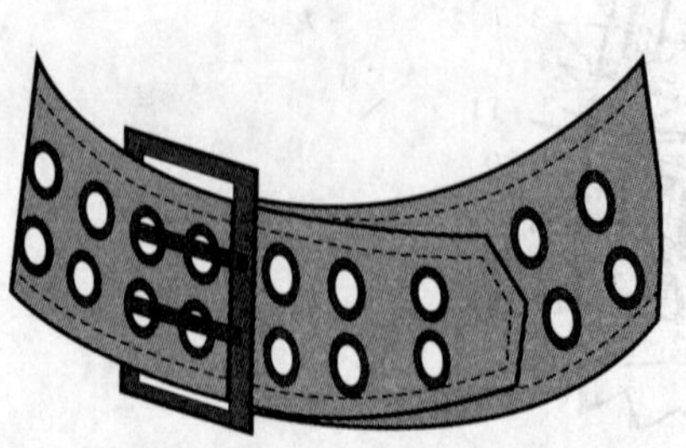

饰带放大图

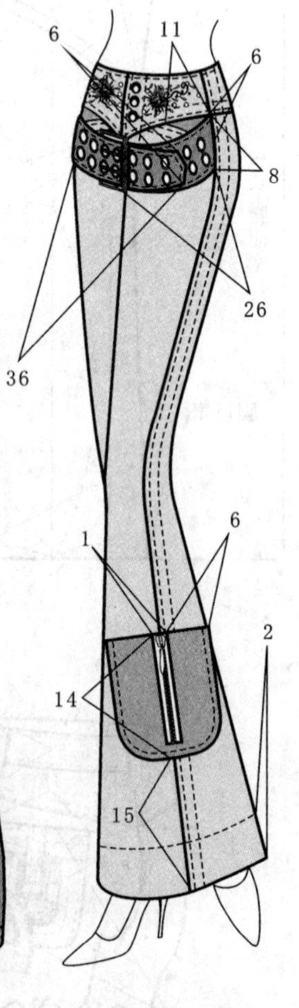

工艺效果图

图 5－21　低腰、连腰休闲裤结构工艺设计

22 款结构设计图、工艺效果图

成品规格表　　　　号型：170/76　　　　单位：cm

部位	裤长	臀围	腰围	立裆	膝宽	脚口宽
规格	105	100	80	26	20	24

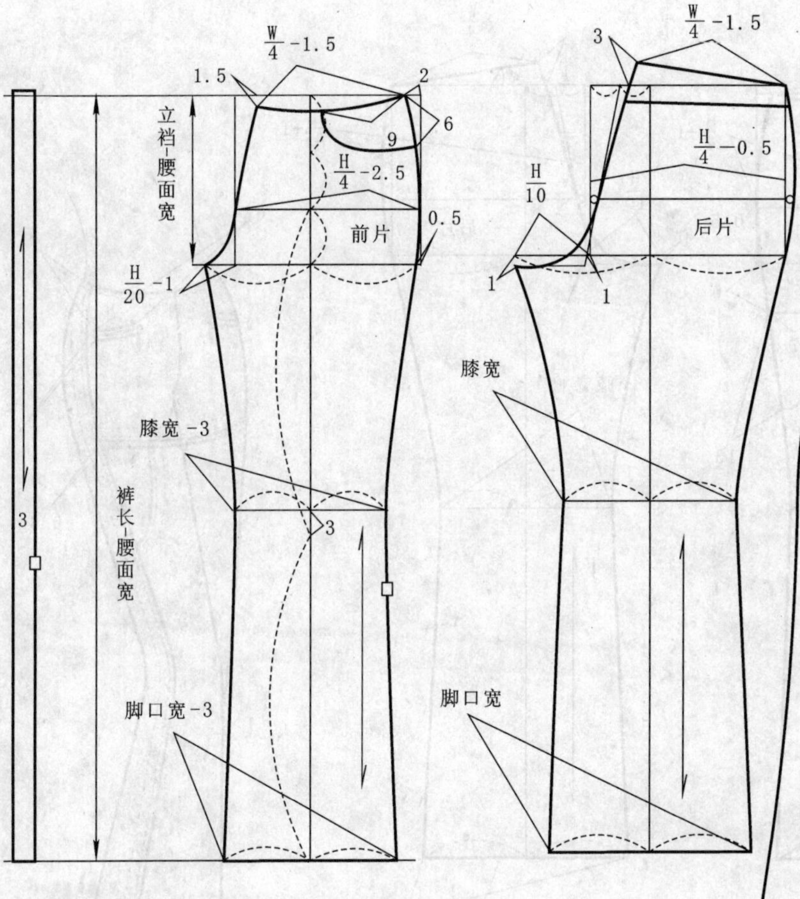

结构设计图

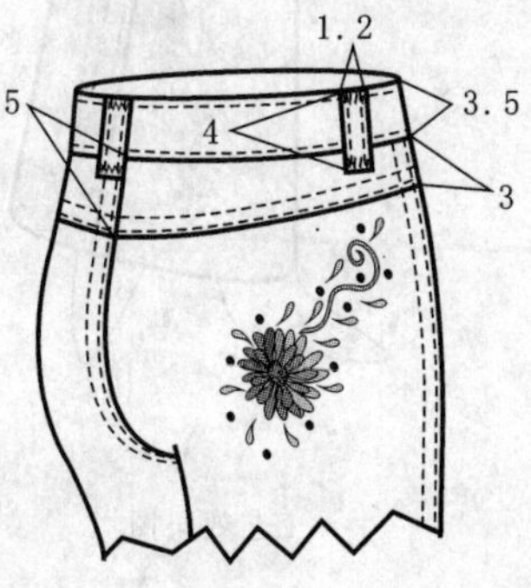

工艺效果图

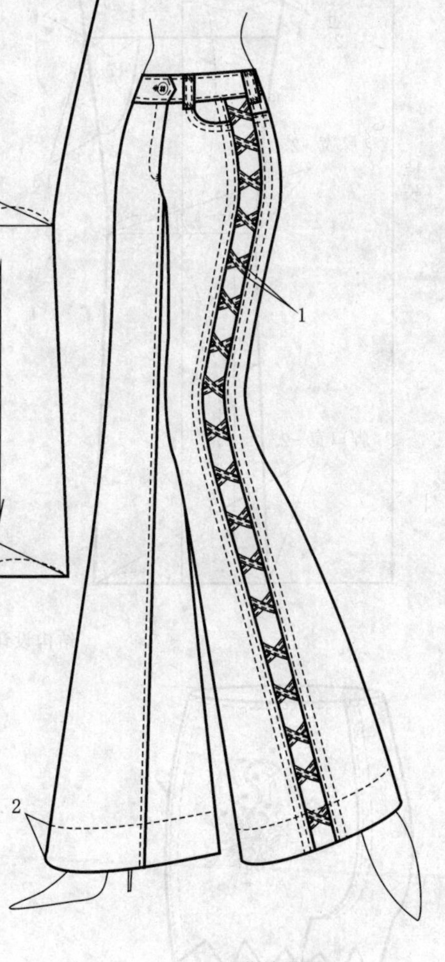

工艺效果图

图 5－22　弧形腰休闲裤结构工艺设计

23款结构设计图、工艺效果图

成品规格表　　号型：170/76　　单位：cm

部位	裤长	臀围	腰围	立裆	膝宽	脚口宽
规格	102	98	78	22	20	26

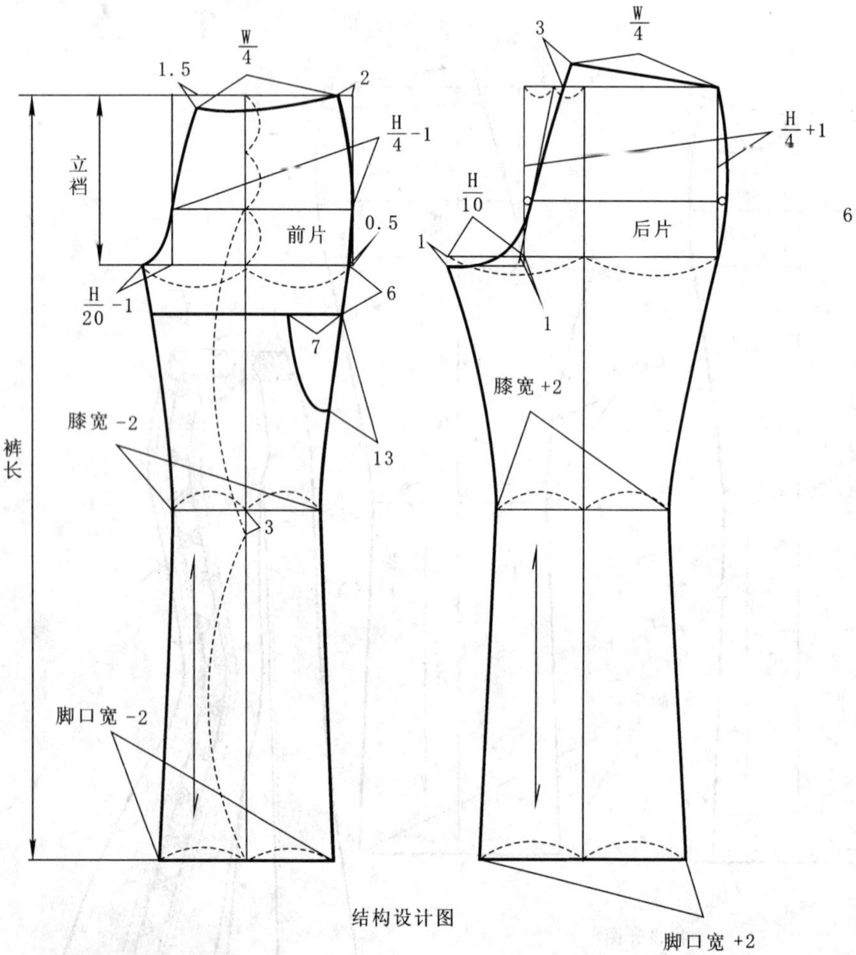

结构设计图

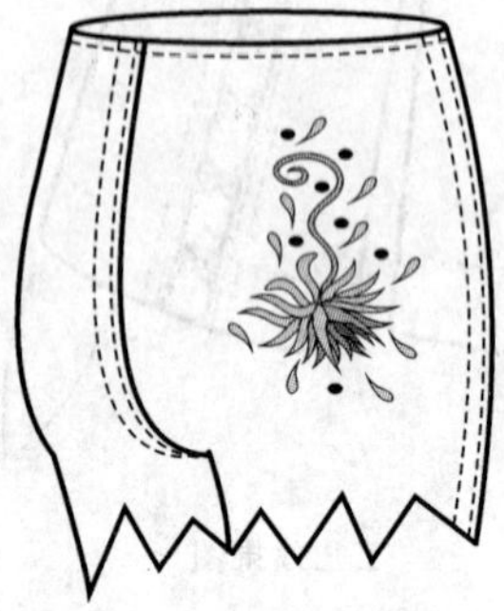

工艺效果图

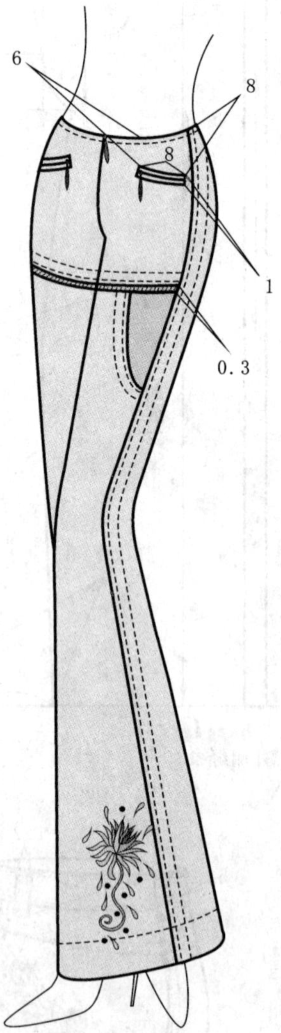

工艺效果图

图 5 - 23　低腰、连腰休闲裤结构工艺设计

24 款结构设计图、工艺效果图

成品规格表　　　　号型：170/76　　　　　　　　　　　　　　　　单位：cm

部位	裤长	臀围	腰围	立裆	膝宽	脚口宽
规格	102	98	78	28	20	26

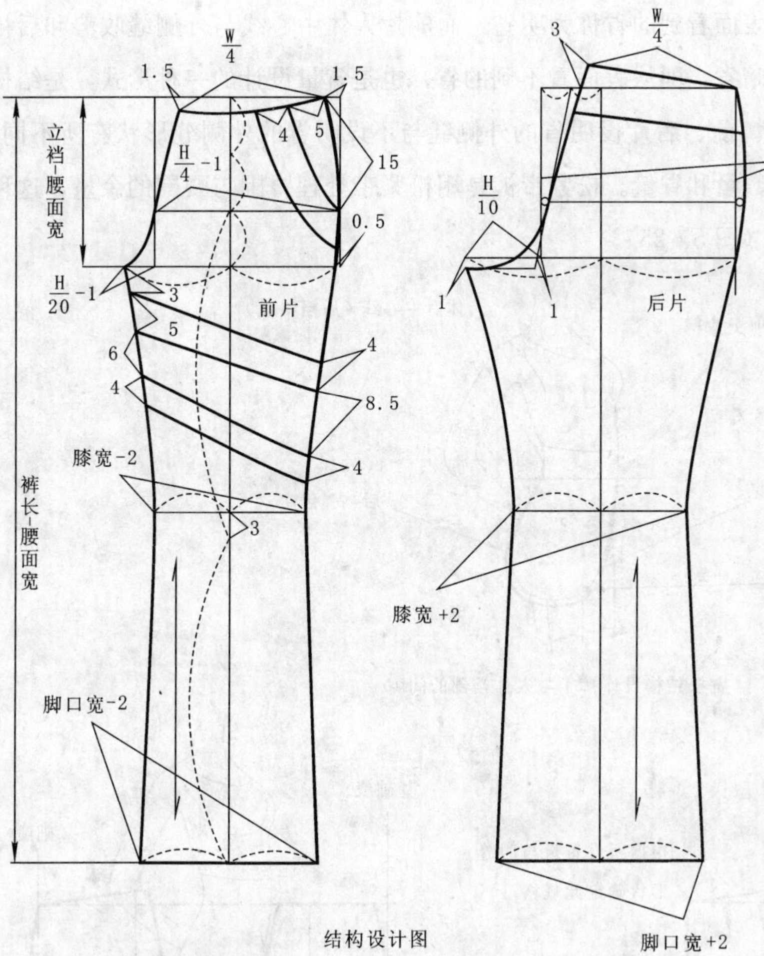

结构设计图

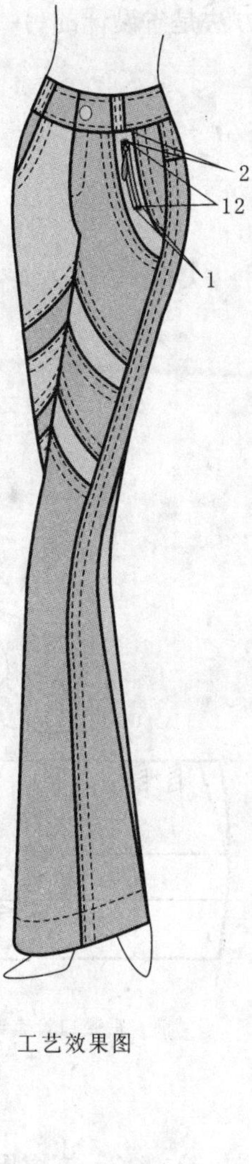

工艺效果图

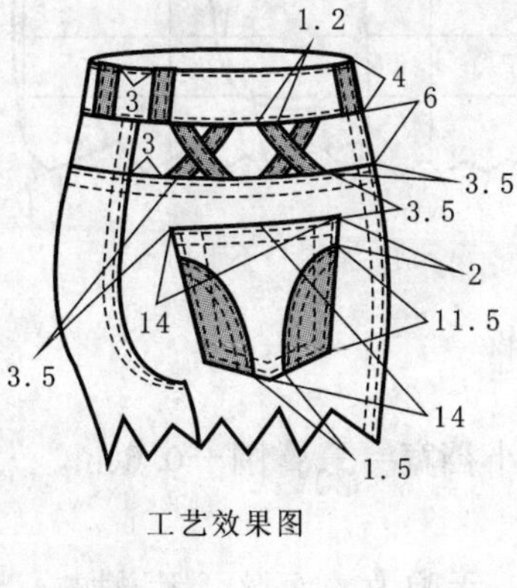

工艺效果图

图 5-24　休闲裤结构工艺设计

第二节　H 型、Y 型裤纸样制图实例

结构设计中把能从服装表面看到的省称为明省，而前片人体中心线与外侧缝收势和后裆斜线与后片外侧缝收势称为暗省，即从表面看不到的省，也是省量设计的一种形式，是结构设计中经常使用的一种方法。前、后片设明省的外侧缝与不设明省的外侧缝形状有所不同。可根据设计需要来确定省的数量和省量。松紧带裤是用松紧带处理臀围与腰围的余量，这种方法是省设计的另一种方式（图 5 - 25）。

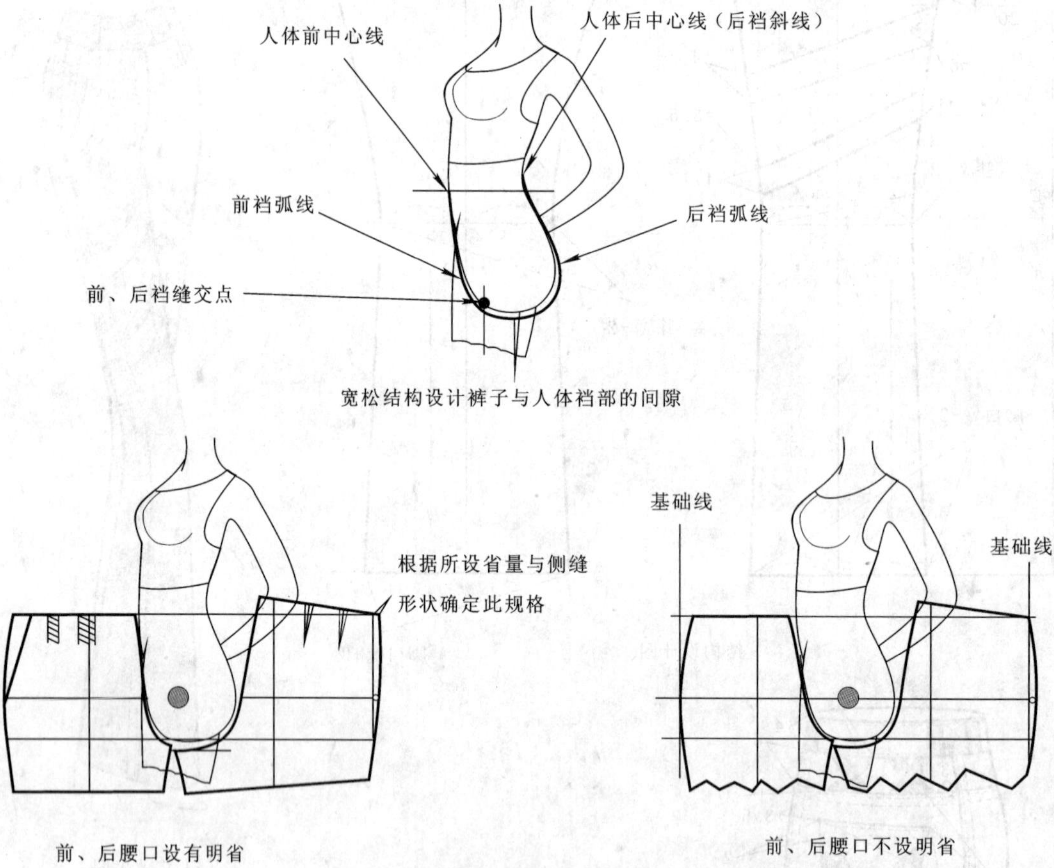

图 5 - 25　结构设计明省与暗省的比较

立裆长＝$\frac{1}{4}$臀围＋3cm，人体裆底部形成 4～5cm 间隙。小裆宽＝$\frac{1}{20}$臀围－0.6cm，大裆宽＝$\frac{1}{10}$臀围＋1cm，人体臀下部横裆就形成一定间隙。较宽松、无弹力的面料可用增加立裆规格、大小裆宽来调整设计效果。H 型、Y 型裤结构设计工艺效果图见图 5 - 26～图 5 -41 所示。

25 款结构设计图、工艺效果图

成品规格表　　号型：170/73　　单位：cm

部位	裤长	臀围	腰围	立裆	脚口宽
规格	103	105	76	26	22

H 型裤前膝宽确定方法：用$\frac{1}{2}$前脚口宽点与$\frac{1}{2}$小裆宽点连接作一条直线，在膝围位置画一条平行于脚口的直线，从两线交点向两侧分别取$\frac{1}{2}$前膝宽。这种方法是用前片总宽与脚宽的比例求得前膝宽。后膝宽＝前膝宽＋4cm（或 5cm）。大小裆宽增减的比例为 2.5：1 或3：1。

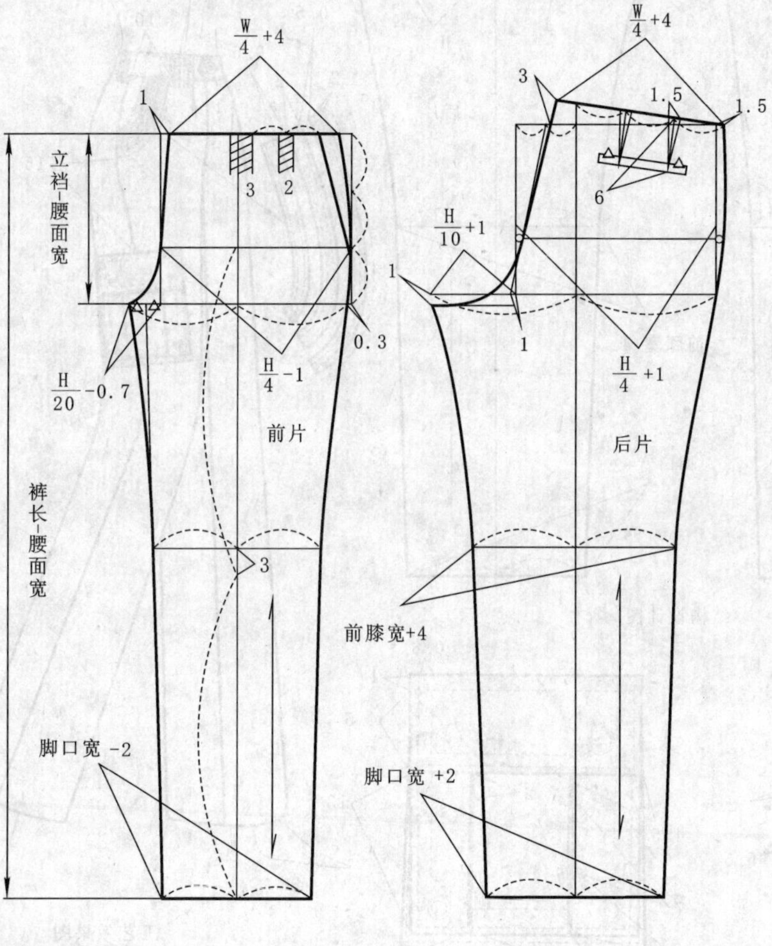

结构设计图

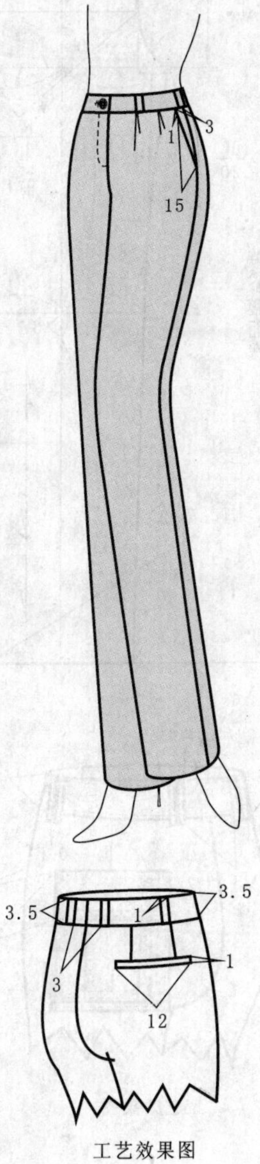

工艺效果图

图 5-26　H 型女西裤结构工艺设计

26 款结构设计图、工艺效果图

成品规格表　　号型：170/73　　单位：cm

部位	裤长	臀围	腰围	立裆	脚口宽
规格	103	105	78	26	22

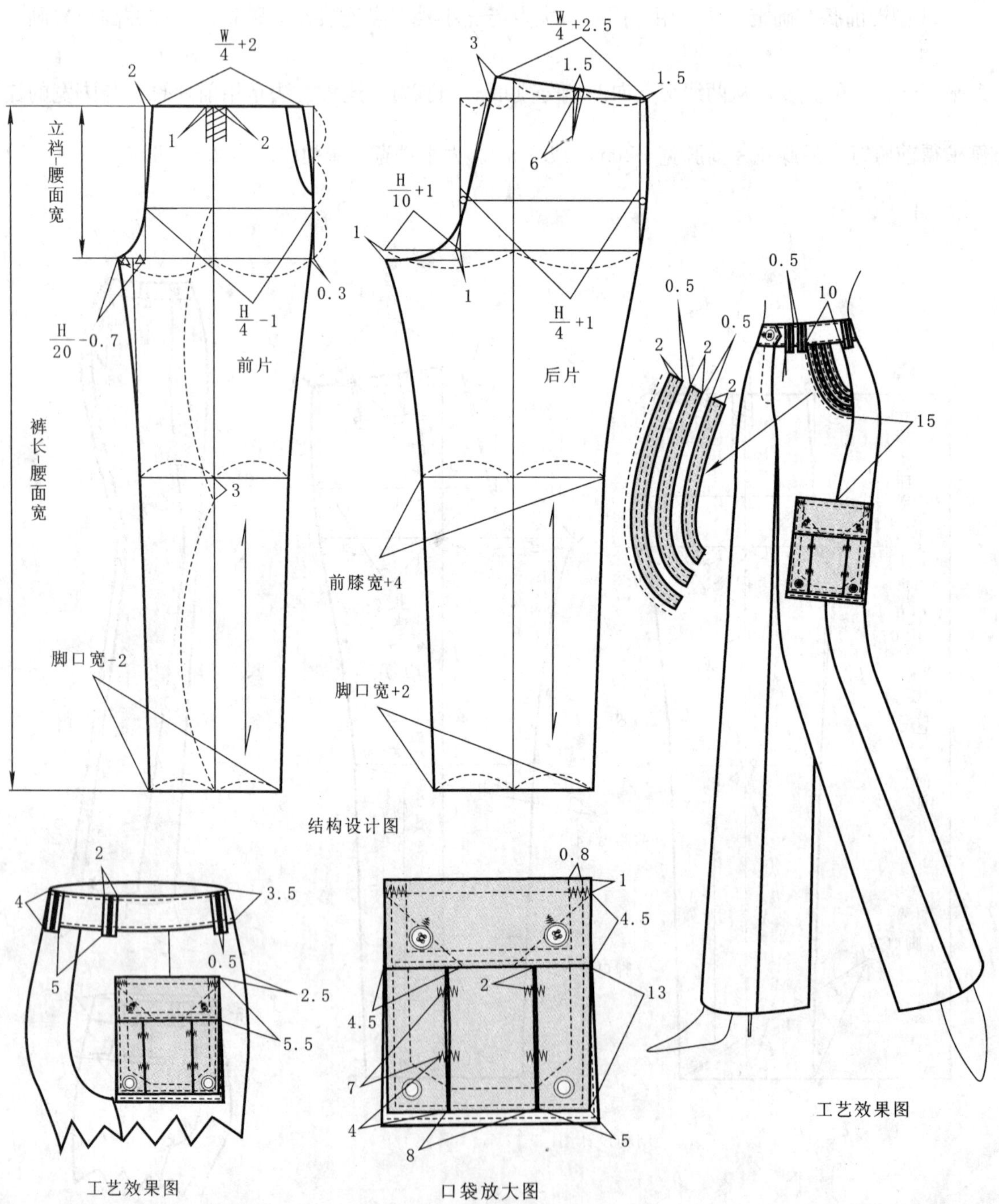

图 5-27　休闲裤结构工艺设计

27 款结构设计图、工艺效果图

成品规格表　　号型：170/73　　单位：cm

部位	裤长	臀围	腰围	立裆	脚口宽
规格	103	103	76	26	22

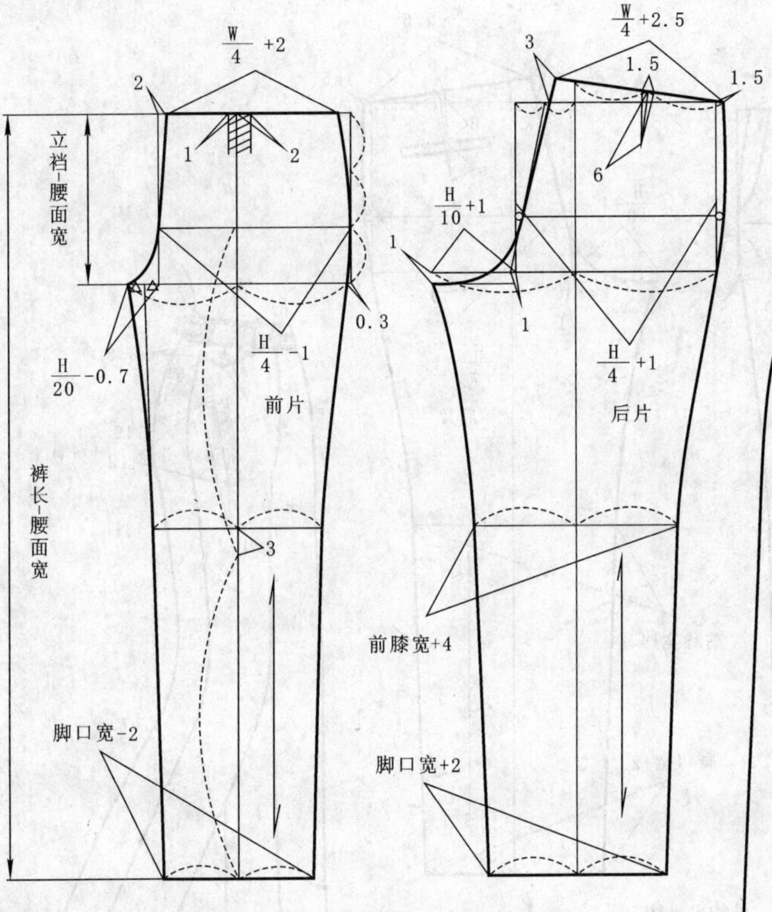

结构设计图

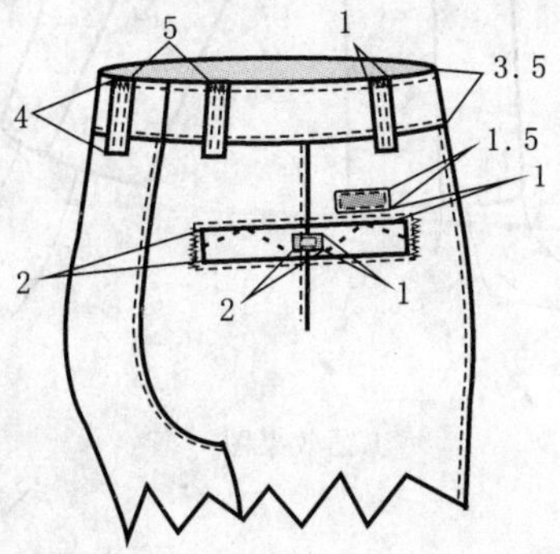

工艺效果图

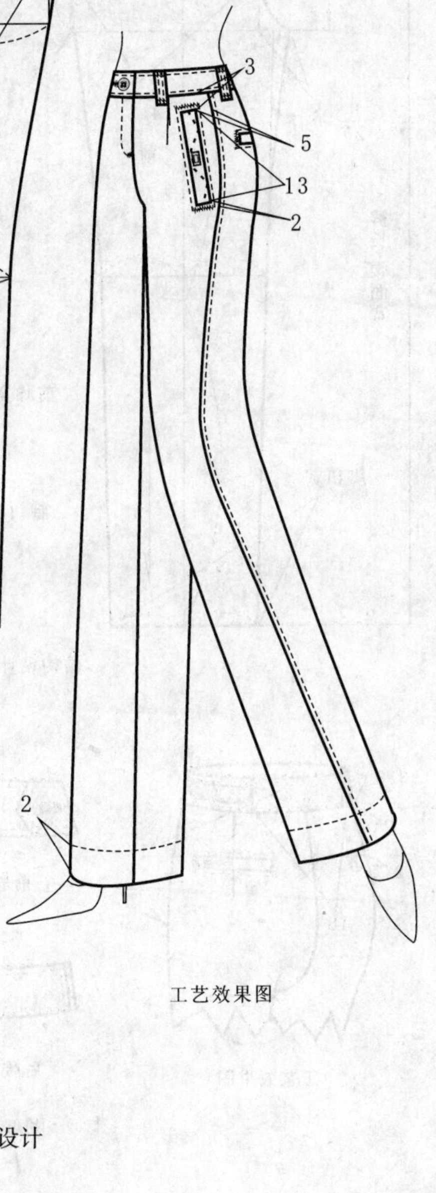

工艺效果图

图 5－28　休闲裤结构工艺设计

28款结构设计图、工艺效果图

成品规格表　　　号型：170/73　　　单位：cm

部位	裤长	臀围	腰围	立裆	脚口宽
规格	103	105	78	26	22

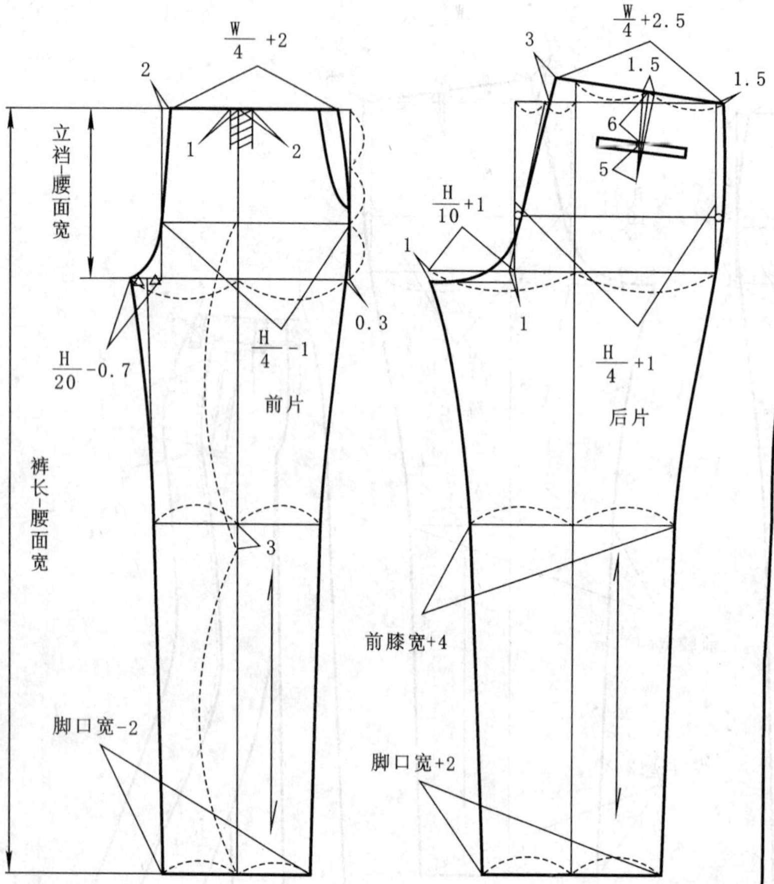

结构设计图

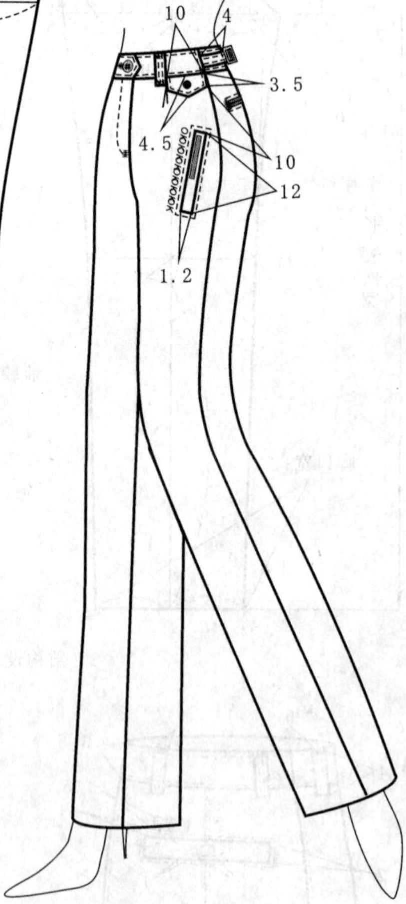

工艺效果图

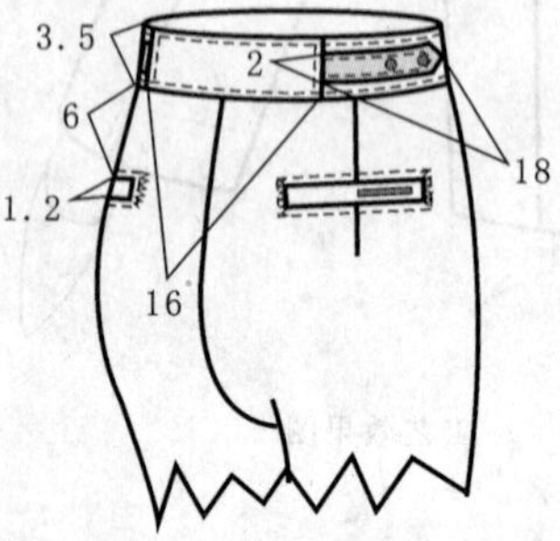

工艺效果图

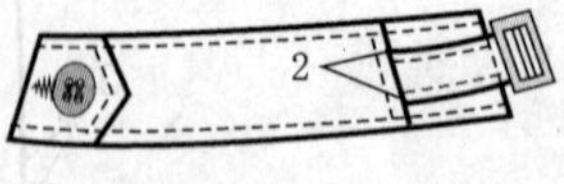

前腰部放大图

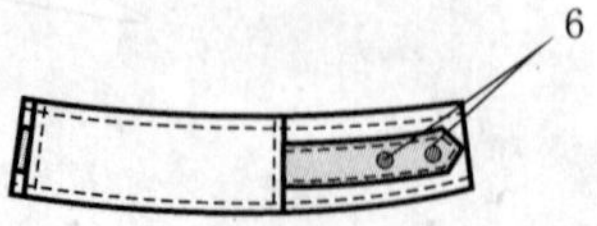

后腰部放大图

图5-29　休闲裤结构工艺设计

29 款结构设计图、工艺效果图

成品规格表　　号型：170/73　　单位：cm

部位	裤长	臀围	腰围	立裆	脚口宽
规格	103	103	78	28	22

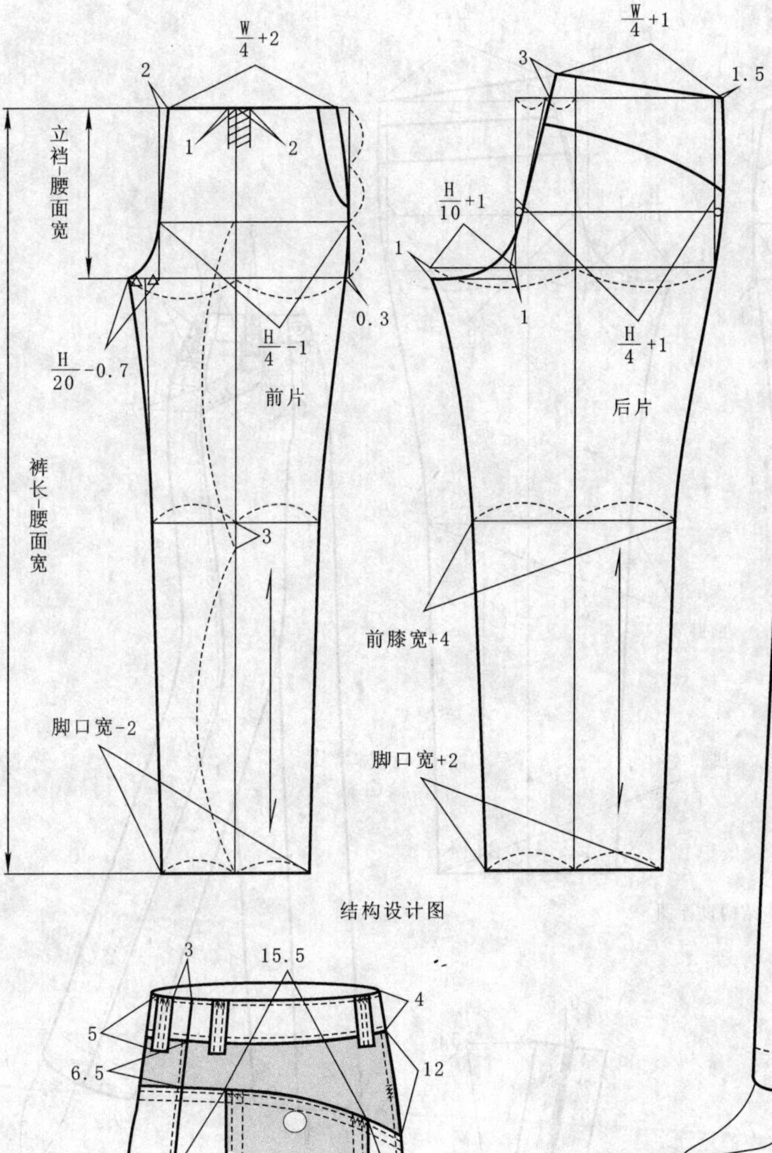

结构设计图

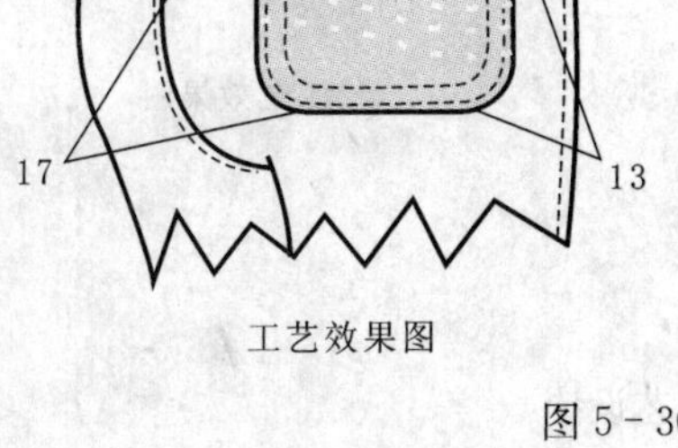

工艺效果图

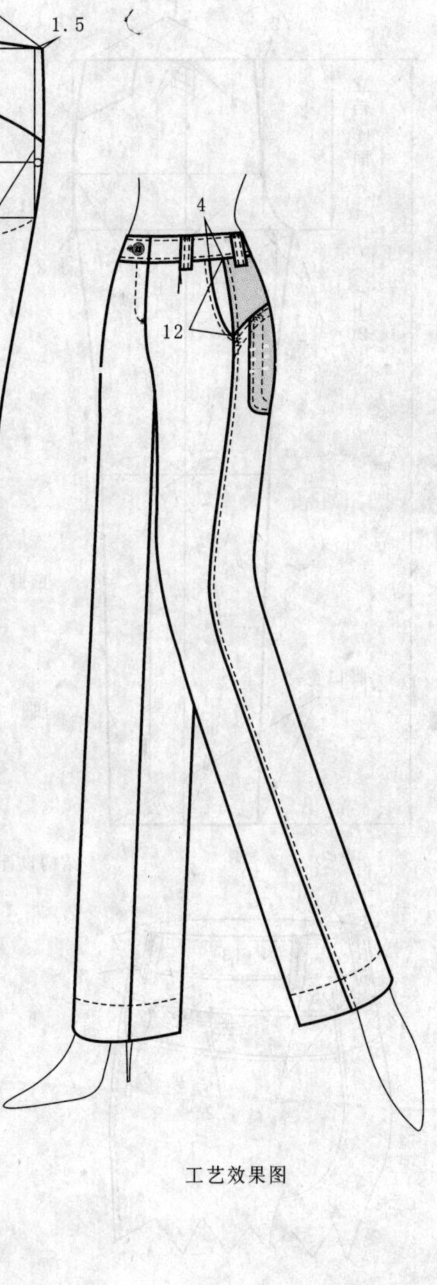

工艺效果图

图 5－30　休闲西裤结构工艺设计

30 款结构设计图、工艺效果图

成品规格表　　　　号型：170/73　　　　单位：cm

部位	裤长	臀围	腰围	立裆	脚口宽
规格	103	105	78	26	22

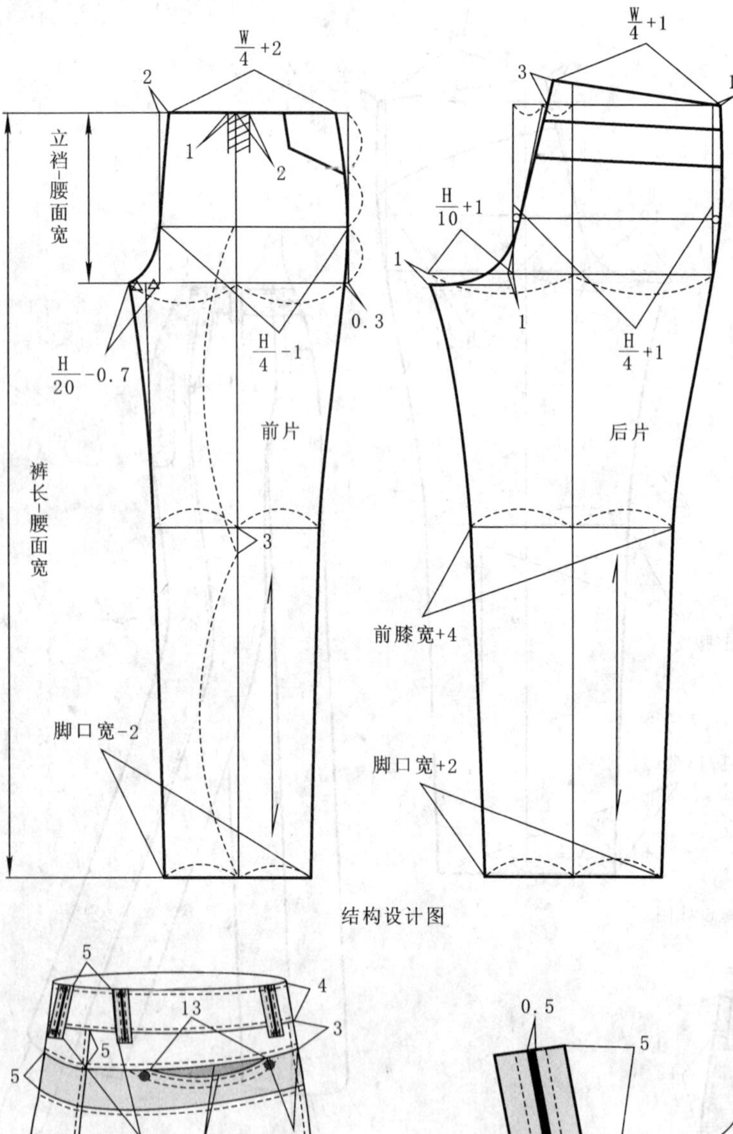

结构设计图

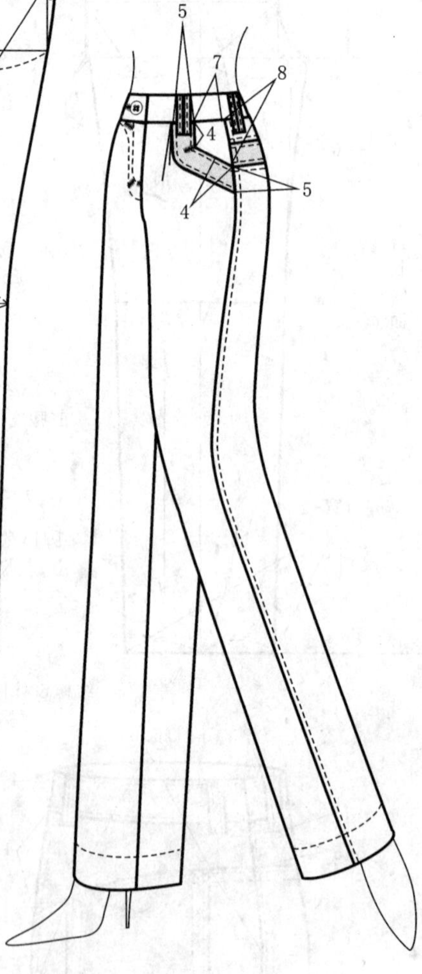

工艺效果图

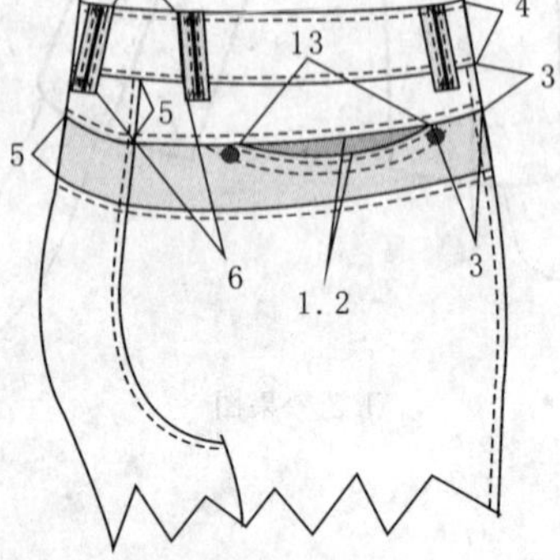

工艺效果图

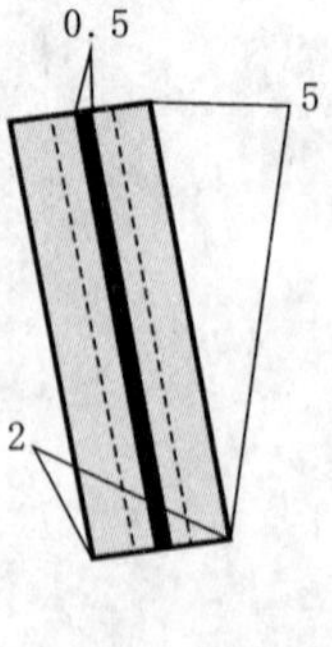

襻带放大图

图 5-31　休闲西裤结构工艺设计

31 款结构设计图、工艺效果图

成品规格表　　号型：170/73　　单位：cm

部位	裤长	臀围	腰围	立裆	脚口宽
规格	103	105	76	26	22

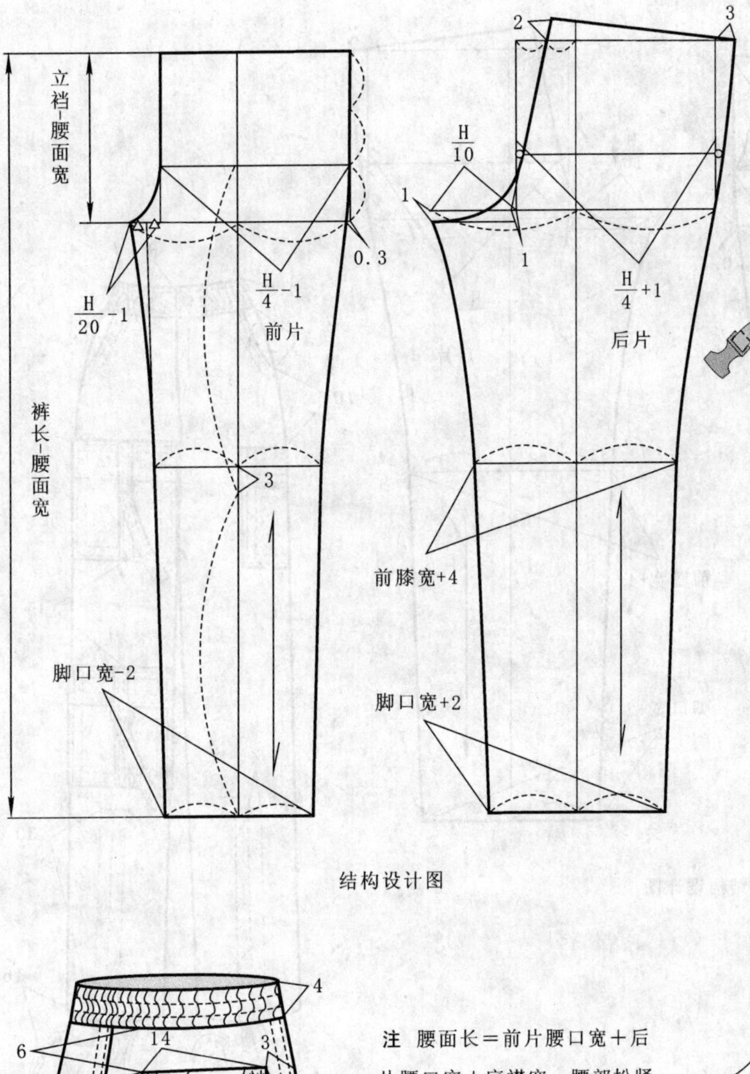

结构设计图

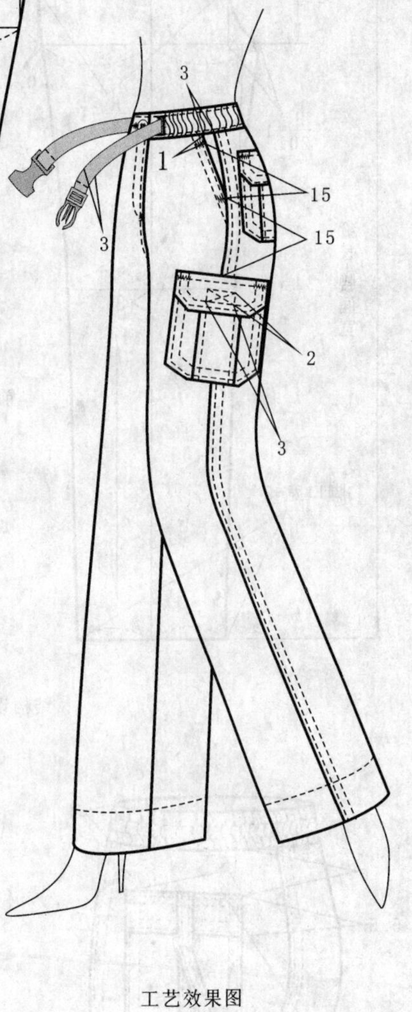

工艺效果图

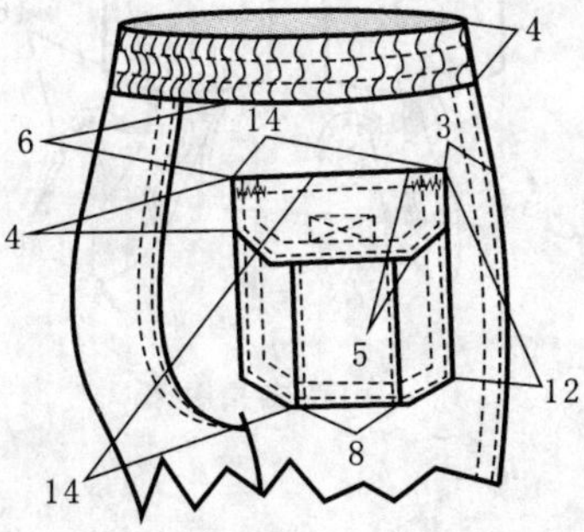

工艺效果图

注　腰面长＝前片腰口宽＋后片腰口宽＋底襟宽。腰部松紧带总长按弹力强度和缩量大小测定后确定。

图 5－32　松紧带休闲裤结构工艺设计

32 款结构设计图、工艺效果图

成品规格表　　号型：170/73　　单位：cm

部位	裤长	臀围	腰围	立裆	脚口宽
规格	103	105	76	26	22

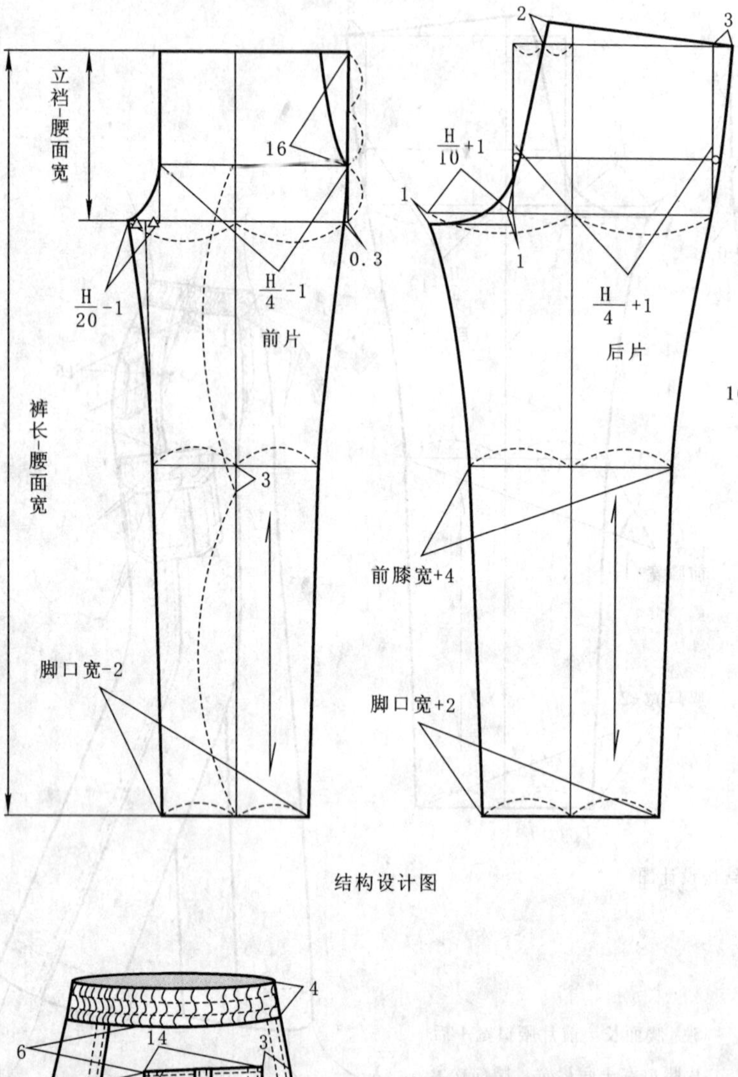

结构设计图

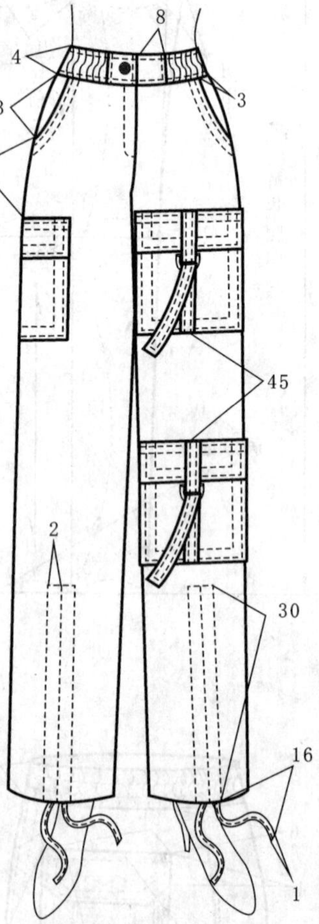

工艺效果图

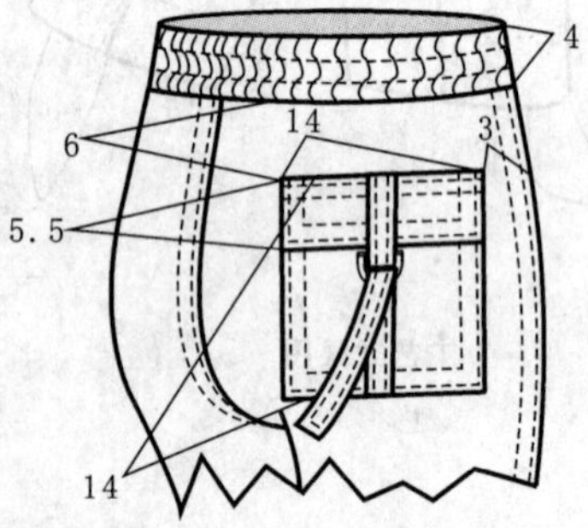

工艺效果图

注　腰面长＝前片腰口＋后片腰口＋底襟宽

图 5－33　松紧带休闲裤结构工艺设计

33 款结构设计图、工艺效果图

成品规格表　　　号型：170/73　　　　　　　　　　　　　　　　单位：cm

部位	裤长	臀围	腰围	立裆	脚口宽
规格	102	96	76	24	18

Y 型裤与 H 型裤前膝宽设定方法一致。Y 型裤脚口设计较小，是在 H 型裤基础上演变而成。Y 型裤有宽松和合体的结构设计，有不同的立裆设计，可以根据立体造型设计，确定各部位规格的比例。

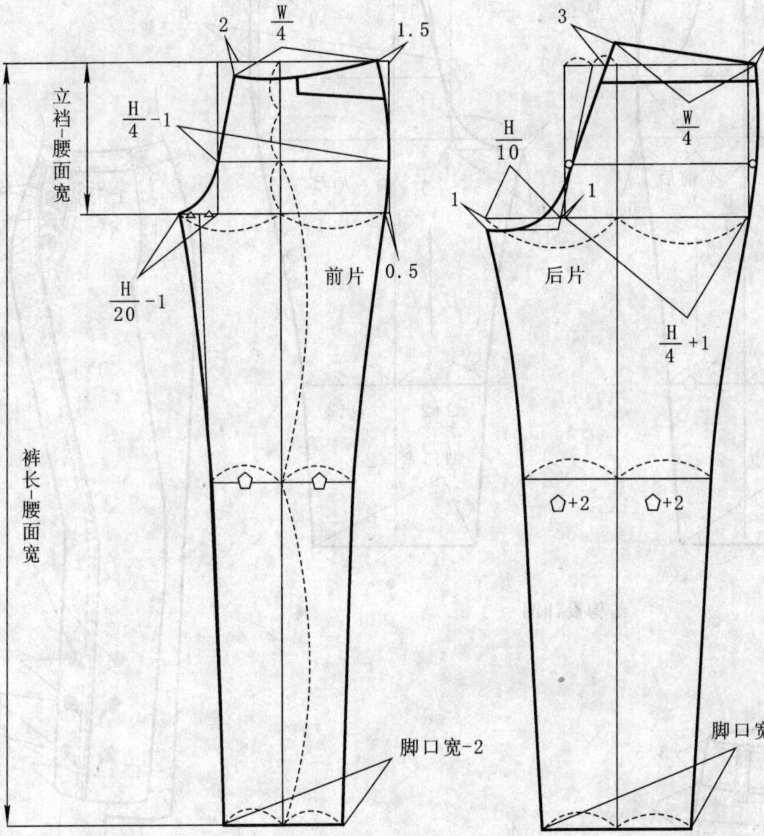

结构设计图

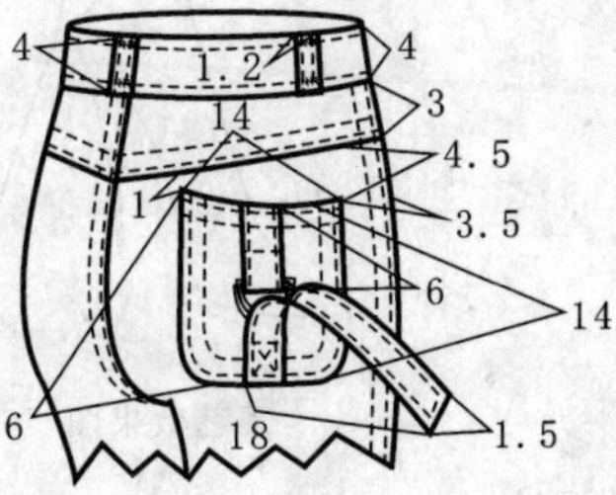

工艺效果图

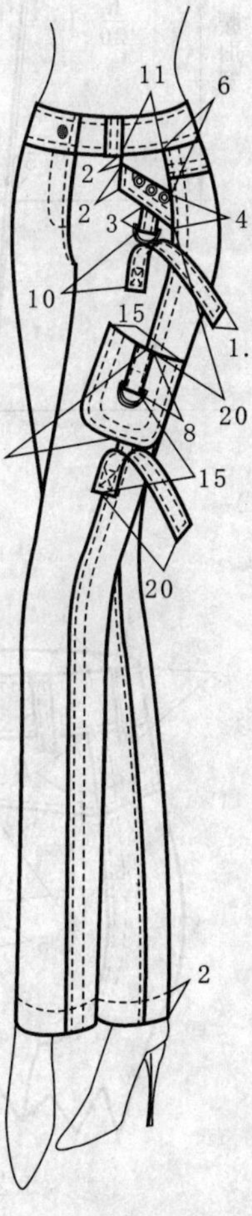

工艺效果图

图 5-34　Y 型休闲裤结构工艺设计

34款结构设计图、工艺效果图

成品规格表　　　　号型：170/73　　　　单位：cm

部位	裤长	臀围	腰围	立裆	膝围线	脚口宽
规格	80	98	76	26	60	20

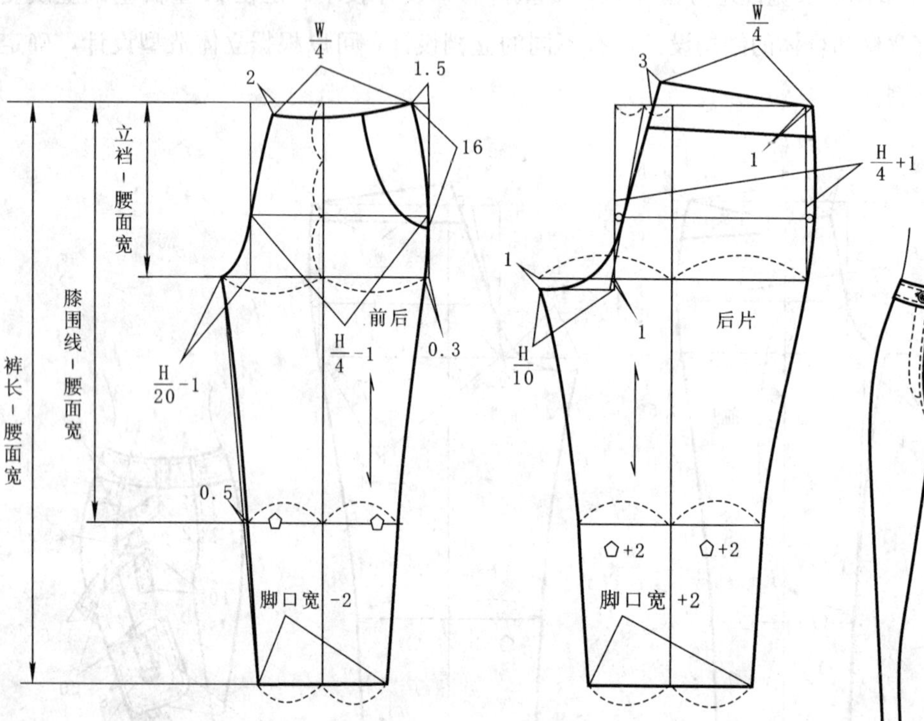

结构设计图

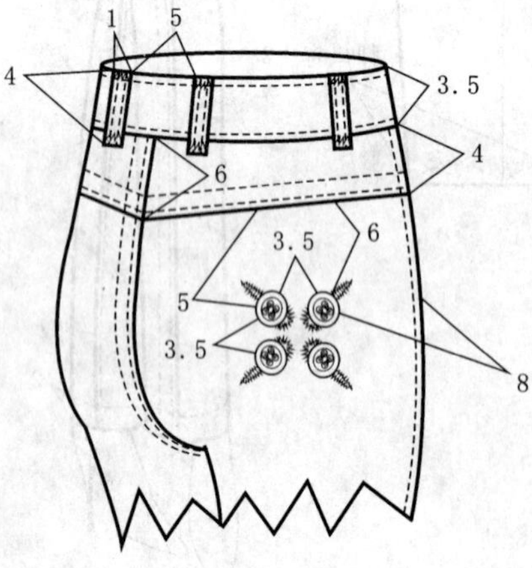

工艺效果图

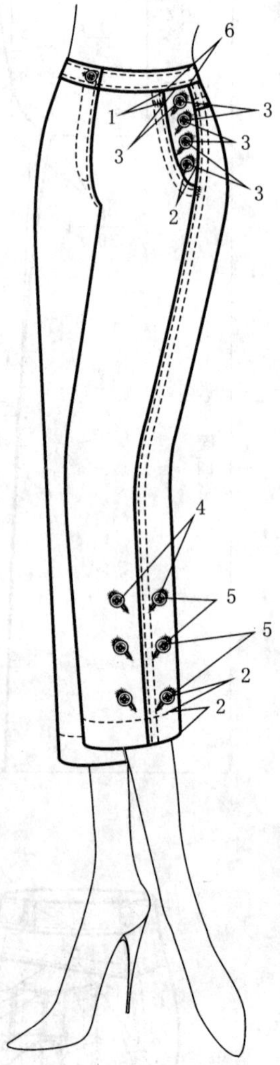

工艺效果图

图 5-35　窄脚口八分休闲裤结构工艺设计

35 款结构设计图、工艺效果图

成品规格表　　　　号型：170/73　　　　单位：cm

部位	裤长	臀围	腰围	立裆	膝围线	脚口宽
规格	80	96	76	26	60	20

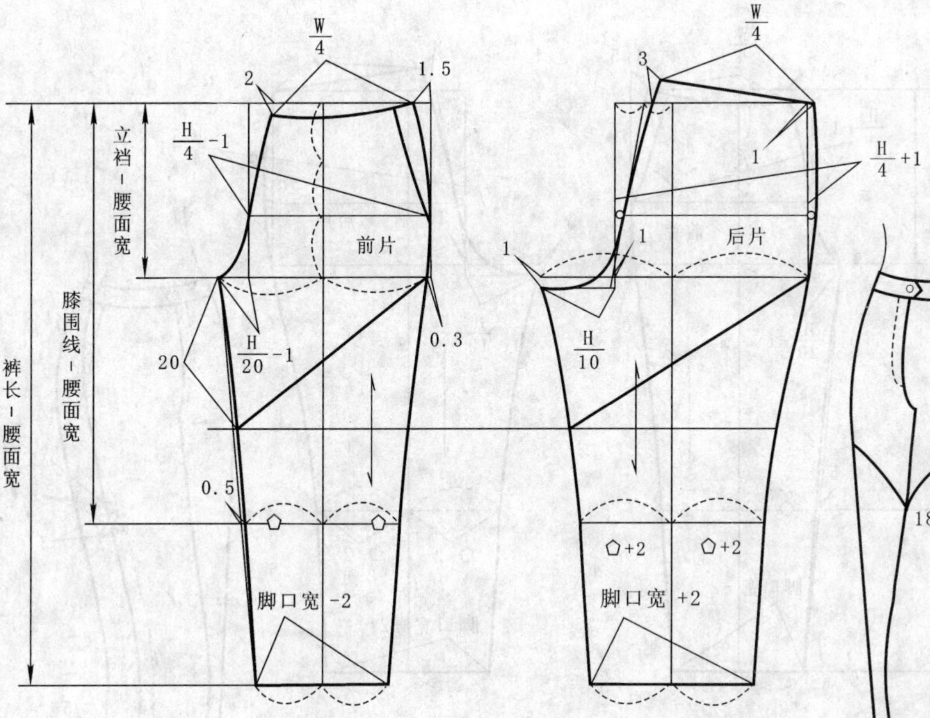

纸样设计图

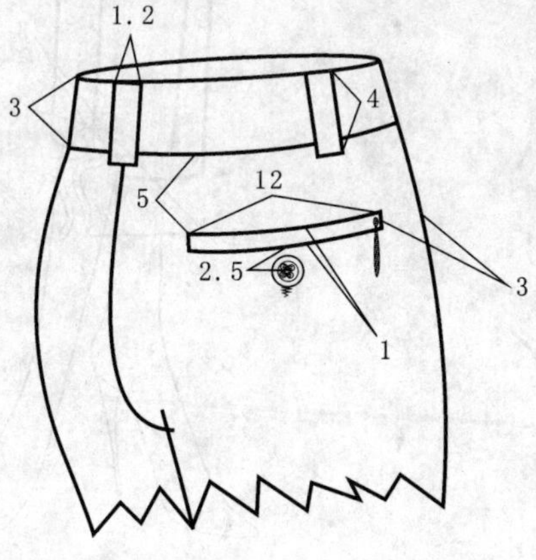

工艺效果图

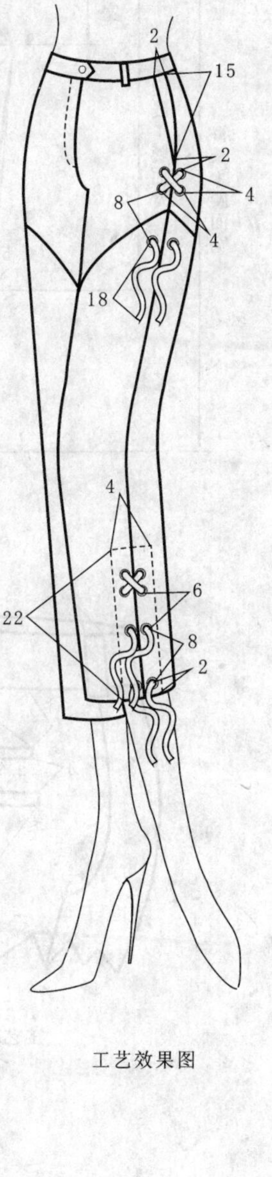

工艺效果图

图 5 - 36　窄脚口八分休闲裤结构工艺设计

36 款结构设计图、工艺效果图

成品规格表　　　号型：170/73　　　　　　　　　单位：cm

部位	裤长	臀围	腰围	立裆	膝围线	脚口宽
规格	80	100	78	26	60	20

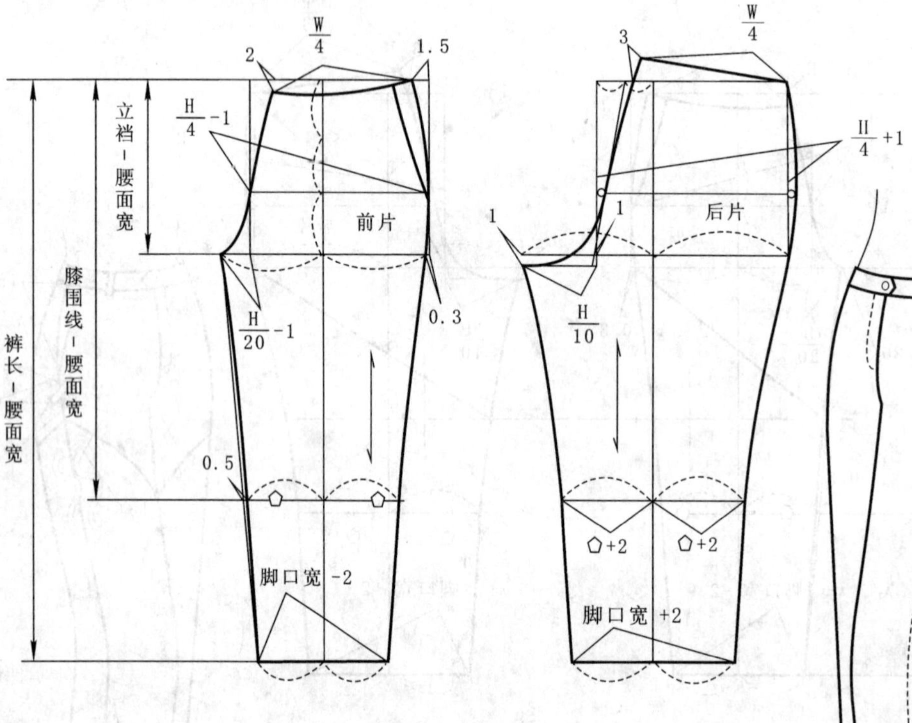

结构设计图

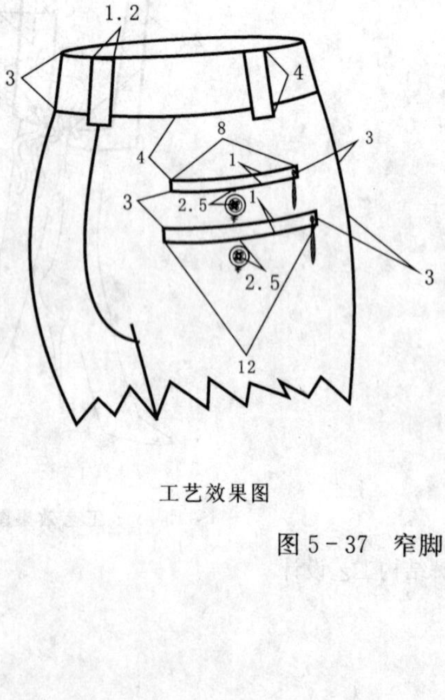

工艺效果图

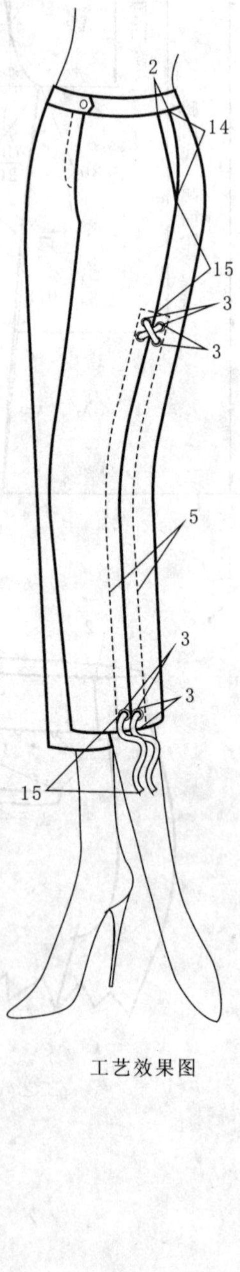

工艺效果图

图 5 - 37　窄脚口八分休闲裤结构工艺设计

37 款结构设计图、工艺效果图

成品规格表　　　　号型：170/73　　　　单位：cm

部位	裤长	臀围	腰围	立裆	膝围线	脚口宽
规格	80	100	76	26	60	20

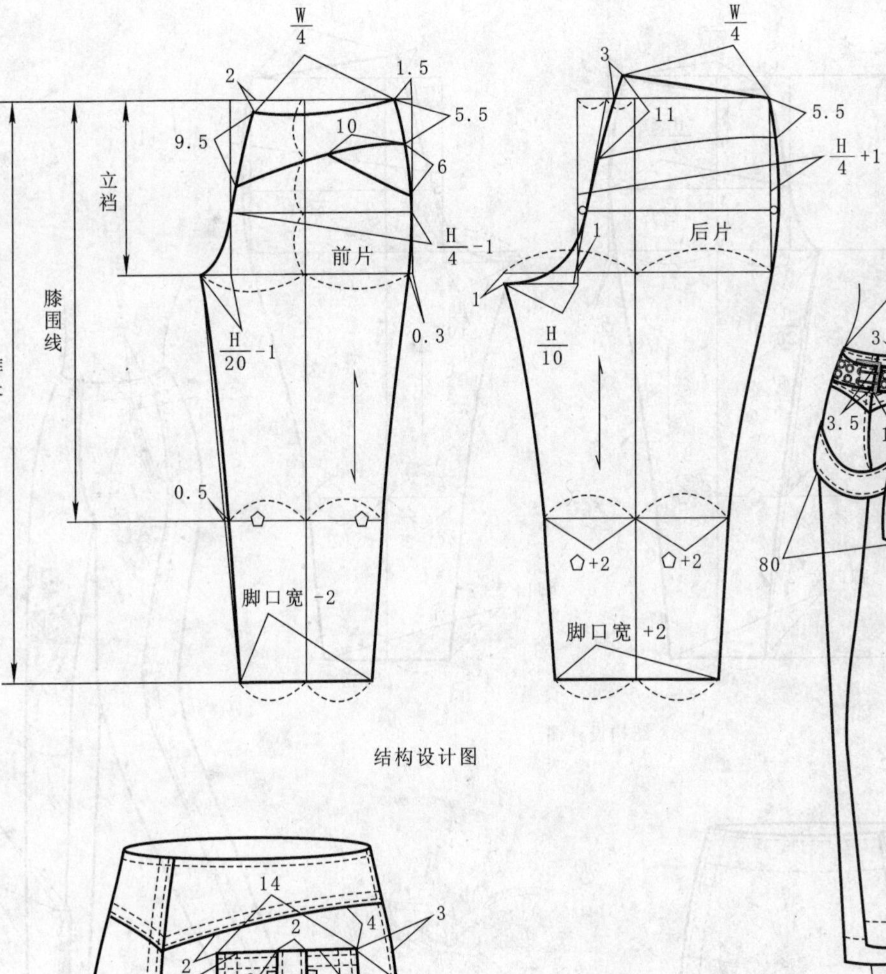

结构设计图

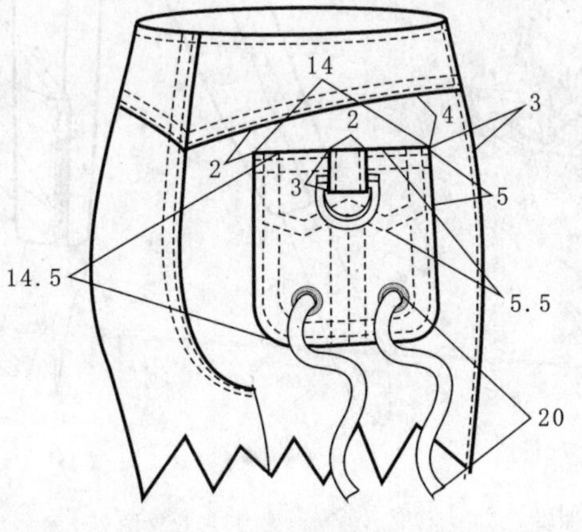

工艺效果图

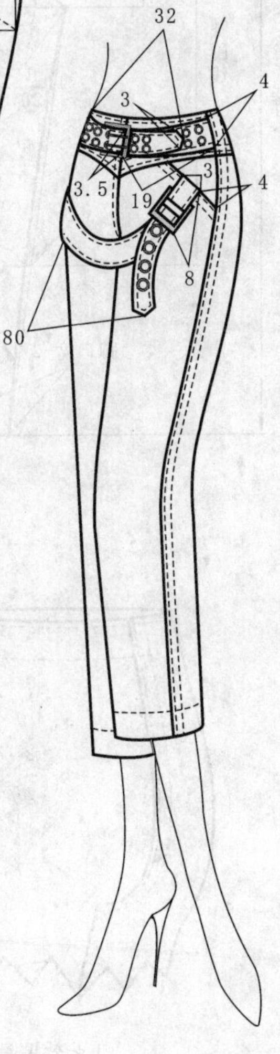

工艺效果图

图 5-38　连腰窄脚口八分休闲裤结构工艺设计

38 款结构设计图、工艺效果图

成品规格表　　　　号型：173/73　　　　单位：cm

部位	裤长	臀围	腰围	立裆	膝围线	脚口宽
规格	90	100	76	26	60	15

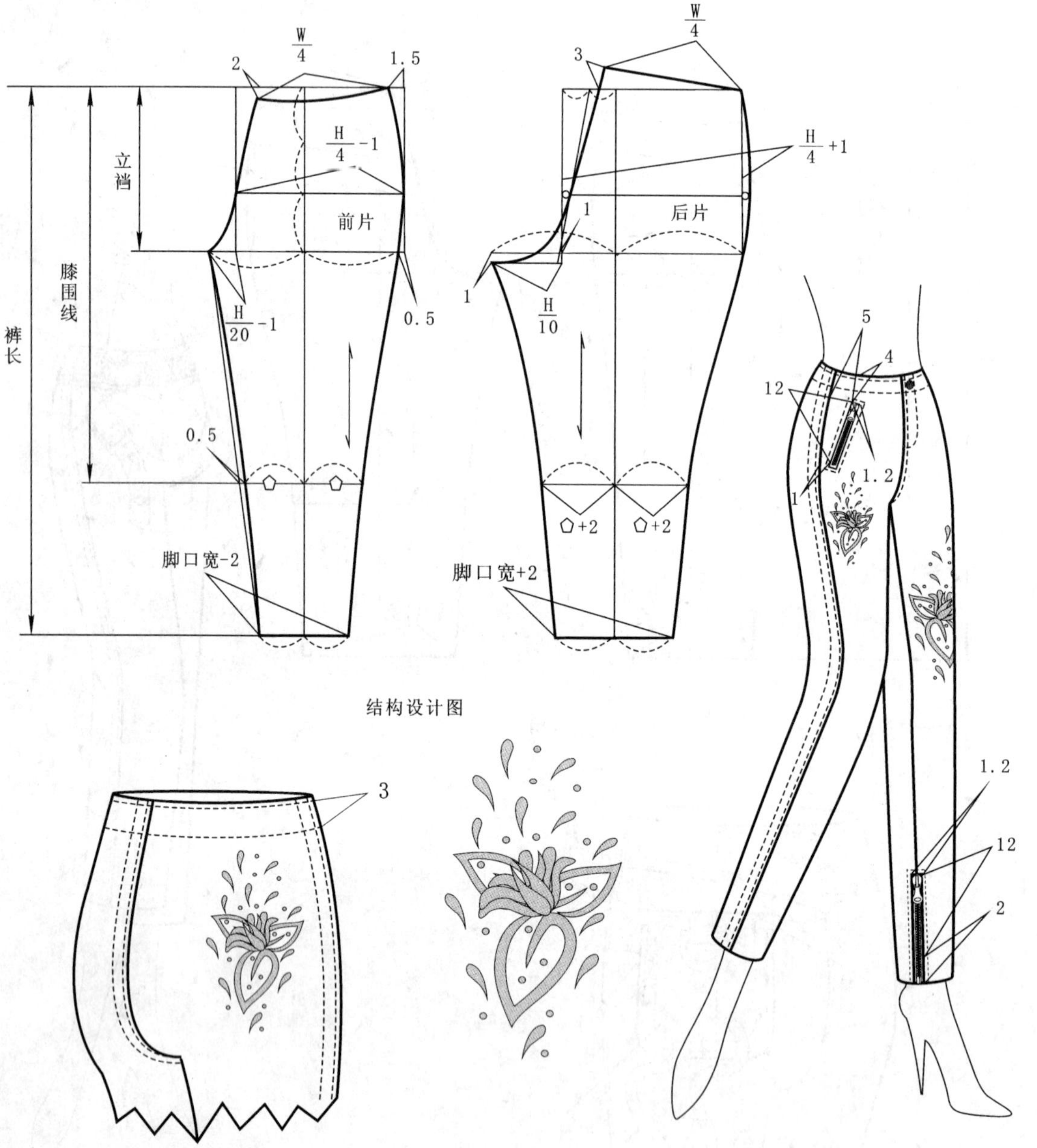

图 5－39　连腰九分休闲裤结构工艺设计

39 款结构设计图、工艺效果图

成品规格表　　号型：170/73　　单位：cm

部位	裤长	臀围	腰围	立裆	膝围线	脚口宽
规格	90	100	80	24	60	23

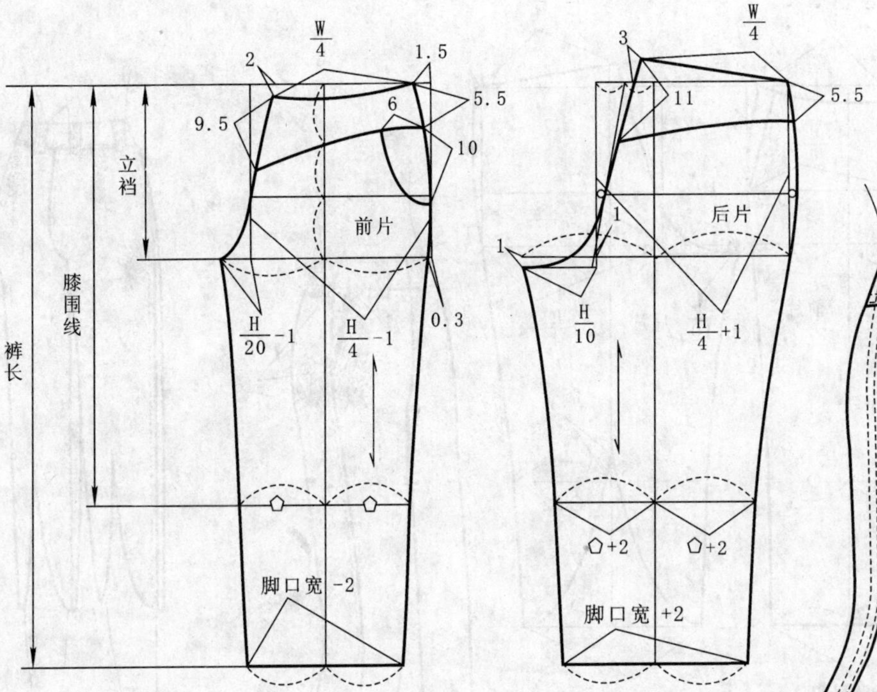

结构设计图

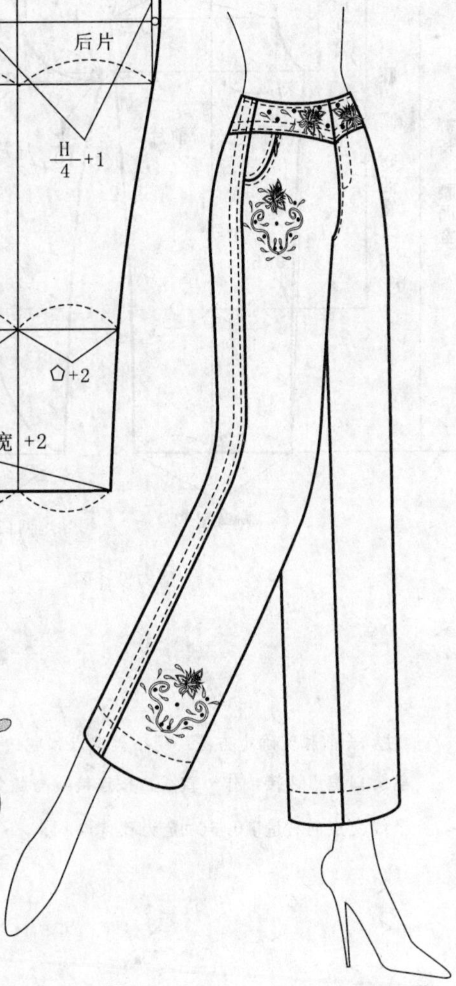

工艺效果图　　绣花图案　　工艺效果图

图 5－40　连腰直筒九分休闲裤结构工艺设计

40款结构设计图、工艺效果图

成品规格表　　　号型：170/73　　　　　　　　　　　　　单位：cm

部位	裤长	臀围	腰围	立裆	膝线高	脚口宽
规格	75	98	78	24	55	22

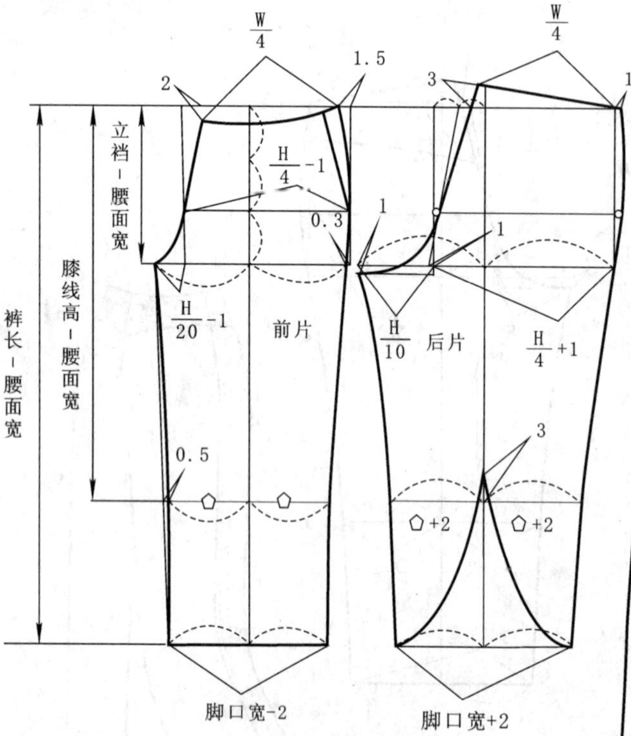

结构设计图

注　$\frac{1}{2}$前膝宽确定方法：用小裆宽点和底边线前脚口宽点连接，作一直线，按连接线与膝关节线交点向右量取0.5cm定为膝宽点。

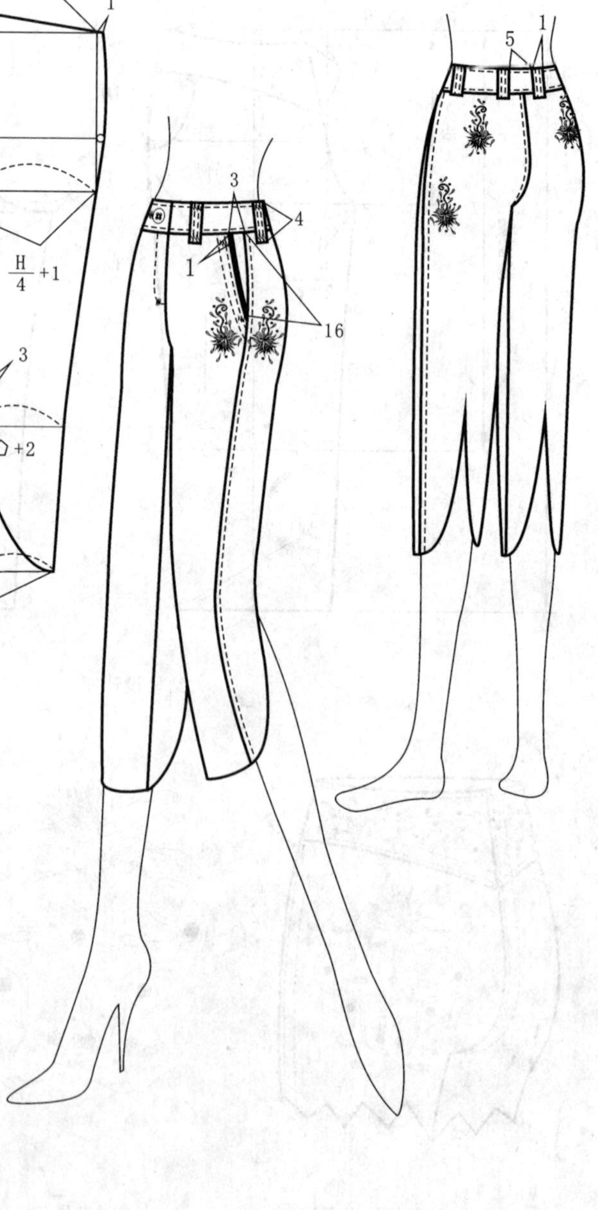

工艺效果图

图5－41　休闲裤结构工艺设计

第三节　紧口裤纸样制图实例

纸样设计有三种基本裤型变化，即 A 型、H 型和 Y 型，其中 H 型是经常采用的裤型。紧口裤取膝宽的方法同 H 型裤、Y 型裤。方法有两种：一是用前里侧脚口宽点与$\frac{1}{2}$小裆宽点连接作直线，用此种方法确定$\frac{1}{2}$前膝宽；另一种方法是用前里侧脚口宽点与小裆宽点连接作直线，用比例方法获取$\frac{1}{2}$前膝宽。本节中紧口裤膝宽确定方法同上节。紧口裤纸样设计与前两节纸样的区别是裤子底边处有裤口边条的设计，裤口边条宽是裤长的一部分，它是由结构设计效果来确定。裤口边条长是由裤长所涉及的人体部位围度及设计需要加放的松量确定。裤口边条长不宜设计得太短，若设计得太短，则人体的活动受限，也就失去了设计的实用功能。裤口底边条可以根据设计效果来确定其形状（图 5－42）。紧口裤纸样制图见图 5－43～图 5－46。

图 5－42　裤口边条制图

注　裤口边长＝裤口边（28cm）＋搭份（3cm）＋尖长（1cm）

41 款结构设计图、工艺效果图

成品规格表　　　号型：170/73　　　单位：cm

部位	裤长	臀围	腰围	立裆	膝围线	脚口宽
规格	90	98	78	26	60	24

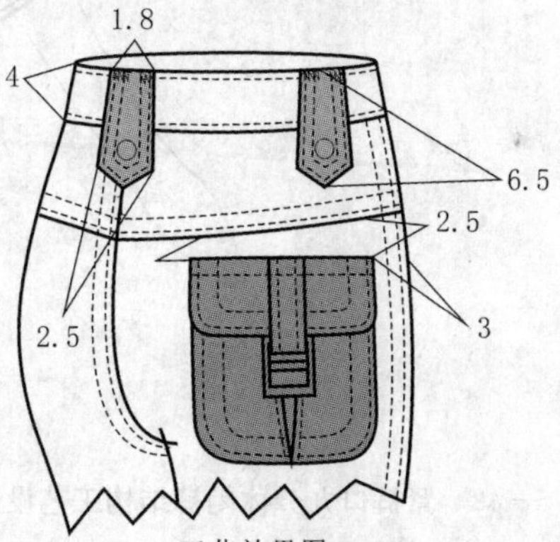

工艺效果图

图 5－43

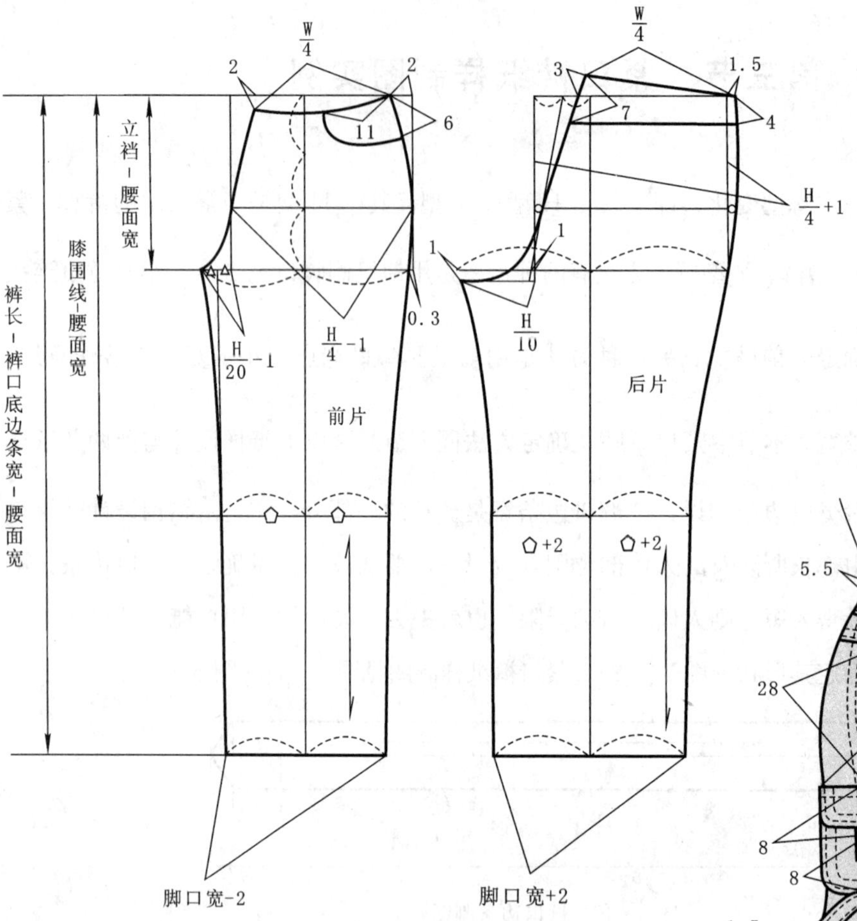

结构设计图

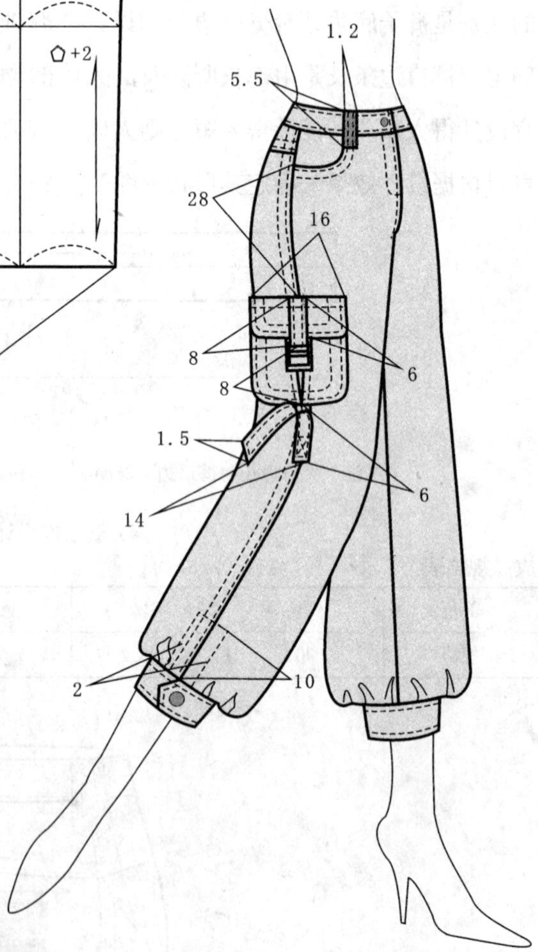

工艺效果图

图 5-43　紧裤口九分休闲裤结构工艺设计

42 款结构设计图、工艺效果图

成品规格表　　　号型：170/73　　　单位：cm

部位	裤长	臀围	腰围	立裆	膝围线	脚口宽
规格	90	100	76	24	60	24

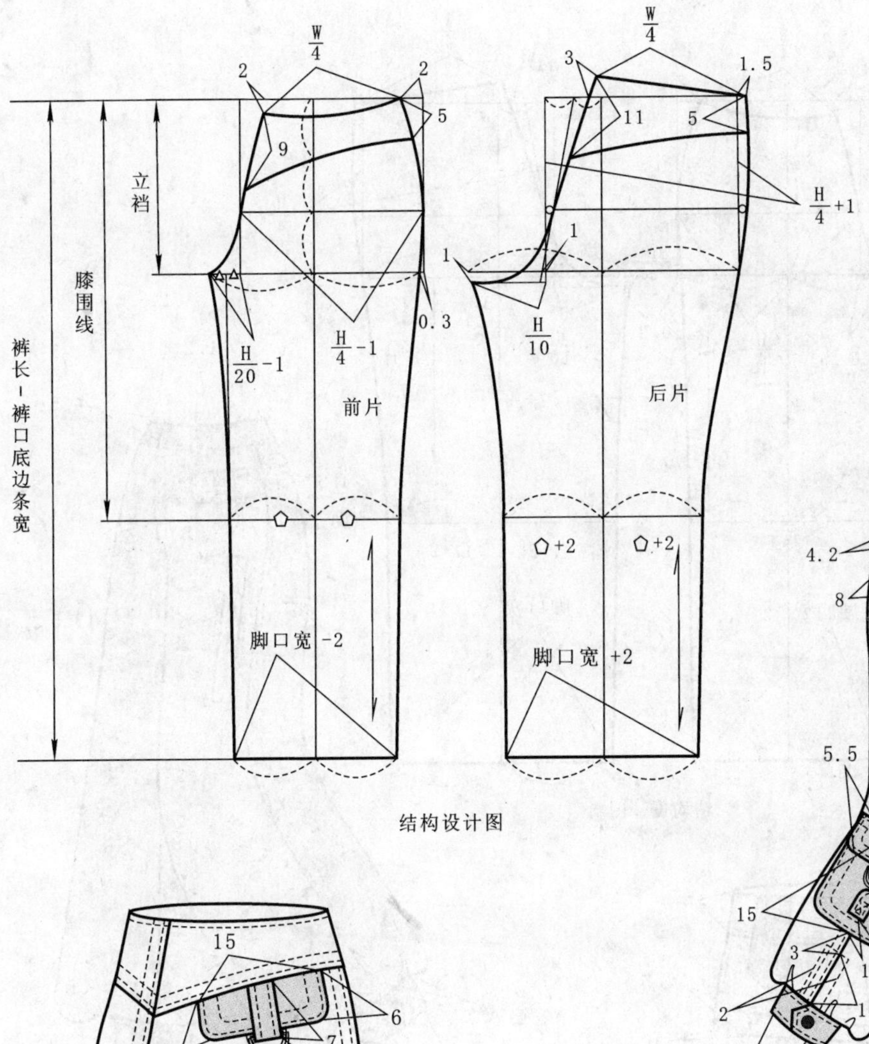

结构设计图

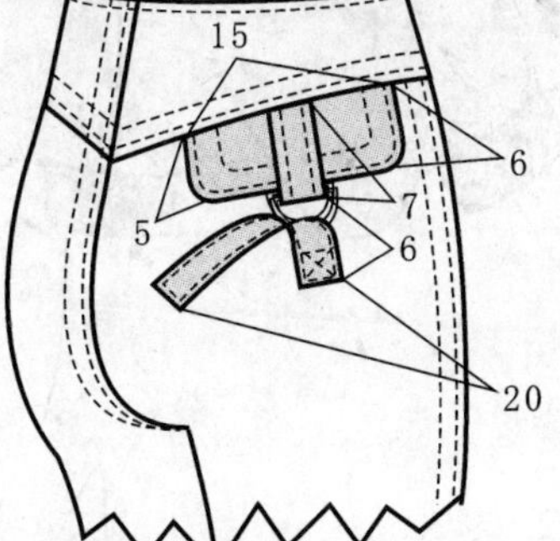

工艺效果图

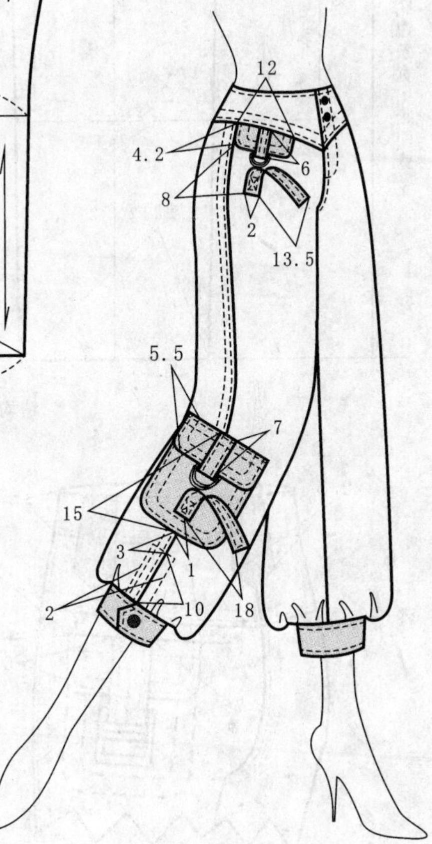

工艺效果图

图 5-44　连腰紧裤口九分休闲裤结构工艺设计

43 款结构设计图、工艺效果图

成品规格表　　　号型：170/73　　　单位：cm

部位	裤长	臀围	腰围	立裆	膝围线	脚口宽
规格	90	100	78	26	60	28

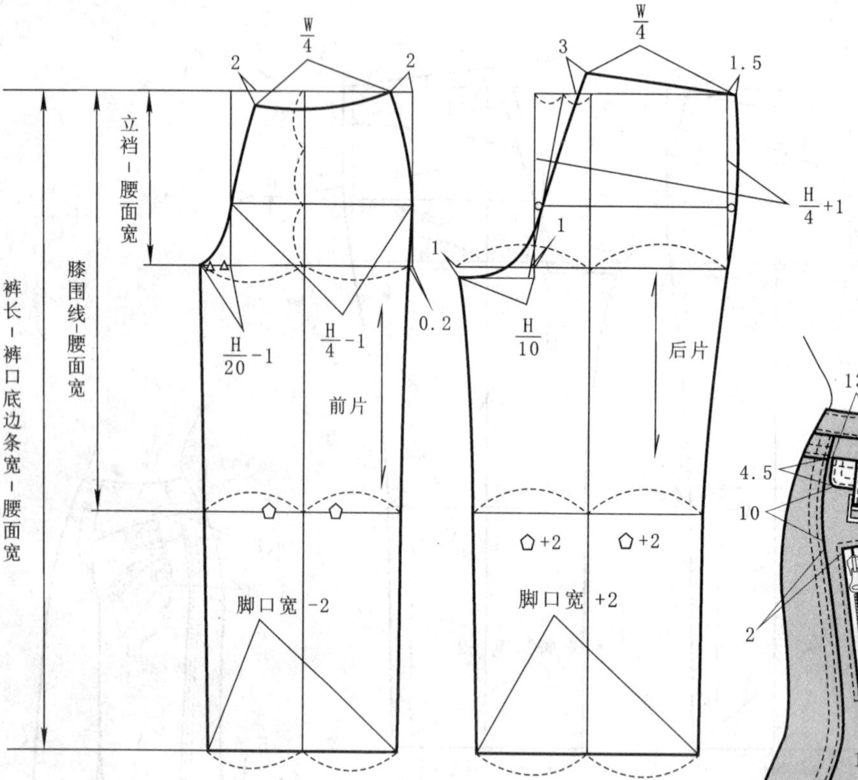

结构设计图

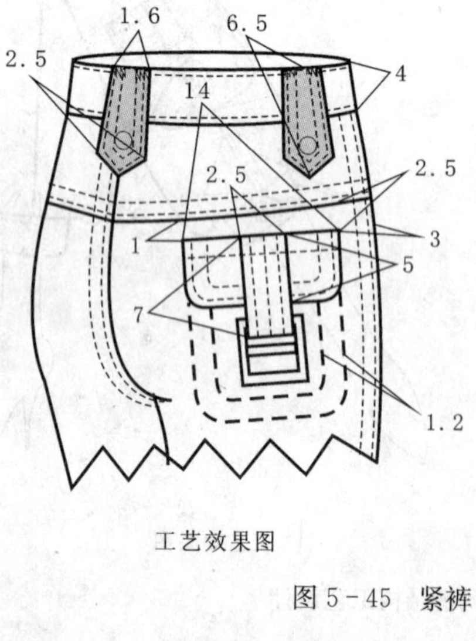

工艺效果图

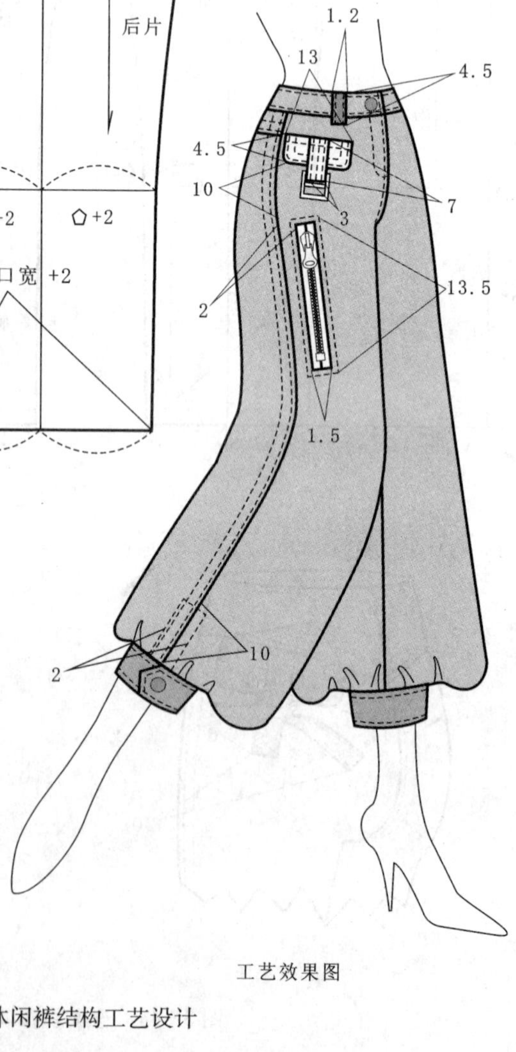

工艺效果图

图 5-45　紧裤口九分休闲裤结构工艺设计

44 款结构设计图、工艺效果图

成品规格表　　　　号型：170/73　　　　　　　　　　　　　　单位：cm

部位	裤长	臀围	腰围	立裆	膝围线	脚口宽
规格	90	100	76	26	60	24

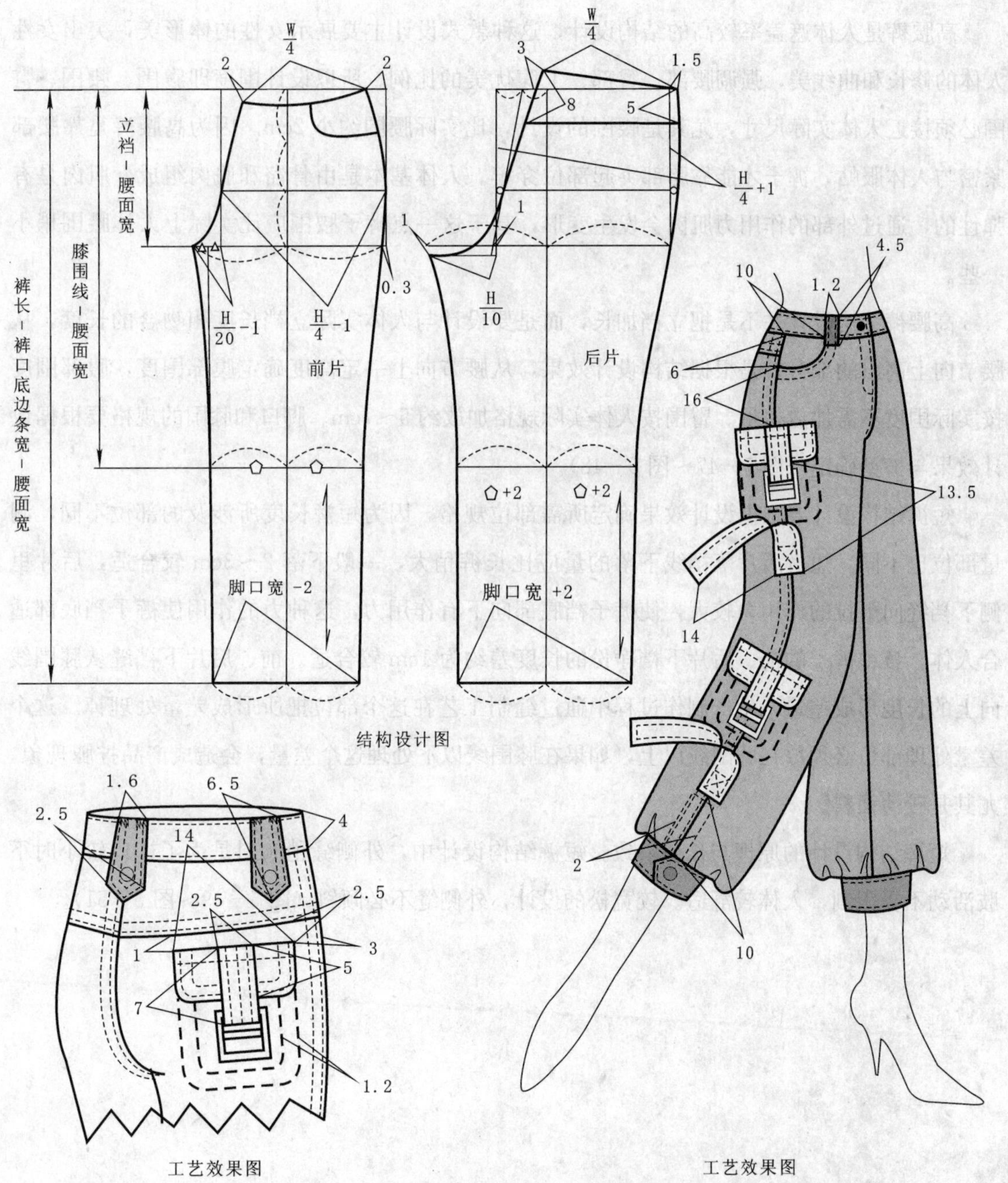

图 5－46　紧裤口九分休闲裤结构工艺设计

第四节　高腰裤、短裤纸样制图实例

高腰裤是人体遮盖率较高的结构设计，这种款式设计主要展示女性的体形美，突出女性人体的修长和曲线美，强调腰部、臀部、上腹优美的比例。所以设计围度即腹围、腰围、臀围必须接近人体实际尺寸，尤其是腰围的设计，比实际腰围约小 2cm。因为高腰裤是靠腰部紧密与人体服帖，裤子才能靠胯部突起部位穿牢。人体基本是由骨骼和肌肉组成，肌肉是有弹性的，通过外部的作用力肌肉会发生变形，基于这一点裤子腰围应比实际上人体腰围稍小一些。

高腰裤结构设计并不是把立裆加长，而是要设计与人体实际立裆长度相吻合的长度，从腰节向上高出的部分，是根据结构设计效果，从腰节向上一定高度确定腹部围度，腹部围度按实际围度不需加放松量。臀围按人体实际规格加放约 5～7cm。脚口和膝围的规格要根据设计效果与裤型确定（图 5 - 47～图 5 - 48）。

短裤结构设计要根据设计效果确定所需部位规格，因为短裤长度所涉及的部位不同，测量部位也不同。短裤后片落裆线下落的量应比长裤稍大，一般下落 2～3cm 较合适，后片里侧下裆缝向下拉的作用力较大，使裤子裆底部向下有作用力，这种力的作用使裤子裆底部适合人体。各种裤子的前、后片下裆净份的长度差约为 1cm 较合适。前、后片下裆缝从膝围线向上的长度形成差量，生产制作过程中通过缝制工艺在这个部位把所形成差量处理掉。这个差量处理部位必须放在膝围线以上，如果在膝围线以下处理这个差量，会造成产品拧腿现象，尤其是较薄面料。

短裤结构设计的原理与长裤一致。短裤结构设计中，外侧缝稍倾斜是为了裤口较小时下肢活动不受限制，人体较舒适。较宽松的设计，外侧缝不必倾斜（图 5 - 49～图 5 - 51）。

45 款结构设计图、工艺效果图

成品规格表　　号型：170/73　　单位：cm

部位	裤长	臀围	腹围	腰围	立裆	膝宽	脚口宽
规格	116	98	76	73	26	20	26

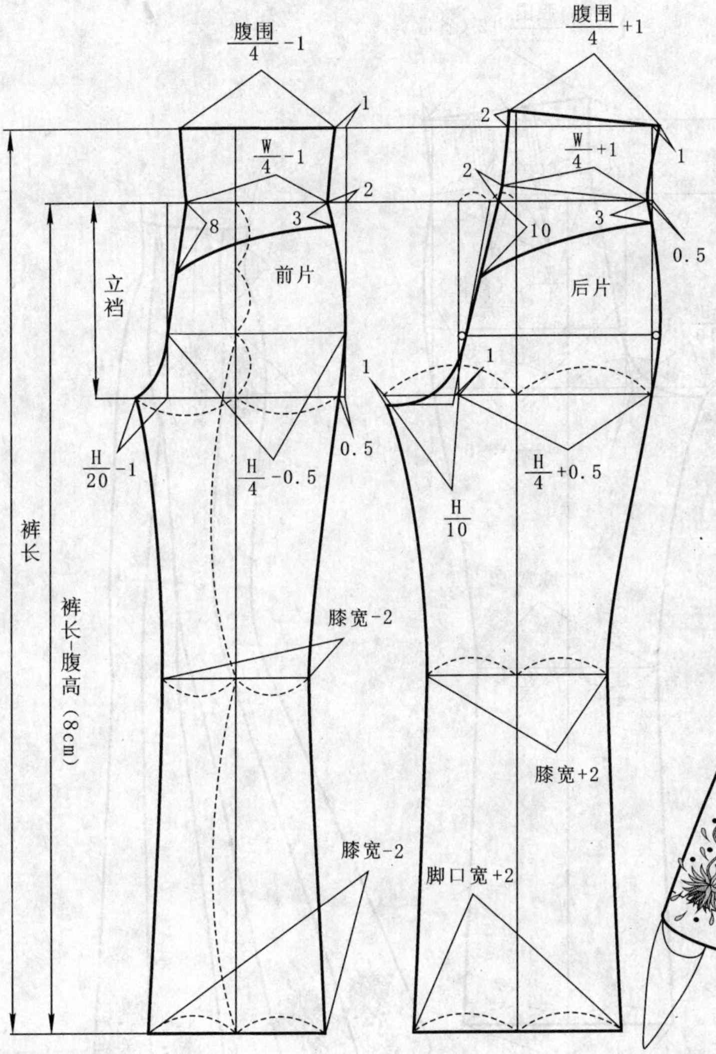

结构设计图

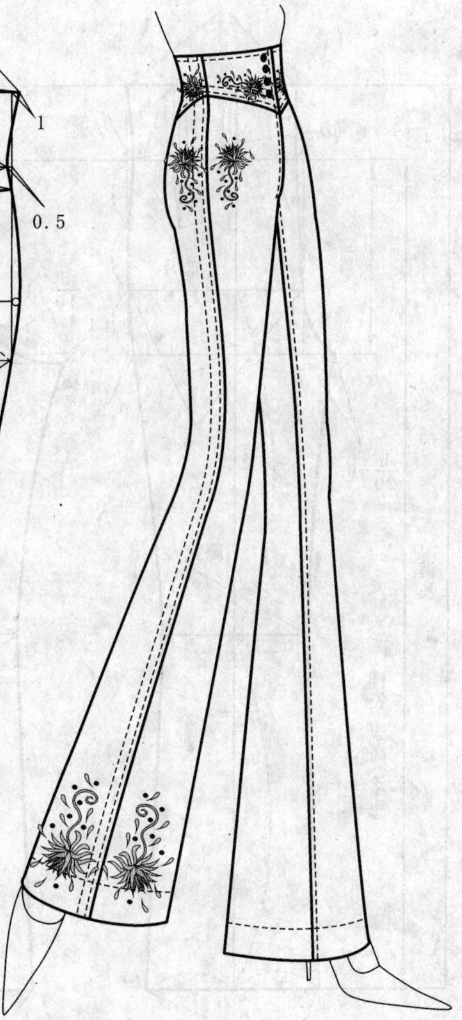

工艺效果图

注　高腰喇叭裤与普通上腰裤制图区别：从腰节上确定 8cm 量取腹围，作为结构设计依据。从腰节向上量取数值确定腹围的高度要根据设计效果而定。

图 5－47　高腰 A 型休闲裤结构工艺设计

46 款结构设计图、工艺效果图

成品规格表　　　　号型：170/73　　　　　　　　　　　　　　　单位：cm

部位	裤长	臀围	腹围	腰围	立裆	膝宽	脚口宽
规格	116	100	76	71	26	20	26

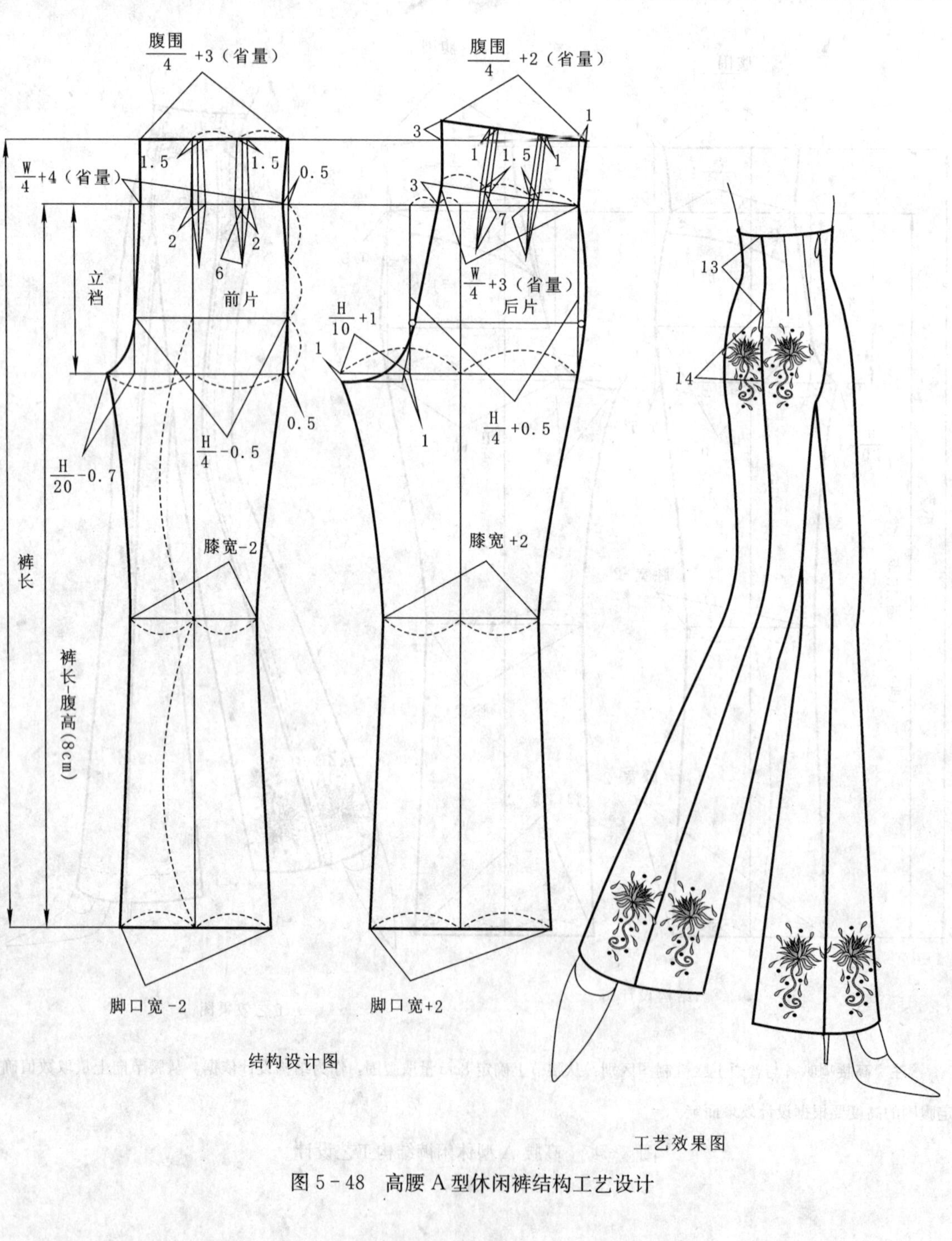

图 5-48　高腰 A 型休闲裤结构工艺设计

47 款结构设计图、工艺效果图

成品规格表　　　号型：170/73　　　单位：cm

部位	裤长	臀围	腰围	立裆	脚口宽
规格	35	98	76	22	24

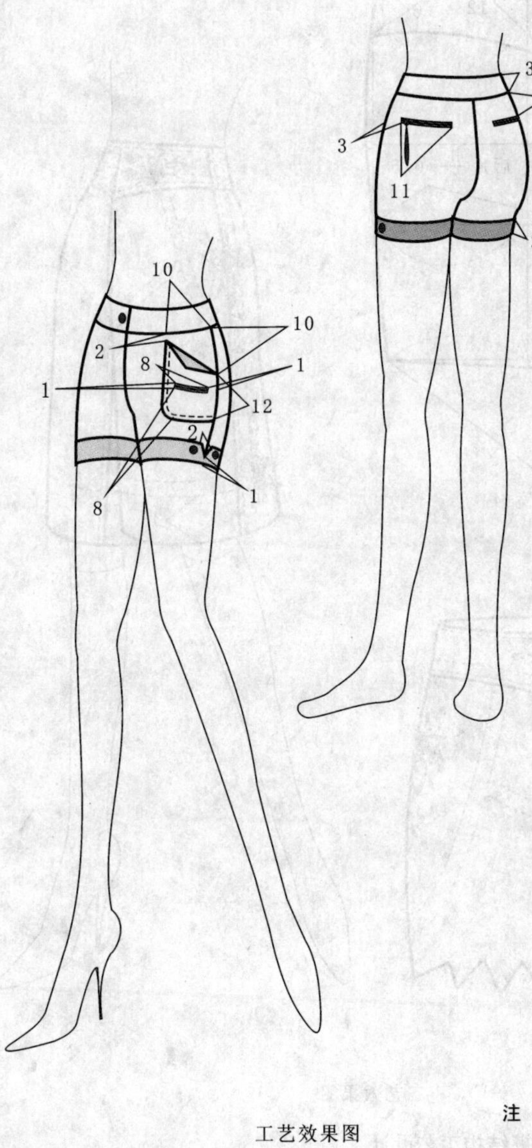

工艺效果图

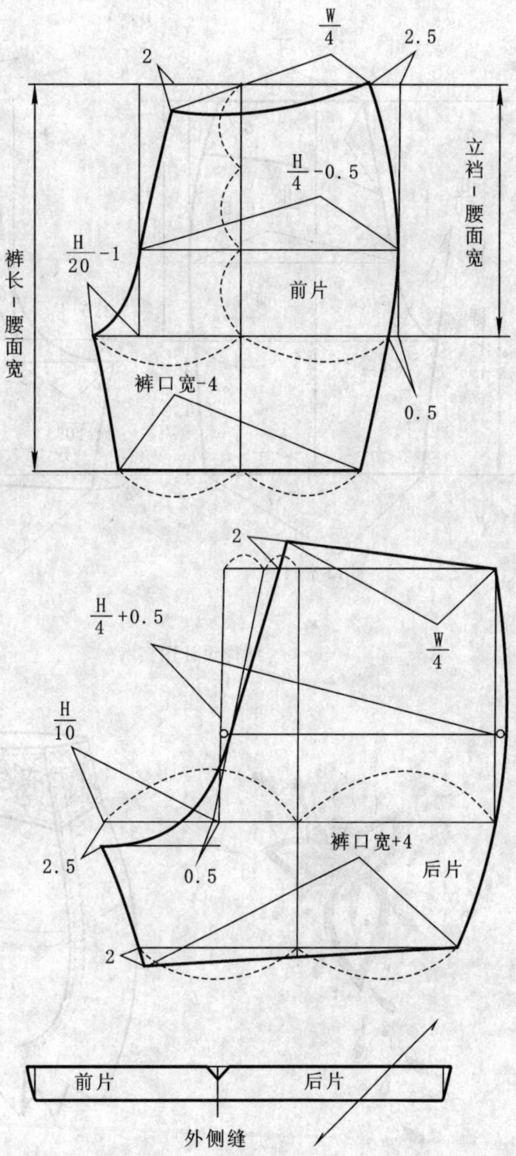

注　裤口条长＝脚口+前裤口+后裤口斜度规格，宽设为2cm。

结构设计图

图 5-49　短休闲裤结构工艺设计

48 款结构设计图、工艺效果图

成品规格表　　　号型：170/73　　　　　　　　　　单位：cm

部位	裤长	臀围	腰围	立裆	脚口宽
规格	45	98	76	24	24

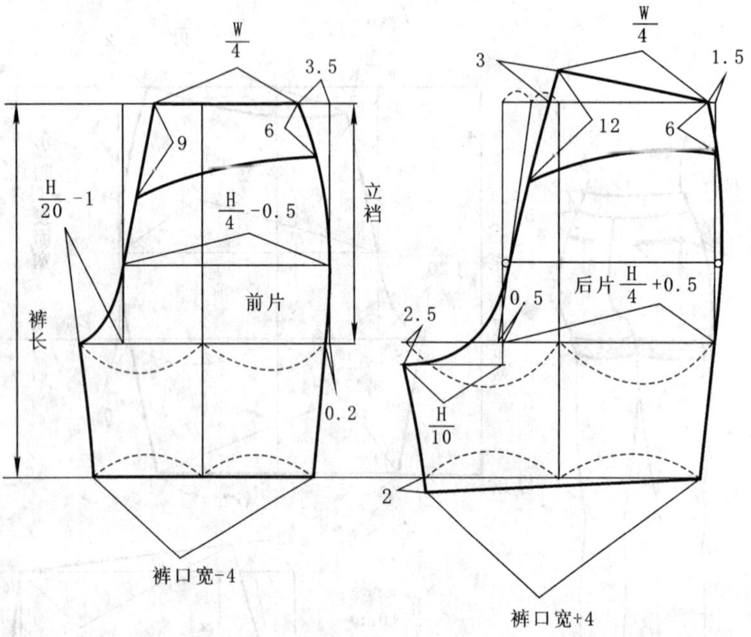

结构设计图

绣花图案

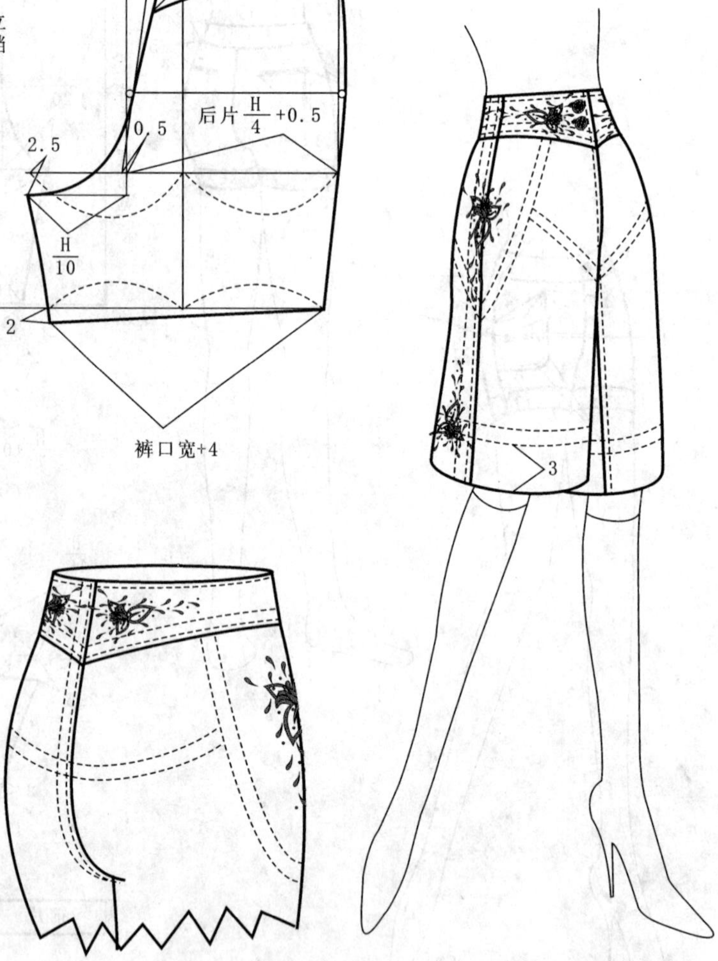

工艺效果图

图 5-50　短休闲裤结构工艺设计

49 款结构设计图、工艺效果图

成品规格表　　号型：170/73　　单位：cm

部位	裤长	臀围	腰围	立裆	脚口宽
规格	35	98	73	22	24

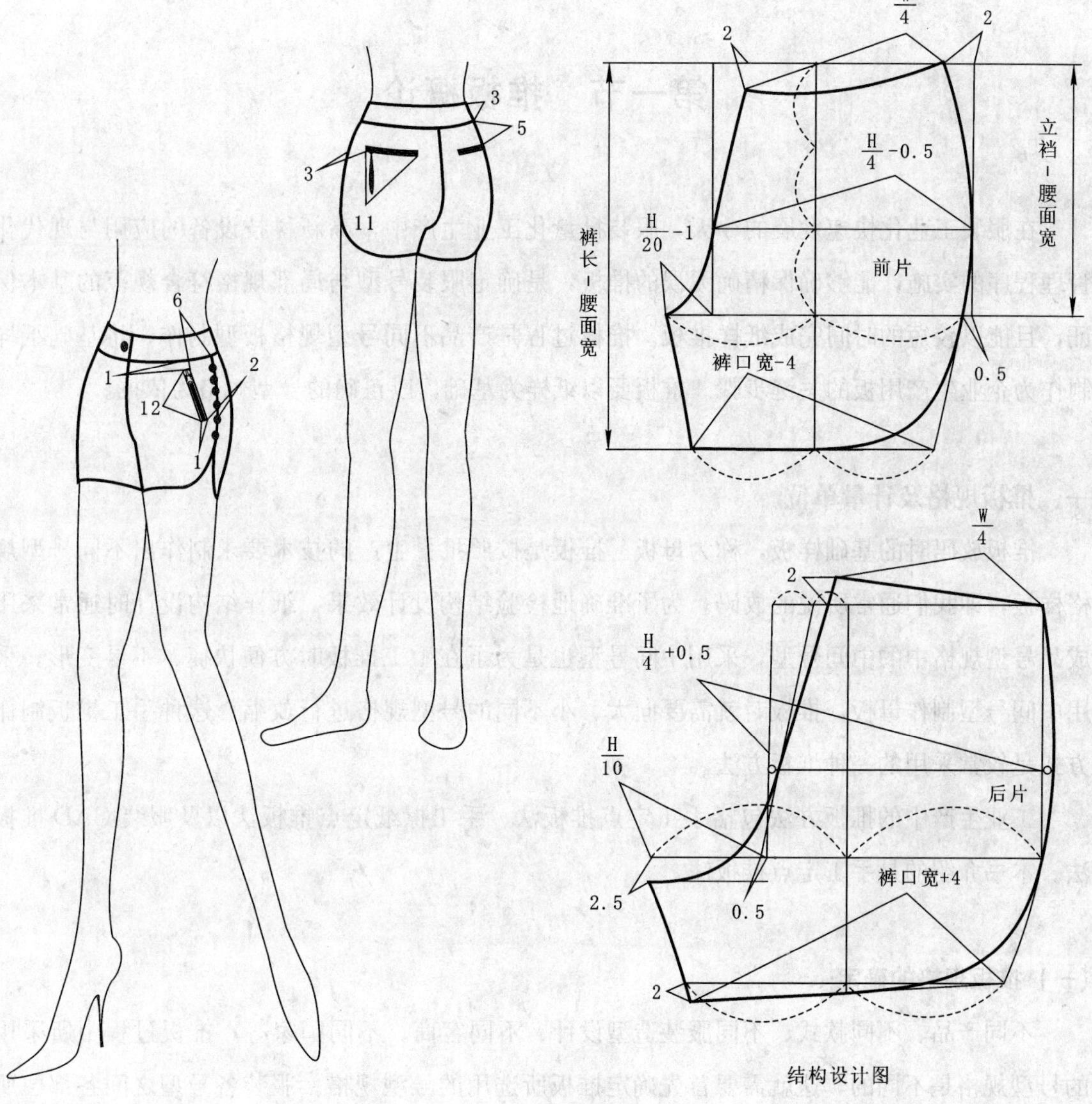

图 5－51　短休闲裤结构工艺设计

第六章　推板工艺

第一节　推板概论

在服装工业化快速发展的今天，服装批量化工业生产中，高新科技设备的应用与现代化管理程序的实施，能够确保精确无误的推板，是确定服装号型与局部规格符合规范的基本保证，且能以较短的时间完成纸样推板。推板过程是产品不同号型规格板型制作，将基础纸样制作为企业生产用板的关键步骤。推板要以纸样为基础，以正确的号型规格为依据。

一、推板规格及计量单位

推板放码时的基础样板，称为母板。推板是按照批量生产的技术要求制作出不同号型规格样板，即我们通常所说的放码。为了准确地检验结构设计效果，纸样结构设计时通常采用成品号型规格中的中间号型，采用中间号型也是为了在手工推板时方便快捷、不易变形。采用中间号型制作母板，推板时就需要向大、小不同的号型规格进行放缩。这种手工推板制作方式是较常采用的一种推板方法。

工业生产中的推板方法包括手工定点推板法、手工摞纸定点推板法以及服装CAD推板法。本书介绍的是手工定点推板法。

（一）推板规格的确定

不同产品、不同款式、不同服装造型设计、不同客商、不同国家等，推板过程中所采用的号型规格是不同的，这就需要首先确定推板所选用的号型规格。服装各号型之间各部位所要求的档差不尽相同，所以推板时采用的服装号型规格必须正确，必须符合结构设计的技术标准。就女裙而言，国内所采用的规格有两种：一种是以新服装国家号型标准为依据进行推板；另一种是按照企业市场调查后，自己制定的企业标准进行推板。出口服装中，不同的国家也有着各自的区别。

(二) 推板计量单位

在服装工业化、全球化生产时代，服装生产和销售中，相互合作与信息沟通交流过程中，服装号型计量单位的统一与规范越显重要。服装号型计量单位的统一和规范，会给全球化服装生产企业创造巨大的经济效益，也会使服装生产过程中产品规格准确度提升。服装业通常统一以厘米（cm）为号型规格的检测计量单位，但在实际生产中有三种常用的服装规格计量单位。一种是国际推行的服装标准计量单位厘米（cm）；另一种计量单位是市寸，1 市寸≈3.33 厘米（cm）；第三种计量单位是英寸（in），1 英寸≈2.54 厘米（cm）。在出口外贸服装生产中，很多国外客商都习惯以英寸为计量单位。

二、纸样推板前的毛份加放

结构设计中制图是根据成品规格制作，也是我们所说的净样，净样不包括制作时所需缝份和折份。缝份与折份是根据不同生产制作工艺技术标准确定，通常缝份为 1cm，我们把它称之为正常缝份。因为在实际应用中，缝份会出现大于 1cm 或小于 1cm 的时候，我们把这样缝份称为特定缝份。折份一般为 3～4cm，折份的设定是根据不同工艺标准和技术要求而确定。

结构样板毛板必须有生产制作所需定位标记如图中省的标记和剪刀口。如图 6-1 所示，是以 A 型裙为例的毛份加放图。

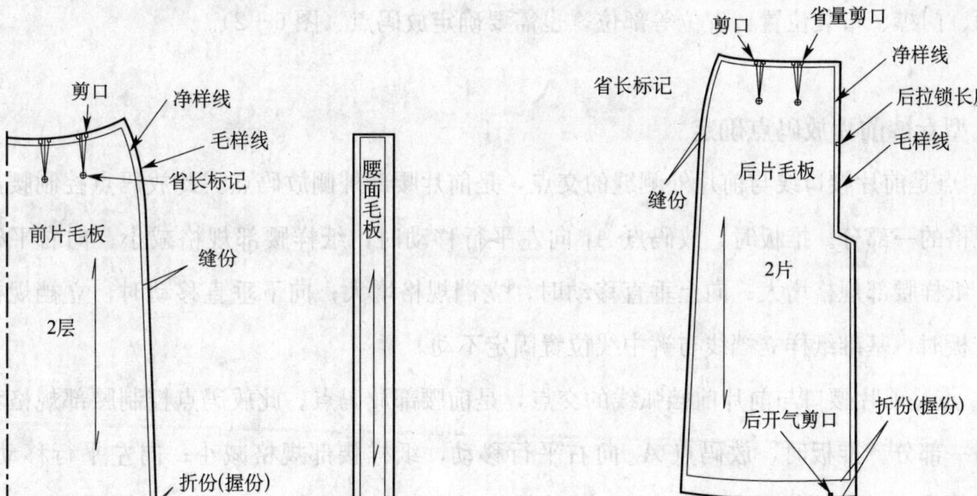

图 6-1 A 型裙结构工艺设计（后开衩）毛份加放

三、放码点确定

放码是服装行业习惯的专业用语。在这里，“放”是向外扩展，是放大规格的意思。“码”是一种长度计量单位，是外来语，在外贸服装加工订单中经常会遇到用码作为长度计量单位的。1 码（yd）＝91.44 厘米（cm）。推板时，为进行纸样规格放缩和外形控制而确定的点称为放码点。放码点是控制纸样规格与外形的关键点，放码时按规定方向移动，纸样的规格也随着放码点有规律地增大与缩小，纸样的外形也会随之改变。推板时首先是放码点的确定，为了在推板时便于按顺序操作，本书中把每个放码点用字母来表示。

服装 CAD 是采用计算机智能自动确定放码点。计算机智能自动确定的放码点精确、快捷，是手工操作远不能及的。但对于一位服装专业技术人员，不会用手工制板与推板是一件很遗憾的事，因为通过手工制板与推板，会对服装技术有更深层次的理解和体会，尤其是对初学者更显重要。

第二节　女裤推板

女裤在没有特殊工艺要求情况下，推板时前片和后片需用的常规放码点均为 10 个。另外在腰面、门襟、口袋位置、省位等部位，也需要确定放码点（图 6－2）。

一、A 型女裤前片放码点确定

A_1 点是前片腰口线与前片外侧缝的交点，是前片腰部外侧放码点。此放码点控制腰部和立裆规格的一部分。推板时，放码点 A_1 向左平行移动时，纸样腰部规格减小；向右平行移动时，纸样腰部规格增大；向上垂直移动时，立裆规格增大；向下垂直移动时，立裆规格变小。推板时，基础纸样立裆线与裤中线位置固定不动。

A_2 点是前片腰口与前片前裆弧线的交点，是前腰部放码点。此放码点控制腰部规格和立裆规格一部分。推板时，放码点 A_2 向右平行移动，纸样腰部规格减小；向左平行移动时，纸样腰部规格增大；向上垂直移动时，立裆规格增大；向下垂直移动时，立裆规格减小。A_2 放码点平行移动的方向及产生的变化与 A_1 放码点是相反的。

B_1 点是纸样外侧缝弧线与臀围线的交点，是前片臀部外侧放码点。此放码点控制纸样前片臀部规格一部分和与臀围线的位置。B_1 放码点向左平行移动时，纸样臀部规格减小；向右平行移动时，纸样臀部规格增大；向上垂直移动时，臀围线与立裆之间规格增大；向下垂直

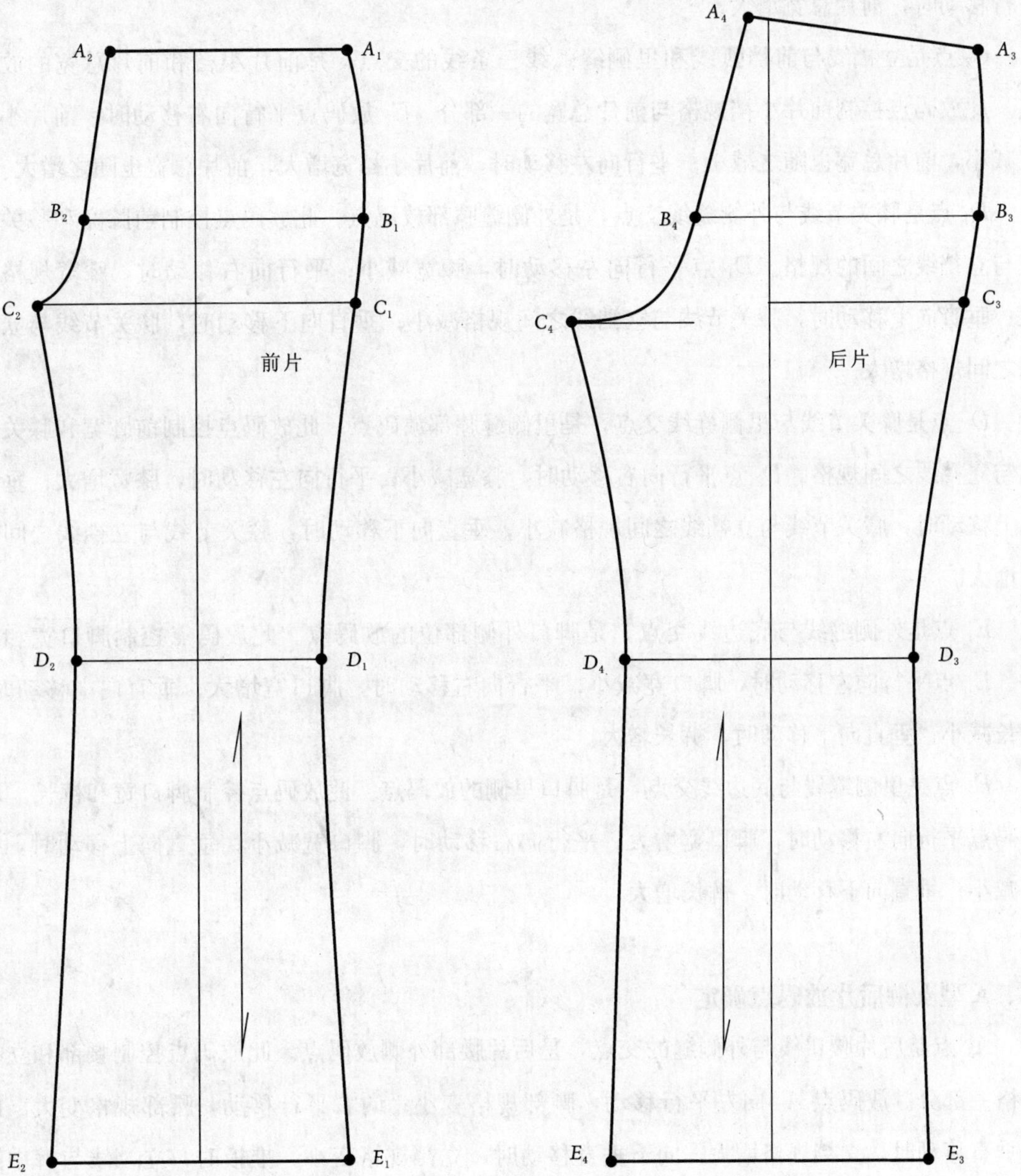

图 6－2　女裤推板放码点位置确定示意图

移动时，臀围线与立裆线之间规格减小。

B_2 点是纸样臀围线与前裆弧线交点，是前片臀部放码点。此放码点控制纸样前片臀部规格和臀围线的位置。B_2 放码点向右平行移动时，纸样前片臀部规格减小；向左平行移动时，纸样前片臀部规格增大；向上垂直移动时，臀围线与立裆线之间规格增大；向下垂直移动时，臀围线与立裆之间规格减小。

C_1 点是立裆线与前片外侧缝弧线的交点，是前片总宽（也称为前片横裆规格）外侧放码点。此放码点控制前片总宽规格的一部分。C_1 放码点向左平行移动时，前片总宽减小；向右平行移动时，前片总宽增大。

C_2 点是立裆线与前裆弧线和里侧缝弧线三条线的交点，是前片小裆和前片总宽的放码点。此放码点控制前片小裆规格与前片总宽的一部分。C_2 放码点平行向右移动时，前片小裆宽减小，前片总宽也随之减小；平行向左移动时，前片小裆宽增大，前片总宽也随之增大。

D_1 点是膝关节线与外侧缝线交点，是外侧缝膝部放码点。此放码点控制前膝宽和膝关节线与立裆线之间的规格。D_1 点平行向左移动时，膝宽减小；平行向右移动时，膝宽规格增大；垂直向上移动时，膝关节线与立裆线之间规格减小；垂直向下移动时，膝关节线与立裆线之间规格增大。

D_2 点是膝关节线与里侧缝线交点，是里侧缝膝部放码点。此放码点控制前膝宽和膝关节线与立裆线之间规格。D_2 点平行向右移动时，膝宽减小；平行向左移动时，膝宽增大；垂直向上移动时，膝关节线与立裆线之间规格减小；垂直向下移动时，膝关节线与立裆线之间规格增大。

E_1 点是外侧缝线与底边线交点，是脚口外侧部位的放码点。此放码点控制脚口宽和裤长。E_1 点平行向左移动时，脚口宽减小；平行向右移动时，脚口宽增大；垂直向上移动时，裤长减小；垂直向下移动时，裤长增大。

E_2 点是里侧缝线与底边线交点，是脚口里侧的放码点。此放码点控制脚口宽和裤长。E_2 放码点平行向左移动时，脚口宽增大；平行向右移动时，脚口宽减小；垂直向上移动时，裤长减小；垂直向下移动时，裤长增大。

二、A 型女裤后片放码点确定

A_3 点是后片腰口线与外侧缝的交点，是后片腰部外侧放码点。此放码点控制腰部和立裆规格一部分。放码点 A_3 向左平行移动，腰部规格变小；向右平行移动，腰部规格变大；向上垂直移动时，立裆规格增大；向下垂直移动时，立裆规格变小。推板时，立裆线与裤中线的位置是固定不动的。

A_4 点是后片腰口与后裆弧线的交点，是后片后腰部放码点。此放码点控制腰部规格和立裆规格一部分。放码点 A_4 向右平行移动时，腰部规格减小；向左平行移动时，腰部规格增大；向上垂直移动时，立裆规格增大；向下垂直移动时，立裆规格减小。A_4 放码点平行移动的方向及产生的变化效果与 A_3 点是相反的。

B_3 点是外侧缝弧线与臀围线的交点，是后片臀部外侧放码点。此放码点控制后片臀部规格一部分，同时也控制臀围线的位置。B_3 放码点向左平行移动时，臀部规格减小；向右平行移动时，臀部规格增大；向上垂直移动时，臀围线与立裆线之间规格增大；向下垂直移动时，臀围线与立裆线之间规格减小。

B_4 点是臀围线与后裆弧线交点，是后片臀部放码点。此放码点控制后片臀部规格和臀围线的位置。B_4 放码点向右平行移动时，后片臀部规格减小；向左平行移动时，后片臀部规格增大；向上垂直移动时，臀围线与立裆线之间规格增大；向下垂直移动时，臀围线与立裆之间规格减小。

C_3 点是立裆线与后片外侧缝弧线的交点，是后片总宽（也称为后片横裆规格）外侧放码点。此放码点控制后片总宽的一部分。C_3 放码点向左平行移动时，后片总宽减小；向右平行移动时，后片总宽增大。

C_4 点是后落裆线与后裆弧线和里侧缝弧线三条线的交点，是后片大裆宽和后片总宽的放码点。此放码点控制后片大裆宽与后片总宽一部分。C_4 放码点平行向右移动时，后片大裆宽减小，后片总宽也随之减小；平行向左移动时，后片大裆宽增大，后片总宽也随之增大。

D_3 点是膝关节线与外侧缝线交点，是外侧缝膝部放码点。此放码点控制后片膝宽和膝关节线与立裆线之间的规格。D_3 放码点平行向左移动时，后片膝宽减小；平行向右移动时，后片膝宽增大；垂直向上移动时，膝关节线与立裆线之间规格减小；垂直向下移动时，膝关节线与立裆线之间规格增大。

D_4 点是膝围线与里侧缝线交点，是里侧缝膝部放码点。此放码点控制后片膝宽和膝围线与立裆线之间规格。D_4 点平行向右移动时，膝宽减小；平行向左移动时，膝宽增大；垂直向上移动时，膝围线与立裆线之间规格减小；垂直向下移动时，膝关节线与立裆线之间规格增大。

E_3 点是外侧缝线与底边线的交点。此放码点控制外侧脚口宽和裤长。E_3 放码点平行向左移动时，脚口宽减小；平行向右移动时，脚口宽增大；垂直向上移动时，裤长减小；垂直向下移动时，裤长增大。

E_4 点是里侧缝线与底边线的交点。此放码点控制里侧脚口宽和裤长。E_4 点平行向左移动时，脚口宽增大；平行向右移动时，脚口宽减小；垂直向上移动时，裤长减小；垂直向下移动时，裤长增大。

三、推板放码点移动方向与规格增减的关系

图 6－3 中放码点上的标识是推板放缩时可移动的方向标，方向标所指放码点方向是可移动的方向，有四个箭头方向标的放码点可以上、下、左、右（纵向和横向）移动，有两个箭头方向标的放码点只能左、右（横向）移动。

放码点 A_1、B_1、D_1、C_1、E_1、A_3、B_3、C_3、D_3、E_3 向右横向平行移动是增大纸样规

格，向左横向平行移动是减小纸样规格。放码点 A_2、B_2、C_2、D_2、E_2、A_4、B_4、C_4、D_4、E_4 向左横向平行移动是增大纸样规格，向右横向平行移动是减小纸样规格。A_1、A_2、A_3、A_4、B_1、B_2、B_3、B_4 放码点向上垂直移动是增大纸样规格，向下垂直移动是减小纸样规格。D_1、D_2、D_3、D_4 各放码点垂直向上、向下移动，影响膝关节线与立裆线之间规格的增减，是由立裆档差和裤长档差决定的。

E_1、E_2、E_3、E_4 放码点在裤长档差大于立裆档差的时候，垂直向下移动，裤长增大，垂直向上移动，裤长减小。

四、推板步骤

推板放码时，采用中间号型制成母板，按照母板确定各部位的放码点，根据产品生产制造指示书要求，计算出各部位放码点的号型档差。以母板为依据，以成品各部位规格不变为原则，科学合理平衡前片、后片各号型之间档差。控制纸样结构，使其符合结构设计效果与号型规格标准。推板时要从上至下，从右至左，从前片至后片有序操作。

五、方格式推板法

方格式推板法是以放码点为中心点，以邻近放码点的结构辅助线（上平线、裤中线、立裆线、膝关节线、底边线）为依据，作出与纸样纵线和横线垂直或平行的十字线确定可移动号型档差量，分别作出各放码点上的方格图形。按图 6－4、图 6－5 操作。用方格对各号型放码点进行放缩连接，在连接各放码点结构线时，要注意放码点位置。从图中可以观察到各号型之间，由放码点之间各点所构成的斜线。方格式推板法是用计算机推板的最佳方法。

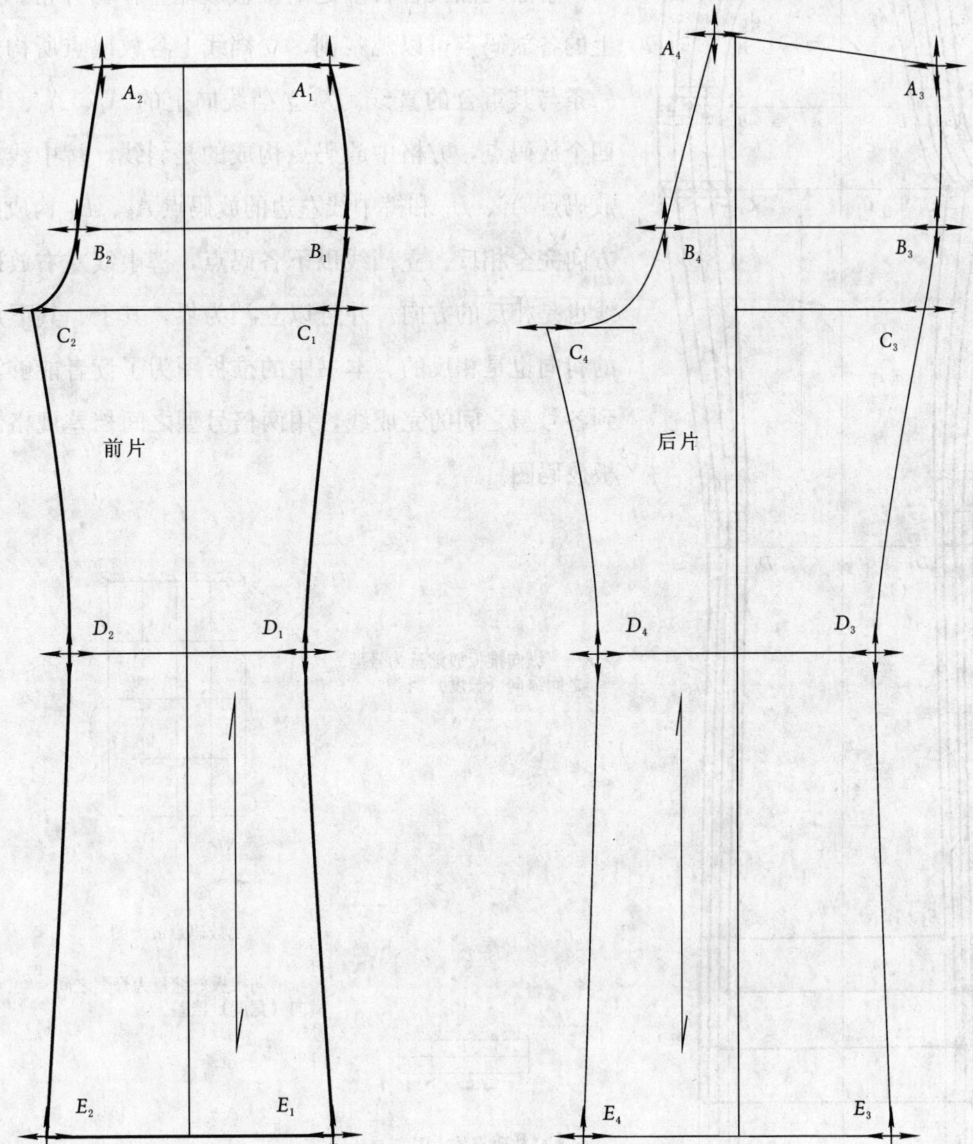

图 6-3 推板放码点可移动方向与规格增减的关系

1. 前片方格式推板

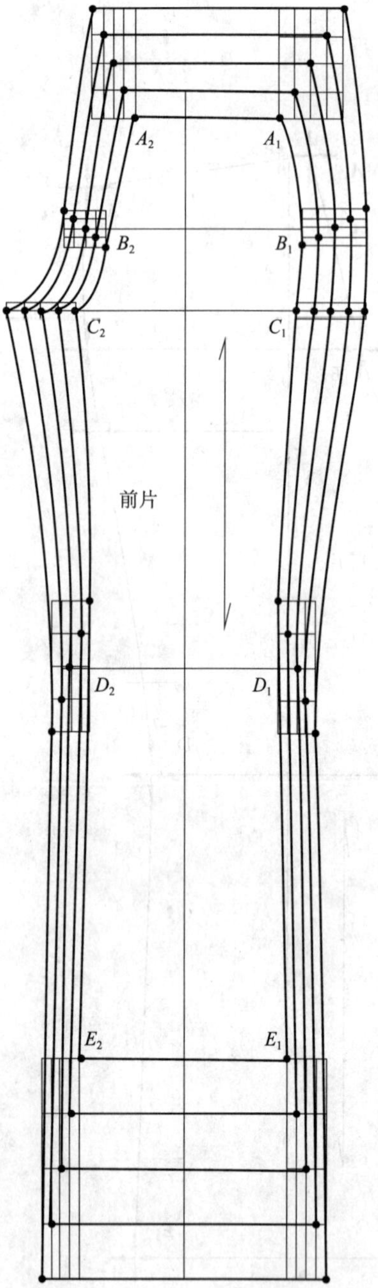

注　横向推板放缩量为号型之间的档差。C_1、C_2 放码点横向平行放缩，立裆线在推板放码时固定不动是原则，所以纵向不可移动。

各放码点按各自确定的推板放缩量作出方格。从方格上的各放码点可以观察到，立裆线上各放码点所构成的是一条与其重合的直线。从立裆线向上的 A_1、A_2、B_1、B_2 四个放码点，方格中放码点构成的是斜线。裤中线右边的放码点 A_1、B_1 和裤中线左边的放码点 A_2、B_2 构成的斜线方向完全相反。立裆线以下各码点，裤中线左右放码点连线也是相反的方向。并且以立裆为界，其上、其下放码点的斜向也是相反的。本书中的推板图为了读者能够清晰看到各号型之间的完成线，用两倍号型之间档差规格制作推板放码图。

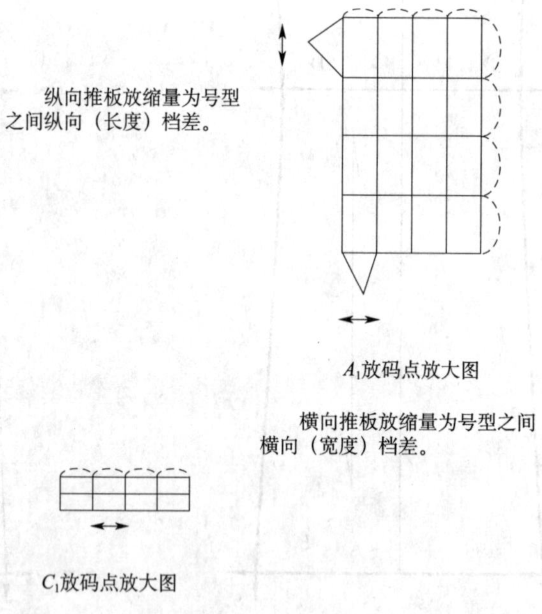

图 6－4　A 型女裤前片方格式推板放码图

2. 后片方格式推板

后片方格式推板法各放码点移动原理同前片。

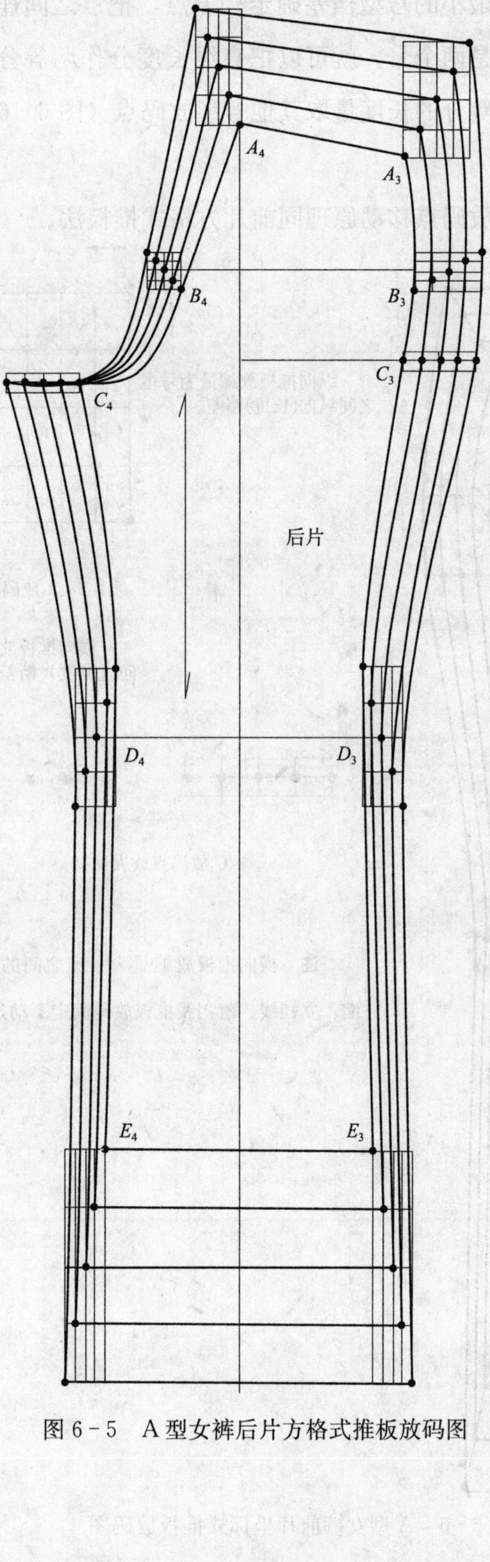

图 6－5　A 型女裤后片方格式推板放码图

六、坐标斜线式推板法

坐标斜线式推板法是根据方格式推板原理，以母板上裤中线为纵坐标，横线为横坐标，确定放码点后，以最大或最小的号型档差确定档差点，把点之间连接成一条直线，并延长直线。如果大于母板的号型是两个号，就可以把直线长度分作两等分，直线上的等分点是号型档差放码点。再根据直线等分的长度量取其他号型放码点（图 6－6、图6－7）。

1. 前片坐标式推板

前片坐标式推板法各放码点移动原理同前片方格式推板法。

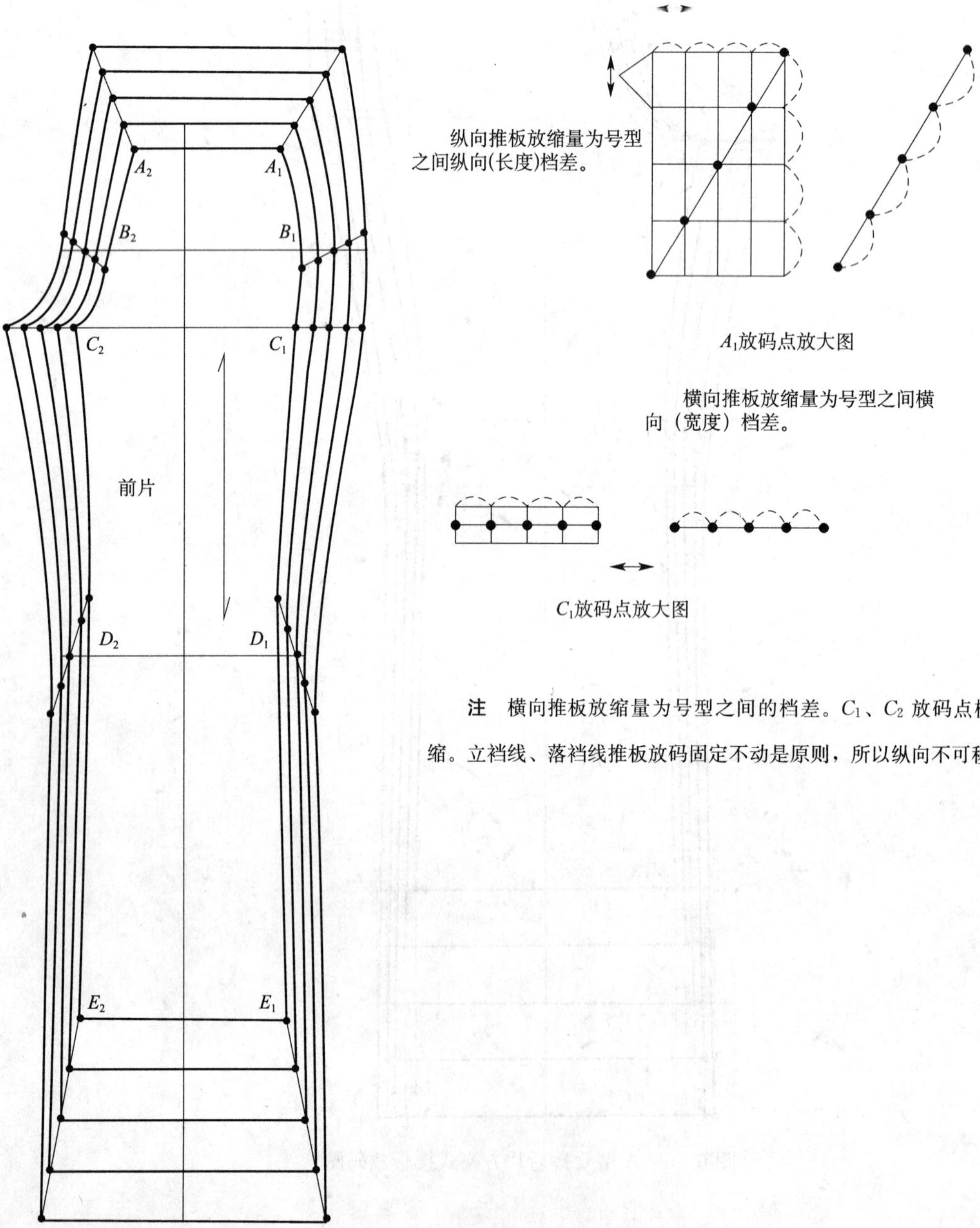

注 横向推板放缩量为号型之间的档差。C_1、C_2 放码点横向平行放缩。立裆线、落裆线推板放码固定不动是原则，所以纵向不可移动。

图 6－6 A 型女裤前片坐标式推板放码图

2. 后片坐标式推板

后片坐标式推板法各放码点移动原理同后片方格式推板法。

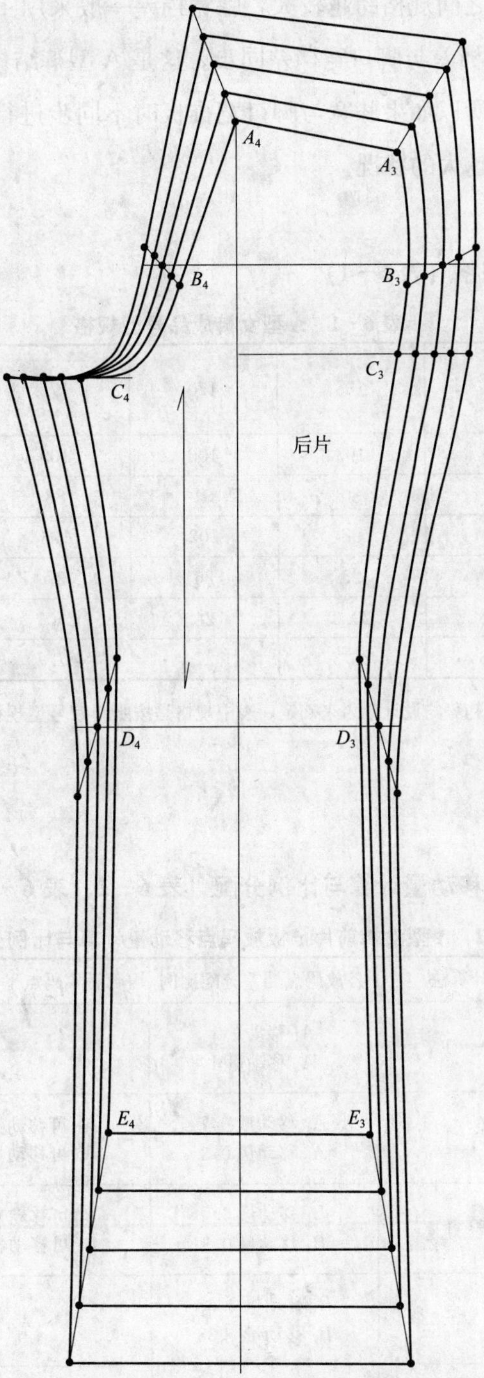

图 6－7　A 型女裤后片坐标式推板放码图

七、A型女裤推板（5·4系列）（图6-8、图6-9）

A型女裤推板，号型之间规格跨越较大，膝宽档差一般采用1cm或0.7cm，脚口宽档差也是1cm或0.7cm，膝宽档差与脚口宽档差同步。这是A型裤结构所决定的，因为裤型主要是由膝宽和脚口宽决定，所以如果膝宽与脚口宽推板时不同步进行，会出现与母板之间号型档差相距越大，裤型变化越大的状况。

（一）A型女裤成品号型规格（表6-1）

表6-1　A型女裤成品号型规格　　单位：cm

部位＼规格	160	165	170	175	180	号型间档差
裤长	100	103	106	109	112	3
腰围	76	80	84	88	92	4
臀围	94	98	102	106	110	4
立裆	24	25	26	27	28	1
膝宽	22.6	23.3	24	24.7	25.4	0.7
脚口宽	25.6	26.3	27	27.7	28.4	0.7

注　脚口和膝宽根据服装流行趋势与设计效果来确定，表中规格是按照国家号型规格加放，仅供参考。膝宽档差可用$\frac{1}{4}$臀围档差计算。

（二）A型女裤推板放码点移动量计算与比例分配（表6-2、表6-3）

表6-2　A型女裤前片推板放码点移动量计算与比例分配表　　单位：cm

部位	总档差	总档差计算法	各放码点档差分配比例	均衡后放码点平行移动量	均衡后放码点垂直移动量
立裆	1	$\frac{\text{H档差}}{4}=1$	A_1移动量1 A_2移动量1		↕ A_1可移动量1 A_2可移动量1
前片腰宽	1	$\frac{\text{W档差}}{4}=1$	A_1移动量0.7 A_2移动量0.3	↔ A_1可移动量0.65 A_2可移动量0.35	
前片臀宽	1	$\frac{\text{H档差}}{4}=1$	B_1移动量0.7 B_2移动量0.3	↔ B_1可移动量0.65 B_2可移动量0.35	
臀围线	0.33	$\frac{\text{立裆档差}}{3}=0.33$	B_1移动量0.33 B_2移动量0.33		↕ B_1可移动量0.33 B_2可移动量0.33
前片总宽（横裆）	1.2	$\frac{\text{H档差}}{4}+\frac{\text{H档差}}{20}=1.2$	C_1移动量0.6 C_2移动量0.6	↔ C_1可移动量0.65 从后片C_3借0.05 C_2可移动量0.65 从后片C_4借0.05	

续表

部位	总档差	总档差计算法	各放码点档差分配比例	均衡后放码点平行移动量	均衡后放码点垂直移动量
前片膝宽	0.7	设定	D_1 移动量 0.35 D_2 移动量 0.35	↔ D_1 可移动量 0.35 D_2 可移动量 0.35	
膝关节线	1.17	$\frac{裤长档差-立裆档差}{2}+\frac{H档差}{2}=1.17$	D_1 移动量 1.17 D_2 移动量 1.17		↕ D_1 可移动量 1.17 D_2 可移动量 1.17
前片脚口	0.7	设定	E_1 移动量 0.35 E_2 移动量 0.35	↔ E_1 可移动量 0.35 E_2 可移动量 0.35	
裤长	2	裤长档差－立裆档差＝2	E_1 可移动量 2 E_2 可移动量 2		↕ E_1 可移动量 2 E_2 可移动量 2

注 表中计算值是取近似值。膝宽档差可用$\frac{1}{4}$臀围档差计算。放码点平行（横向）移动符号"↔"，放码点垂直（纵向）移动符号"↕"。

表 6-3 A 型女裤后片推板放码点移动量计算与比例分配表 单位：cm

部位	总档差	总档差计算法	各放码点档差分配比例	均衡后放码点平行移动量	均衡后放码点垂直移动量
立裆	1	$\frac{H档差}{4}=1$	A_3 移动量 1 A_4 移动量 1		↕ A_3 可移动量 1 A_4 可移动量 1
后片腰宽	1	$\frac{W档差}{4}=1$	A_3 移动量 0.7 A_4 移动量 0.3	↔ A_3 可移动量 0.65 A_4 可移动量 0.35	
后片臀宽	1	$\frac{H档差}{4}=1$	B_3 移动量 0.7 B_4 移动量 0.3	↔ B_3 可移动量 0.65 B_4 可移动量 0.35	
臀围线	0.33	$\frac{立裆档差}{3}=0.33$	B_3 移动量 0.33 B_4 移动量 0.33		↕ B_3 可移动量 0.33 B_4 可移动量 0.33
后片总宽（横裆）	1.4	$\frac{H档差}{4}+\frac{H档差}{10}=1.4$	C_3 移动量 0.7 C_4 移动量 0.7	↔ C_3 可移动量 0.65 借给 C_1 前片 0.05 C_4 可移动量 0.65 借给 C_2 前片 0.05	
后片膝宽	0.7	设定	D_3 移动量 0.35 D_4 移动量 0.35	↔ D_3 可移动量 0.35 D_4 可移动量 0.35	
膝关节线	1.17	$\frac{裤长档差-立裆档差}{2}+\frac{H档差}{2}=1.17$	D_3 移动量 1.17 D_4 移动量 1.17		↕ D_3 可移动量 1.17 D_4 可移动量 1.17
后片脚口	0.7	设定	E_3 移动量 0.35 E_4 移动量 0.35	↔ E_3 可移动量 0.35 E_4 可移动量 0.35	
裤长	2	裤长档差－立裆档差＝2	E_3 可移动量 2 E_4 可移动量 2		↕ E_3 可移动量 2 E_4 可移动量 2

注 表中计算值是取近似值。膝宽档差可用$\frac{1}{4}$臀围档差计算。放码点平行（横向）移动符号"↔"，放码点垂直（纵向）移动符号"↕"。

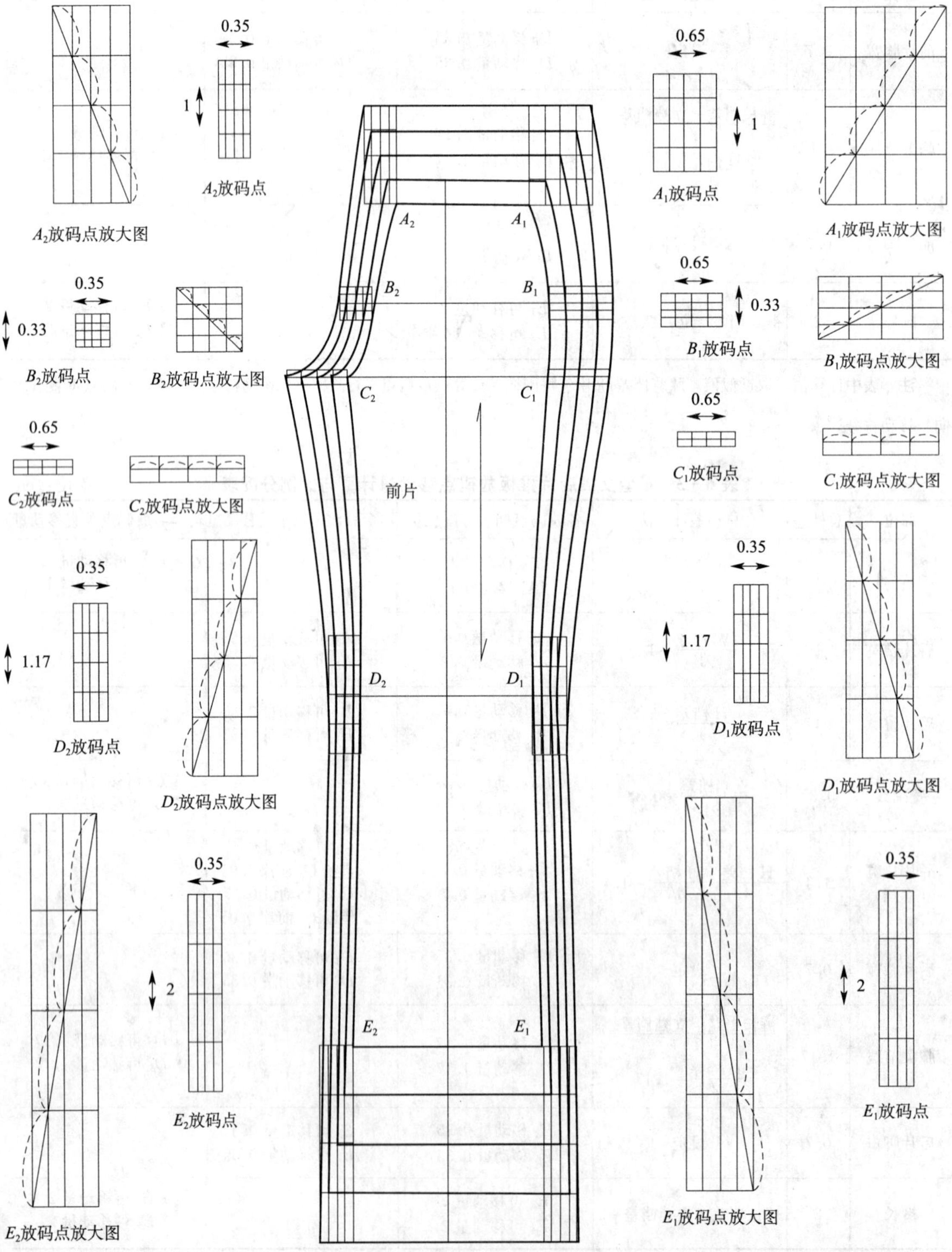

图 6-8　A 型女裤前片推板放码图

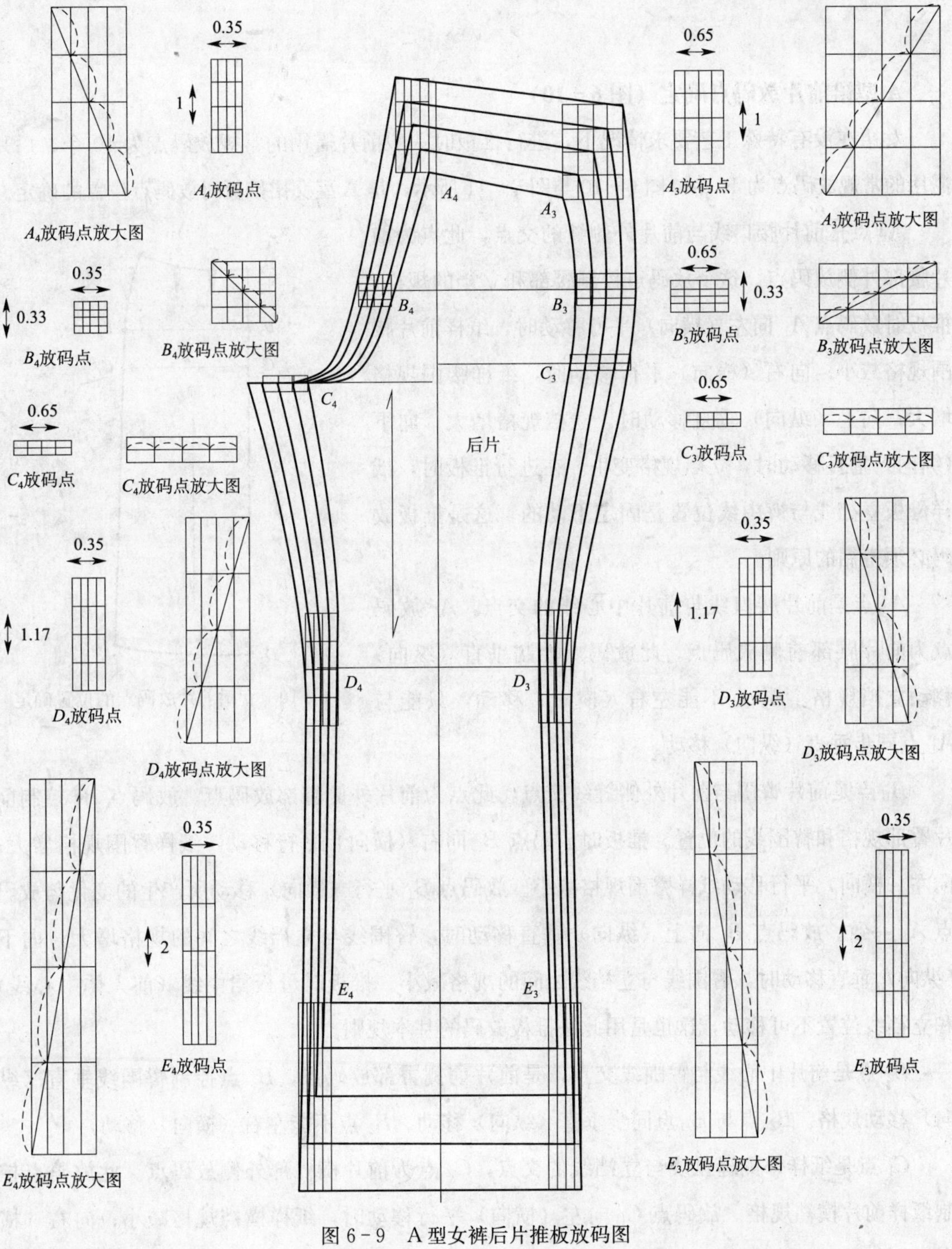

图 6－9　A 型女裤后片推板放码图

第三节　女裙推板

一、A型裙前片放码点确定（图6-10）

女裙在没有特殊工艺要求情况下，进行推板时一般前片需用的常规放码点为10个，后片需用的常规放码点为10个。图6-10与图6-11所示，是A型女裙推板时放码点位置的确定。

A_1 点是前片腰口线与前片外侧缝的交点，此点为前片腰部外侧放码点。这个放码点控制腰部和立裆的规格。推板时放码点 A_1 向左（横向）平行移动时，纸样前片腰围规格减小；向右（横向）平行移动时，纸样腰围规格增大；向上（纵向）垂直移动时，立裆规格增大；向下（纵向）垂直移动时，立裆规格变小。在进行推板时，纸样母板立裆线与裤中线位置是固定不动的，这是推板放码必须遵循的原则。

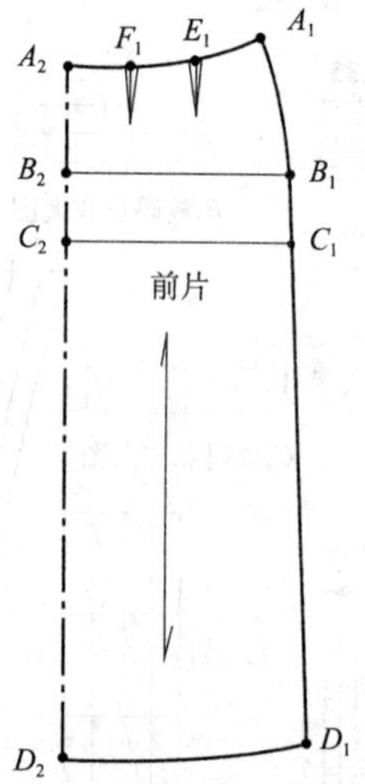

图6-10　女裙前片放码点的位置确定

A_2 点是前片腰口线与前片中心线的交点，A_2 放码点为前片腰部前侧放码点。此放码点控制垂直（纵向）移动立裆规格。A_2 点不能左右（横向）移动，只能与 A_1 点同步垂直（纵向）移动。

B_1 点是前片臀围与前片外侧缝线交点，此点为前片外侧臀部放码点。放码点 B_1 控制前片臀部规格和臀围线的位置。推板时放码点 B_1 向右（横向）平行移动，纸样臀围规格增大；向左（横向）平行移动纸样臀围规格减小。放码点 B_1 平行（横向）移动所产生的变化与放码点 A_1 一致。放码点 B_1 向上（纵向）垂直移动时，臀围线与立裆线之间的规格增大；向下（纵向）垂直移动时，臀围线与立裆线之间的规格减小。推板时母板裙中线（前人体中心线）和立裆线位置不可移动，这也是用此法推板放码的基本规则。

B_2 点是前片中心线与臀围线交点，是前片前侧臀部放码点，B_2 点控制臀围线垂直（纵向）移动规格。B_2 点与 B_1 点同步垂直（纵向）移动。B_2 点不能左右（横向）移动。

C_1 点是纸样外侧缝弧线与立裆线的交点，C_1 点为前片横裆部外侧放码点。此放码点控制纸样前片横裆规格。放码点 C_1 向左（横向）平行移动时，纸样横裆规格减小；向右（横向）平行移动时，纸样横裆规格增大。

C_2 点是前片中心线与立裆线的交点，使用此种推板方法时，C_2 点不许移动。

D_1点是纸样前片底边弧线（下摆弧线）与前片外侧缝线交点，是前片下摆处放码点，此放码点控制纸样前片下摆规格和裙长规格。放码点D_1向左（横向）平行移动时，纸样前片下摆规格减小；向右（横向）平行移动时，纸样前片下摆规格增大；向上（纵向）垂直移动时，裙长规格减小；向下（纵向）垂直移动时，裙长规格增大。裙长不设档差时，可参照不设裙长档差的推板放码。

D_2点是纸样前片中心线与底边弧线（下摆弧线）交点，是前片中心线下摆处的放码点，此放码点控制裙长度垂直（纵向）移动的量。D_2点纵向移动必须与D_1点同步，D_2点不许左右（横向）移动。

E_1点是纸样前片与外侧缝相邻、腰口处省位的放码点，此放码点控制前片外侧缝省的位置。放码点E_1向右（横向）平行移动时，省位置与前片中心线之间距离增大；向左（横向）平行移动时，省位置与前片中心线之间的距离减小；向上（纵向）垂直移动，省位置与臀围线之间距离增大；向下（纵向）垂直移动，省位置与臀围线之间距离减小。省尖点也与E_1点同步移动，省长不变。

F_1点是纸样前片与前中线相邻，腰口处省位置放码点，此放码点控制前片前中心线省的位置。放码点F_1向右（横向）平行移动，省位置与前中心线之间距离增大；向左（横向）平行移动，省位置与前片中心线之间距离减小；向上（纵向）垂直移动时，省位置与臀围线之间距离增大；向下（纵向）垂直移动，省位置与臀围线之间距离（省长不设档差）减小。

前片放码点的位置，是根据不同的结构设计要求和工艺技术标准而定。放码点的确定要遵循结构设计原理，依据工艺技术标准，以满足客户要求为原则。

二、A型裙后片放码点确定（图6－11）

A_3点是纸样后片外侧缝线与腰口线的交点，此点是后片外侧缝腰部放码点。A_3点控制纸样后片腰围规格和立裆规格。A_3点平行向右（横向）移动时，后片腰围规格增大；平行向左（横向）移动时，后片腰围规格减小；垂直向上（纵向）移动时，立裆规格增大；垂直向下（纵向）移动时，立裆规格减小。

A_4点是纸样后片中心线与腰口线的交点，此点是后片中心线腰部放码点，控制后片腰部垂直（纵向）移动。放码点A_4与A_3点同步向上、向下（纵向）移动。

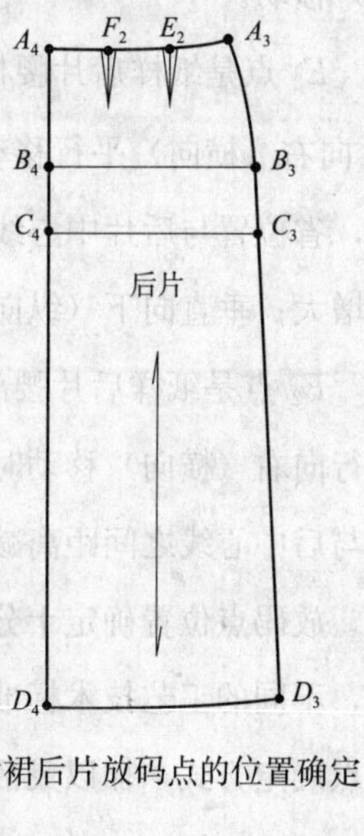

图6－11　女裙后片放码点的位置确定

此放码点不许向左或向右（横向）平行移动。

B_3 点是纸样后片臀围线与外侧缝线交点，此点为后片外侧缝臀部放码点。放码点 B_3 控制纸样后片臀围规格和臀围线与立裆线之间的距离。放码点 B_3 平行向右（横向）移动时，后片臀围规格增大；平行向左（横向）移动时，后片臀围规格增大；垂直向上（纵向）移动时，臀围线与立裆线之间的距离增大；垂直向下（纵向）移动时，臀围线与立裆线之间的距离减小。

B_4 点是纸样臀围线与后片中心线的交点，是臀部后中心线放码点，此点控制臀围线垂直（纵向）移动。放码点 B_4 与 B_3 点同步向上、向下（垂直）移动。放码点 B_4 不许向左、向右（横向）平行移动。

C_3 点是纸样立裆线与外侧缝线交点，是立裆线外侧放码点，此放码点控制纸样后片横裆规格。放码点 C_3 平行向右（横向）移动时，后片横裆规格增大；平行向左（横向）移动时，后片横裆规格减小。

C_4 点是纸样立裆线与后中心线交点，此点不移动。

D_3 点是纸样后片外侧缝线与底边线交点，是底边线与外侧缝的放码点，此放码点控制纸样下摆宽和裙长规格。放码点 D_3 平行向右（横向）移动时，后片下摆宽规格增大；平行向左（横向）移动时，后片下摆宽规格减小；垂直向上（纵向）移动，裙长减小；垂直向下（纵向）移动时，裙长增大。裙长档差小于立裆档差和裙长不设档差时除外。

D_4 点是后片中心线与底边弧线交点，是后片中心线下摆处放码点，此点控制垂直（纵向）移动。放码点 D_4 向上、向下垂直（纵向）移动与 D_3 点同步，此放码点不许向左右（横向）移动。

E_2 点是纸样后片腰口部外侧省位置的放码点，控制后片腰口部外侧省的位置。放码点 E_2 向右（横向）平行移动时，省位置与后片中心线之间距离增大；向左（横向）平行移动时，省位置与后片中心线之间距离减小；垂直向上（纵向）移动时，省位置与臀围线之间距离增大；垂直向下（纵向）移动时，省位置与臀围线之间距离减小。

F_2 点是纸样后片腰部后侧省位置放码点，此放码点控制后片后侧省的位置。放码点 F_2 平行向右（横向）移动时，省位置与后中心线之间距离增大；平行向左（横向）移动，省位置与后中心线之间距离减小。推板放码时，后片中心线不能移动。

放码点位置确定十分重要，因为每一个放码点都控制着一个或两个规格。不同的结构设计，不同的工艺技术标准，不同的客商对产品的局部规格有不同的标准，可以根据本书中放码点确定方式，加以灵活应用。

三、推板放码点移动方向与规格增减的关系

图 6－12 中，放码点上的标识是推板时可移动的方向标，方向标指示放码点可移动方向。有四个箭头方向标的放码点，可以上（纵向）、下（纵向）、左（横向）、右（横向）移动。有两个箭头方向标的放码点，只能左（横向）、右（横向）移动，或上（纵向）、下（纵向）移动。

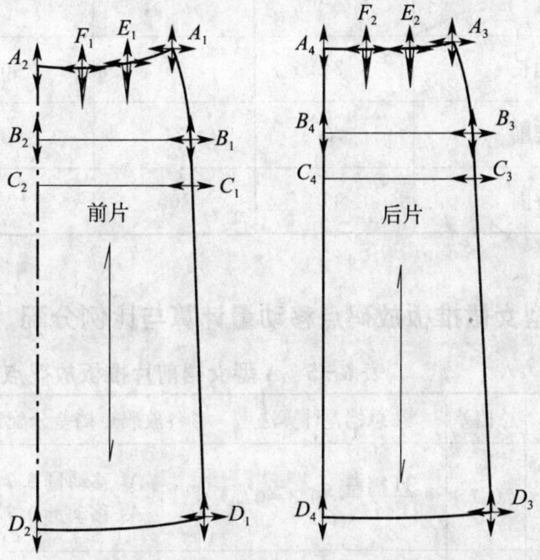

图 6－12　推板放码点可移动方向与规格增减的关系

图 6－12 中前、后片的放码点，A_1、B_1、D_1、A_3、B_3、D_3 可以四个方向移动，向右横向平行移动是增大纸样规格，向左横向平行移动是减小纸样规格，向上纵向垂直移动是增大纸样规格，向下纵向垂直移动是减小纸样规格。C_1、C_3 放码点只允许左右横向移动，向右横向平行移动是增大纸样规格，向左横向平行移动是减小纸样规格。E_1、F_1、E_2、F_2 放码点可以左右横向平行移动，可以上下纵向垂直移动。向右横向平行移动增大纸样规格，向左横向平行移动减小纸样规格，向上纵向垂直移动增大纸样规格，向下纵向垂直移动减小纸样规格。A_2、B_2、D_2、A_4、B_4、D_4 放码点，只允许上下（纵向）垂直移动，垂直向上移动增大纸样规格，垂直向下移动减小纸样规格。C_2、C_4 点在此种推板法中不允许移动。

四、A 型裙推板（5·4 系列）

A 型女裙推板（5·4 系列）号型规格以厘米为计算单位。根据裙装的结构设计原理，推板放码点横向（左右）移动时，臀围和腰围号型间档差一致，前、后片外侧缝腰围、臀围、横裆宽、下摆宽放码点同步，移动规格一致，结构设计的 A 型效果才不会改变。

表 6－4 中的规格是依据内销产品部分商家所采用的国家服装号型标准 5·4 系列（各号型间腰围档差为 4cm）。表中的成品数据，根据结构设计效果进行加放后确定，仅供参考。

（一）A 型裙成品号型规格（5·4 系列）

表 6-4　A 型女裙成品号型规格表（5·4 系列）　　　　单位：cm

部位＼规格	160	165	170	175	180	号型间档差
裙长	74	77	80	83	86	3
腰围	70	74	78	82	86	4
臀围	96	100	104	108	112	4

（二）A 型女裙推板放码点移动量计算与比例分配（表 6-5、表 6-6）

表 6-5　A 型女裙前片推板放码点移动量计算与比例分配表　　　　单位：cm

部位	总档差	总档差计算法	各放码点档差分配比例	放码点平行移动量	放码点垂直移动量
立裆	0.7	$\frac{\text{H档差}}{4}-0.3=0.7$	A_1 移动量 0.7 A_2 移动量 0.7		↕ A_1 可移动量 0.7 A_2 可移动量 0.7
腰围	1	$\frac{\text{W档差}}{4}=1$	A_1 移动量 1	↔A_1 可移动量 1	
臀围	1	$\frac{\text{H档差}}{4}=1$	B_1 移动量 1	↔B_1 可移动量 1	
臀围线	0.3	$\frac{\text{立裆档差}}{3}=0.33$	B_1 移动量 0.3 B_2 移动量 0.3		↕ B_1 可移动量 0.3 B_2 可移动量 0.3
总宽（横裆）	1	$\frac{\text{H档差}}{4}=1$	C_1 移动量 1	↔C_1 移动量 1	
前中侧省	0.3	$\frac{\text{腰围总档差}}{3}=0.33$	F_1 移动量 0.3	↔F_1 可移动量 0.3	
前外侧省	0.67	$\frac{\text{2腰围总档差}}{3}=0.67$	E_1 移动量 0.67	↔E_1 可移动量 0.67	
下摆宽	1	$\frac{\text{H档差}}{4}=1$	D_1 移动量 1	↔D_1 移动量 1	
裙长	2.3	裙长档差－立裆总档差＝2.3	D_1 可移动量 2.3 D_2 可移动量 2.3		↕ D_1 可移动量 2.3 D_2 可移动量 2.3
备注	1. 省长不变，省的上、下（纵向）移动与立裆同步； 2. 放码点平行（横向）移动符号“↔”； 3. 放码点垂直（纵向）移动符号“↕”				

表 6-6　A型女裙后片推板放码点移动量计算与比例分配表　单位：cm

部位	总档差	总档差计算法	各放码点档差分配比例	均衡后放码点平行移动量	均衡后放码点垂直移动量
立裆	0.7	$\frac{H档差}{4}-0.3=0.7$	A_3 移动量 0.7 A_4 移动量 0.7		↕ A_3 可移动量 0.7 A_4 可移动量 0.7
腰围	1	$\frac{W档差}{4}=1$	A_3 移动量 1	↔ A_3 可移动量 1	
臀围	0.83	$\frac{H档差}{4}=0.83$	B_3 移动量 1	↔ B_3 可移动量 1	
臀围线	0.3	$\frac{立裆档差}{3}=0.33$	B_3 移动量 0.3 B_4 移动量 0.3		↕ B_3 可移动量 0.3 B_4 可移动量 0.3
总宽（横裆）	1	$\frac{H档差}{4}=1$	C_3 移动量 1	↔ C_3 移动量 1	
后中侧省	0.3	$\frac{腰围总档差}{3}=0.33$	F_2 移动量 0.3	↔ F_2 可移动量 0.3	
后外侧省	0.67	$\frac{2腰围总档差}{3}=0.67$	E_2 移动量 0.67	↔ E_2 可移动量 0.67	
下摆宽	1	$\frac{H档差}{4}=1$	D_3 移动量 1	↔ D_3 移动量 1	
裙长	2.3	裙长档差－立裆总档差＝2.3	D_3 可移动量 2.3 D_4 可移动量 2.3		↕ D_3 可移动量 2.3 D_4 可移动量 2.3
备注	1. 通常省的长度不变，也可根据设计效果进行移动或改变； 2. 放码点平行（横向）移动符号“↔”； 3. 放码点垂直（纵向）移动符号“↕”				

（三）A 型女裙推板各放码点移动关系（图 6-13）

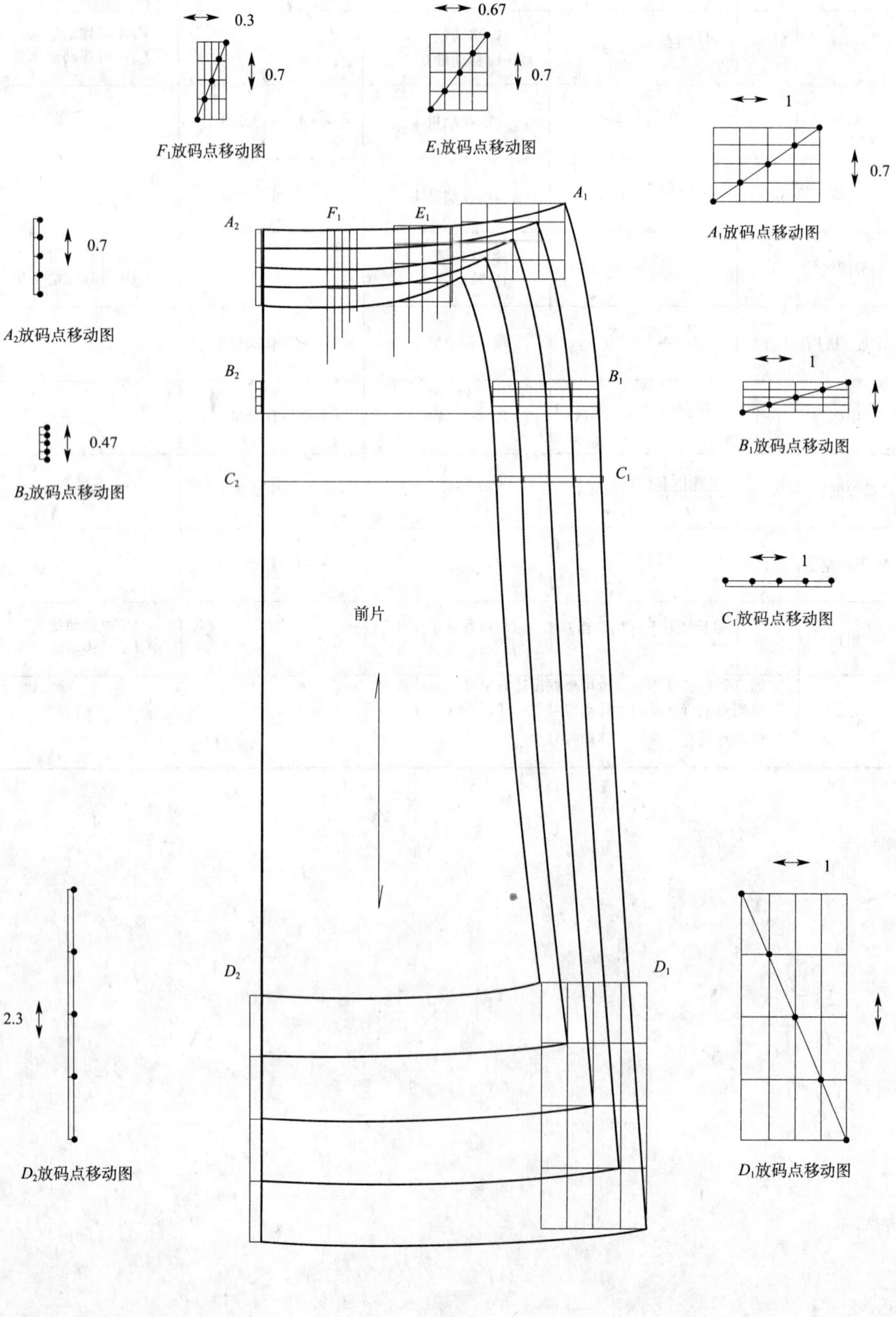

F_1放码点移动图

E_1放码点移动图

A_1放码点移动图

A_2放码点移动图

B_1放码点移动图

B_2放码点移动图

C_1放码点移动图

D_2放码点移动图

D_1放码点移动图

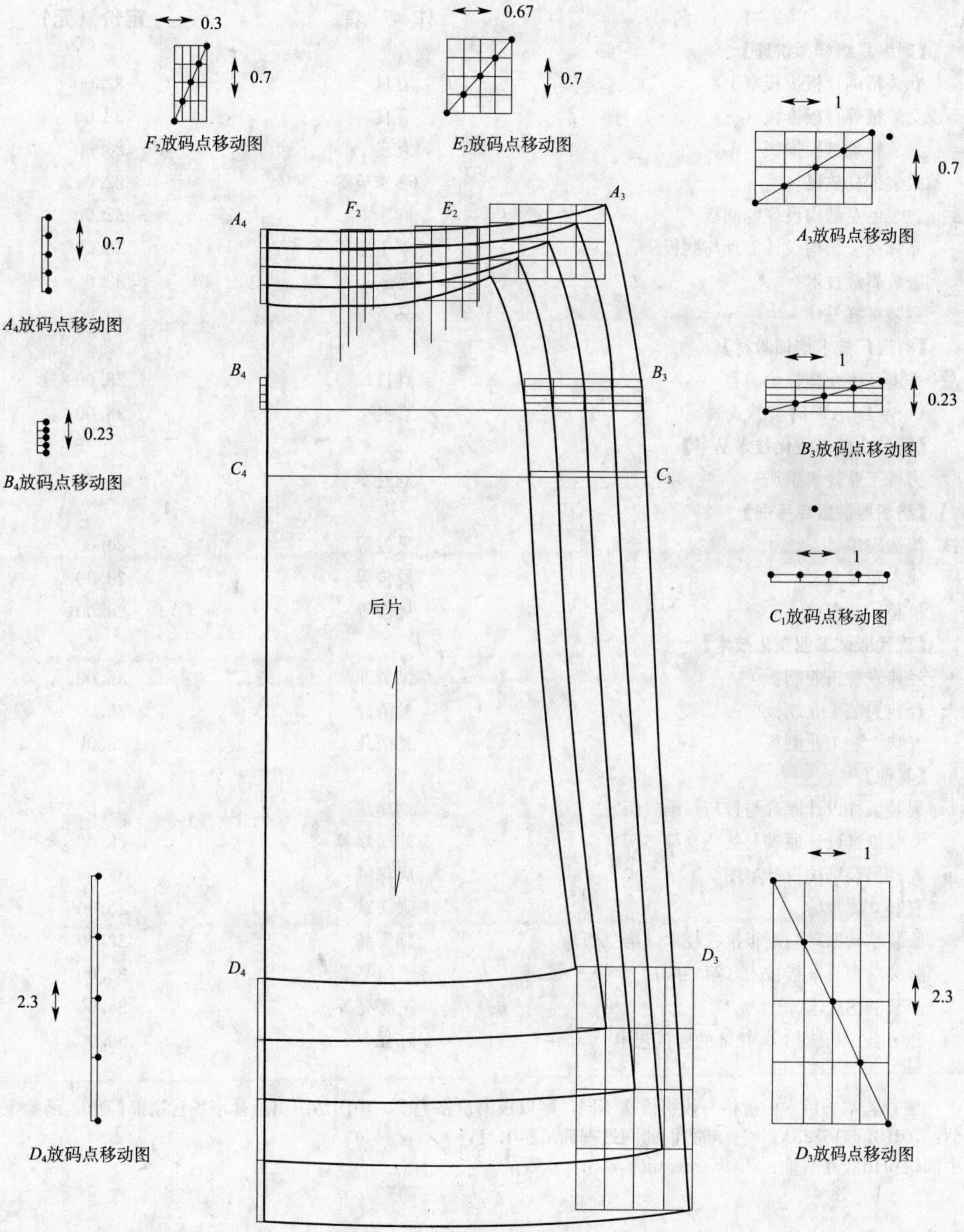

图 6－13　A 型女裙推板各放码点移动图

书目：服装类

书名	作者	定价（元）
【时装厂纸样师讲座】		
女装精确打板推板（上）	袁良	32.00
女装精确打板推板（下）	袁良	32.00
男装精确打板推板	袁良	28.00
服装纸样放码	李秀英等	22.00
服装创意结构设计与制板	向东	32.00
品牌女装结构设计原理与制板	刘玉宝等	38.00
服装斜裁技术	庹武	32.00
童装纸样设计	马芳等	35.00
【时装厂技术培训教材】		
香港高级女装技术教程	袁良	28.00
Corel DRAW 时装款式画	袁良	36.00
【服装企业工业化技术丛书】		
男裤工业技术手册	刘胜军	46.00
【纺织服装跟单手册】		
织造跟单	吴俊等	24.00
成衣跟单	吴俊等	26.00
染整印花跟单	吴俊等	28.00
【现代服装工业制板技术】		
经典童装工业制板	吴清萍	36.00
经典男装工业制板	吴清萍	36.00
经典女装工业制板	吴清萍	36.00
【其他】		
男装纸样设计原理与技巧（第二版）	刘瑞璞	31.00
女装纸样设计原理与技巧（第二版）	刘瑞璞等	28.00
高档男装结构设计制图	周邦桢	32.00
服装立体裁剪	张文斌	28.00
服装结构原理与制板推板技术（第二版）	魏雪晶	22.00
服装制图与推板技术（第三版）	王海亮等	23.00
服装制图技术	王海亮等	25.00
开·合——纽扣＆拉链的连接艺术	陈强	58.00

生产技术书

注：若本书目中的价格与成书价格不同，则以成书价格为准。中国纺织出版社市场营销部门市、函购电话：（010）64168231。或登陆我们的网站查询最新书目：

中国纺织出版社网址：www.c-textilep.com